中南大学
地球科学
学术文库

丙申 何继善

中南大学地球科学学术文库
中南大学地球科学与信息物理学院　组织编撰

湘南燕山期区域成矿构造型式及成矿花岗岩成因研究

Yanshanian Regional Metallotectonic Style and Petrogenesis of Ore – forming Granites in South Hunan Province

孔　华　奚小双　全铁军　吴堑虹　李　欢　**著**

有色金属成矿预测与地质环境监测教育部重点实验室　　**联合资助**
有色资源与地质灾害探查湖南省重点实验室

中南大学出版社
www.csupress.com.cn
·长沙·

内容简介 / Introduction

　　《湘南燕山期区域成矿构造型式及成矿花岗岩成因研究》共分为 10 章,以陆内活化构造理论为指引,以湘南地区典型矿床为实例,以成矿花岗岩研究为主线,结合典型矿床地质调查、区域成矿构造分析,着重研究了坪宝矿田、铜山岭矿田内与成矿作用密切相关的花岗岩岩石地球化学、年代学及构造环境,提出成矿花岗岩具有独特的同位双组合形式,即相距很近的矿床成矿花岗岩具有 S 型 – I 型组合,及伸展环境 – 挤压环境组合,其中 S 型对应伸展环境,I 型对应挤压环境。作者综合分析了湘南典型矿床和区域矿床分布规律,揭示了湘南燕山期成岩成矿活动的壳 – 幔相互作用成因,并提出燕山期湘南地区处于大陆板内,其构造活化及成岩成矿事件是发生在壳下隐伏地幔柱底侵引发的主动伸展与古太平洋板块向欧亚大陆边缘俯冲挤压联合控制的有限伸展的动力学背景下,区内典型矿床是由隐伏地幔柱底侵地壳形成的三叉断裂系构造型式控制产出的新认识。

　　本书是在有色金属成矿预测与地质环境监测教育部重点实验室、有色资源与地质灾害探查湖南省重点实验室的联合资助下完成。全书地质调查与理论分析并重,既有对成矿花岗岩的成因及构造环境分析,也有区域成矿构造模型指导下的成矿规律及成矿预测分析,是对湘南地区的花岗岩地质与成矿研究领域新的认识,可供相关地质勘探单位、科研院所及地质工作者参考。

作者简介 /

About the Author

孔华 1968 年生，江苏泰州人，博士，中南大学教授，硕士研究生导师。1990 年毕业于桂林理工大学，获免试推荐攻读硕士学位，1993 年考入中南工业大学，攻读博士学位，1996 年进入中国地质大学（武汉）理学博士后流动站，1999 年出站分配至中南大学工作至今，现任教于地质资源系。2004 年获批湖南省普通高校青年骨干教师。2002—2007 年任中国地质学会构造专业委员会显微构造专业组委员，2005—2015 年任湖南省地质学会物化探专业委员会副主任委员，主要从事显微构造及成矿构造等方面的教学科研工作。主持国家自然科学基金、中国地调局地调项目专题、生产矿山找矿预测等项目 6 项，参与项目 12 项，发表论文 50 余篇，参编专著 1 部，2016 年获中国黄金协会科学技术奖一等奖 1 项。

编辑出版委员会

Editorial and Publishing Committee

中南大学地球科学学术文库

总序

Preface

中南大学地球科学与信息物理学院具有辉煌的历史、优良的传统与鲜明的特色,在有色金属资源勘查领域享誉海内外。陈国达院士提出的地洼学说(陆内活化)成矿学理论,影响了半个多世纪的大地构造与成矿学研究及找矿勘探实践。何继善院士发明的电磁法系统探测方法与装备,获得了巨大的找矿勘探效益。所倡导与践行的地质学与地球物理学、地质方法与物探技术、大比例尺找矿预测与高精度深部探测的密切结合,形成了品牌效应的"中南找矿模式"。

有色金属属于国家重要的战略资源。有色金属成矿地质作用最为复杂,找矿勘查难度最大。正是有色金属资源的宝贵性、成矿特殊性与找矿挑战性,铸就了中南大学地球科学发展的辉煌历史,赋予了找矿勘查工作的鲜明特色。60多年来,中南大学地球科学研究在地质、物探、测绘、探矿工程、地质灾害和地理信息等领域,在陆内活化成矿作用与找矿勘查、地球物理探测技术与装备制造、深部成矿过程模拟与三维预测、复杂地质工程理论与新技术以及地质灾害监测等研究方向,取得了丰硕的研究成果,做出了巨大的科技贡献,并产生了广泛的社会影响。当前,中南大学地球科学研究,瞄准国际发展方向和国家重大需求,立足于我国复杂地质背景下资源勘查与环境地质的理论与方法创新研究,致力于多学科联合开展有色金属资源前沿探索与应用研究,保持与提升在中南大学"地质、采矿、选矿、冶金、材料"特色与优势学科链中的地位和作用,已发展成为基础坚实、实力雄厚、特色鲜明、国际知名、国内一流的以有色金属资源为主兼顾油气、岩土、地灾、环境领域的人才培养基地和科学研究中心。

中南大学有色金属成矿预测与地质环境监测教育部重点实验室、有色资源与地质灾害探查湖南省重点实验室,联合资助出版"中南大学地球科学学术文库",旨在集中反映中南大学地球科学与信息物理学院近年来取得的系列研究成果。所依托的主要研究机构包括：中南大学地质调查研究院、中南大学资源勘查与环境地质研究院和中南大学长沙大地构造研究所。

本书库内容主要涵盖：继承和发展地洼学说与陆内活化成矿学理论所取得的重要研究进展，开发和应用双频激电仪、伪随机和广域电磁法系统所取得的重要研究成果，开拓和利用多元信息找矿预测与隐伏矿大比例尺定位预测所取得的重要找矿成果，探明和研发深部"第二勘查空间"成矿过程模拟与三维定量预测方法所取得的重要研究成果，预警和防治复杂地质工程与矿山地质灾害所取得的重要技术成果。本书库中提出了有色金属资源勘查理论、方法、技术和装备一体化的系统研究成果，展示了多项突破性、范例式、可推广的找矿勘查实例。本书库对于有色金属资源预测、地质矿产勘探、地质环境监测、地质灾害探查以及地质工程预防，特别对于有色金属深部资源从形成规律到分布规律理论与应用研究，具有重要的借鉴作用和参考价值。

感谢中南大学出版社为策划和出版该文库所给予的大力支持。感谢何继善先生热情指导和题词。希望广大读者对本书库专著中存在的不足和错误提出宝贵的意见，使"中南大学地球科学学术文库"更加完善。

是为序。

2016 年 10 月

前言 /

Foreword

湘南是我国重要的有色金属矿集区，也是华南大地构造研究的核心区域。基于前人的研究成果，开展进一步的燕山期成岩成矿作用及区域构造型式研究，从新角度认识湘南燕山期区域成矿规律及可能的机制，不但是找矿预测研究的需要，还可能对湘南成矿区域构造型式形成新认识，提升湘南成矿地质研究水平。通过湘南地区典型矿床的矿床学、成矿岩体岩石学、年代学和构造地质学等综合研究，分析并总结了湘南典型矿床和区域矿床分布规律，揭示了湘南燕山期成岩成矿活动壳－幔相互作用的成因，并提出燕山期湘南地区处于大陆内部地幔柱底侵的构造环境的新认识，该认识从新的角度探讨了湘南燕山期成岩成矿控制因素，并可为区域成矿预测路线图的编制提供有效依据。

本书主要以成矿花岗岩为研究主线，从岩体野外地质特征、岩石地球化学、年代学等方面，综合探讨花岗岩岩石成因及源区特征。研究显示：1）典型矿床成矿岩体存在深部地幔信息，例如宝山花岗闪长岩以及骑田岭、砂子岭、花山、姑婆山花岗岩中也存在含大量镁铁质微粒包体，表明研究区区域范围内的燕山期岩浆均可能是壳－幔混合作用的结果，基于成岩年龄(165 Ma)计算的宝山花岗闪长斑岩 $\varepsilon_{Hf}(t)$ 值为 $-5.87 \sim -9.42$；铜山岭I号岩体(166 Ma)的 $\varepsilon_{Hf}(t)$ 值集中在 $-15 \sim -25$，均反映其源区有幔源和壳源两种不同性质岩浆，其岩浆是两者混合作用的结果。2）成矿花岗岩年代数据反映湘南地区成岩时代集中，表明湘南深部地壳在燕山早期受到异常热扰动，成矿花岗岩的形成应与同一区域性大规模构造热事件(地幔作用)有关，而壳－幔相互作用极有可能与深部地幔柱有关，且该地幔柱活动时间持续在 $20 \sim 40$ Ma。3）花岗岩常量元素图解显示宝山、铜山岭岩体为基性火成岩熔融形成，黄沙坪和土岭花岗岩由杂砂岩部分熔融形成，花岗岩锆石

Hf 同位素模式年龄反映源区为中元古代－古元古代的古老地壳，这些资料为地幔柱底侵加热地壳导致重熔形成成矿岩浆的模式提供了依据。4) 成矿花岗岩形成构造环境研究发现了独特的花岗岩同位双组合形式，即相距很近的矿床成矿花岗岩具有 S 型－I 型组合，及伸展环境－挤压环境组合，其中 S 型对应伸展环境，I 型对应挤压环境。分析表明，S 型和 I 型分别代表花岗岩源区上部层位和下部层位，由此反映伸展和挤压构造环境具有垂向分带关系。5) 坪宝矿田内宝山矿床和黄沙坪矿床的硫、铅同位素特征有明显差异。宝山硫、铅来源较为单一，总硫同位素组成 $\Sigma\delta^{34}S$ 为 1.78‰，显示为岩浆来源。在铅同位素演化图解上，样品点投于上地壳演化线上；黄沙坪硫同位素组成在 $\delta^{34}S$ 值为 10‰ 和 14‰ 处出现两个明显的峰值，样品点投于壳－幔混合铅及上地壳铅范围，表明铅来源复杂，与硫同位素特征一致。上述特点指示两矿区成矿物质来源存在显著差异。6) 首次通过区域矿床分布特点发现湘南三叉断裂系构造型式，断裂交汇中心与湘南穹隆构造中心吻合，显示深部地幔柱运动在地壳浅部形成的构造特征。此外在三叉断裂系中所有矿床的成矿岩体形成时间具有同时性，指示三叉断裂系控制岩浆成矿。这是从地壳专属性构造型式反映深部地幔柱构造的证据。

综合上述，本书提出湘南存在大陆内部燕山期隐伏地幔柱构造的新构想，其模型结构为地幔柱底侵于地壳底部，造成地壳隆升，在穹隆中心发育放射状三叉断裂系构造。地幔柱加热地壳造成下地壳部分熔融，形成花岗岩侵位于隆起区范围内。而成矿活动则主要受三叉断裂系控制，矿床沿三叉断裂分布，决定了湘南基本成矿规律。根据新模型对成矿规律的认识，沿三叉断裂分布的矿床具有成矿时间的一致性，控矿断裂构造表现出与三叉断裂一致的走向，矿床表现出从三叉断裂中心到边缘具有明显的变化规律，成矿岩体的规模从大变小，成矿元素从高温组合变成低温组合，矿床类型从矽卡岩型为主变成以热液脉型为主。三叉断裂系构造形成湘南区域成矿构造单元，是围绕地幔柱成矿的定位机制，应该是湘南区域找矿的新指导模型。

本书是对湘南地区的花岗岩地质、区域构造与成矿研究领域的新认识，可供相关地质勘探单位、科研院所的地质工作者参考。

本次研究的野外工作得到湖南有色一总队杨长明队长、钟江临总工程师、周伟平高级工程师、有色地勘院刘士杰高级工程师、黄沙坪铅锌矿原地质部江元成部长、王立发副部长、汪林峰副部长、刘凤平工程师、宝山铅锌矿地勘部的周孟祥部长、李茂平工程师、彭昭喜工程师、罗征厚工程师、曹远征工程师给予的帮助和指导，在此表示最诚挚的谢意。花岗岩的常量、稀土和微量元素及矿石硫、铅同位素测试分别得到了武汉综合岩矿测试中心和武汉地调中心测试分析室的支持，Sm－Nd、Rb－Sr同位素测试得到天津地调中心同位素室的支持，锆石U－Pb－Hf同位素测试得到了西北大学大陆动力学国家重点实验室的袁洪林教授、柳小明博士、戴梦宁博士的支持和帮助，锆石数据处理得到贵阳地化所阳杰华博士的帮助，在此对以上单位和个人表示衷心的感谢！

另外，在样品采集、写作过程中，得到了硕士生吴城明、费利东、曹荆亚、王高、陈泽锋、彭能力、张强、郭碧莹、赵志强、许明珠、唐宇蔷、赵佳进、罗建镖、章勇等同学的协助，在此一并表示感谢！

在研究程度很高的湘南地区要有所创新，难度非常之大，本书基于客观地质事实，辅以大量测试，以陆内活化构造理论为指导，探讨燕山期板内伸展构造具体表现型式，及其对成岩成矿的控制作用，创新力度较大，谬误在所难免，许多方面仍需进一步充实和完善，敬希读者批评指正。

孔 华

2018 年 10 月于中南大学

目　录 / Contents

1 绪 论

1.1 选题依据及研究意义

我国湘南地区是有色金属集中成矿区(矿集区),矿床(点)星罗棋布,产有多个超大型-大型矿床。本书中研究区为北到水口山、南到香花岭、东至柿竹园、西到铜山岭(北纬26°36′~25°15′,东经111°26′~113°10′)所围限的区域。其中黄沙坪—宝山矿带(简称坪宝走廊)位于南岭中段北缘,处于郴州—临武构造-岩浆成矿带上,铜山岭矿田位于南岭西段,与坪宝矿田同处于钦州—杭州成矿带上。宝山、黄沙坪为坪宝矿田两个代表性的大型-超大型Cu-Mo(W-Mo)-Pb-Zn多金属矿床。由于优越的成矿地质条件,数十年来,众多的科研院所在湘南地区开展基础科研及找矿工作,取得了重大成果。近年来地矿部门在骑田岭一带进行钨锡找矿有新的发现,柿竹园矿山边部也新发现铅锌矿体,宝山、黄沙坪矿床的深部新增可观储量都说明本区的找矿潜力依然巨大。但在如何深化成矿规律认识、理解成矿规律的约束机制方面仍存不足,大型矿床外围众多空白地区的找矿工作少有突破。进一步总结湘南地区的区域成矿规律及其约束机制并提出新的成矿模型,一方面对更好地指导找矿、服务找矿生产工作十分必要;另一方面可以深化对湘南地区燕山期成岩成矿机制及控岩控矿构造型式的认识。

基于上述实际需求,在湖南省有色地勘局的支持下,结合湖南有色一总队承担的"湖南坪宝铜铅锌多金属矿调查评价"总项目的支持下,设立"坪宝地区成矿地质条件和找矿方向研究"专题。本书研究内容为该专题中的一部分,着重解决控制成矿的区域构造格架、与成矿密切相关的中酸性岩浆岩成因、矿床构造,从总体上把握湘南坪宝地区铜铅锌多金属矿的成矿地质条件、成矿远景及找矿预测方向。

1.2 国内外相关领域研究现状

1.2.1 花岗岩研究现状

湘南地区燕山期成矿几乎均与花岗岩岩浆活动有关,目前有关花岗岩的研究主要涉及以下方面：

花岗岩的成因分类：花岗岩按成因可分为 I、S、M、A 型（Chppell and White，1974；White，A. J. R.，1979；Loiselle and Wones，1979），前三种以岩浆源区成分进行区分，而 A 型花岗岩已非传统定义的具有无水、碱性特征，并形成于非造山环境的花岗岩，一些过铝质的 S 型花岗岩被重新定义为 A 型花岗岩。Barbarrin（1999）根据花岗岩类的矿物组合、野外分布、岩石特性、定位特点以及地球化学和同位素特征，将其划分为 7 种类型，随着从 MPG（含白云母过铝质花岗岩）→CPG（含堇青石过铝质花岗岩）→KCG（富钾钙碱性花岗岩）→（ACG + ATG）（富角闪石钙碱性花岗岩 + 岛弧拉斑玄武质花岗岩）→RTG（洋中脊拉斑玄武质花岗岩）→PAG（过碱性花岗岩），地幔的贡献越来越大。

花岗岩形成的温压条件：花岗岩主要是地壳物质深熔形成，已成为人们的共识，人们通过锆石饱和温度计（Watson and Harrison，1983）和锆石的钛温度计（Watson and Harrison，2005）获得岩浆起源温度。通过典型矿物的存在来判断岩浆源区的压力，如岩浆源区存在斜长石，则岩浆起源的压力较低（< 1 kPa 或30 km），若源区中出现石榴石，其形成的压力明显升高。参照埃达克岩的 Sr、Yb特征，Sr 增加和 Yb 降低（Defant and Drummond，1990，张旗等，2001，2005，2006，2010a，2010b）指示岩浆部分熔融程度降低且压力增加；张旗（2006）认为 Sr－Yb 含量可以帮助判断地壳厚度。

结晶分异作用与花岗岩成分变化：张旗（2007a）认为花岗质岩浆由于黏度大，不大可能发生结晶分离作用，酸性岩浆中斜长石结晶分离几乎是不可能的，美国内华达 Tuolumne 岩套间隔 10 Ma 的岩体年龄说明这些侵入体是不同批次岩浆就位的结果（Coleman et al.，2004），而不是以前认为的岩浆分离结晶的结果。但是，有些高分异的花岗岩形成的温度很高，不排除结晶分离的可能性。岩浆混合是花岗岩成分变化的重要因素之一，现有研究认为基性暗色包体暗示存在岩浆混合作用，但也说明岩浆混合是有限的（包体在寄主花岗岩中比例很小）。Pantino Douce（1999）研究认为花岗岩的多样性可能与熔融源区的组成和压力有关。指出花岗岩熔融后留下的相应的镁铁质堆晶岩，在低压下为斜方辉石 + 斜长石组合，在高压下为单斜辉石 + 石榴子石组合。

花岗岩的源岩：关于花岗岩的源岩人们有不同的认识，如 Barbarin（1999）认为花岗岩有三种来源：幔源、壳源和混合源，并指出过铝质花岗岩是壳源的，钙碱性花岗岩是混合源的，碱性和过碱性花岗岩是幔源的。另有人通过实验岩石学研究说明花岗岩主要是地壳来源的，即花岗岩的地壳深熔论，并认为地幔源区不能产生花岗岩源区，因为地幔橄榄岩的部分熔融最多只能产生安山质岩浆（Hofmann，1988），MORB 部分熔融只能形成斜长花岗岩，不可能熔融出高钾钙碱性花岗岩（张旗等，2008a）。李兆鼐等（2003）指出，特定的源岩可以被不同的构造作用过程活化，产生相类似的花岗岩，表明花岗岩来源可以是多种。一般花岗岩侵位的深度为 2 ~ 15 km，而花岗岩源区深度可以超过 50 km（如胶东玲珑花岗岩）。$^{87}Sr/^{86}Sr$ 比值可以指示花岗岩的壳源、幔源和壳 - 幔混合来源（Collins，1996；Castroetal，1991；Castro，2004）；而 Nd - Sr 同位素图解可描述花岗岩的源岩特征，如玄武岩源区的花岗岩以高的 ε_{Nd} 和低的 ε_{Sr} 为特征，ε_{Nd} 主要为正值，由于地幔岩浆分异不可能直接形成长英质花岗岩，具有正 $\varepsilon_{Nd}(t)$ 或 $\varepsilon_{Hf}(t)$ 值的花岗岩基本上都是初生地壳再造的产物，其源区是由强烈亏损的地幔源区（MORB）和富集地幔 EMI 和 EMII 部分熔融形成的玄武岩；陆壳源区的花岗岩其 Nd 同位素比值很低且变化大，Sr 同位素初始值高且变化大（张旗等，2008a）。

花岗岩的构造成因：目前认为花岗岩源区的残留相为密度大的物质，经过拆沉作用进入地幔，使地幔体积增大，导致地幔热（物质）上涌加热下地壳，从而不断地使地壳向长英质方向演化。在造山带，加厚地壳也会发生拆沉作用，因此，造山作用晚期造山带的伸展垮塌或拆沉作用是花岗岩形成的最重要的构造背景。

花岗岩形成的构造环境：一般认为一定的花岗岩类型对应特定的构造背景，如 I 型花岗岩对应于俯冲构造环境，S 型花岗岩对应于碰撞构造环境，A 型花岗岩对应于伸展构造环境。肖庆辉等（2002）认为花岗岩构造环境判别是当代花岗岩研究的前沿之一，是花岗岩成因分类的基础。Pearce 等（1984b）最早系统地讨论了花岗岩与其形成的构造环境问题，张旗等（2007b）却认为花岗岩地球化学性质主要反映的是花岗岩源区的性质和构造环境，而非花岗岩形成时的构造环境。产于陆块内部的花岗岩，包括陆块拼合后与碰撞无关的所有的花岗岩的形成主要与地幔来源的热有关，花岗岩的性质主要决定于源岩，与地表浅层构造作用和事件无关。

花岗岩与大陆地壳增生：花岗岩主要通过两种方式使大陆增生，一种是通过幔源与壳源岩浆的混合作用使大陆增生，即以幔源岩浆为载体的地幔物质通过与壳源岩浆混合作用形成混源花岗岩，为大陆生长提供了物源；另一种方式是通过幔源玄武岩浆底侵作用使下部大陆壳发生重熔形成花岗岩而使大陆发生改造和垂向生长。幔源岩浆底侵可以使得下地壳发生部分熔融形成花岗岩，这也是很多情况下在花岗岩形成的同时也存在地壳增生的原因。现代花岗岩成因理论认为，大多数花岗岩的形成是壳 - 幔相互作用结果（Bergantz，1989；Huppertnd Sparks，1988），而壳 - 幔相互作用往往又受软流圈上涌控制。通过对花岗岩的研究能追踪壳 - 幔相互作用的演化轨迹，进而研究大陆生长、演化的历史，这已经变成花岗岩研究的一个重要前沿课题。

1.2.2　关于 A 型花岗岩与过铝质花岗岩

除了上述花岗岩研究主要涉及的方面外，A 型花岗岩与过铝质花岗岩是目前人们特别关注的方向之一。

1) A 型花岗岩

最初以碱性(alkaline)、贫水(anhydrous)和非造山(anorogenic)的特征(Loiselle and Wones,1979)区别于 I 型和 S 型花岗岩(Chappell and White,1974),后者强调源岩特征。在矿物学上,A 型花岗岩主要组成矿物为石英 + (富 Fe)镁铁质暗色矿物 + 碱性长石(斜长石);A 型花岗岩富 Si、Na 和 K,贫 Ca、Mg 和 Al,$(K_2O + Na_2O)/Al_2O_3$ 和 FeO/MgO 值高,并富 Rb、Th、Nb、Ta、Zr、Hf、Ga、Y 等高场强元素,贫 Sr、Ba 等元素,REE 配分曲线大多呈海鸥式分布,以具有显著的负 Eu 异常为特征,Ga/Al 值高(Collins et al.,1982;Whalen et al.,1987)。A 型花岗岩按其构造环境可以区分为非造山和后造山两类(Eby,1992),洪大卫等(1995)认为后者分布很广。A 型花岗岩的成因主要有 4 种观点:(1)A 型花岗岩无例外地产于拉张构造环境,玄武质岩浆的底侵作用提供了热源(800℃ ~ 900℃),促使上地幔部分熔融,混染了部分地壳物质(Tu et al.,1982;Martin et al.,1994);(2)下地壳(主要是麻粒岩)的二次熔融(Collins et al.,1982);(3)英云闪长岩或花岗闪长岩部分熔融(Creaser et al.,1991);(4)钙碱性岩浆分异的产物(Wang et al.,1986;Patino,1998,1999)。Patino(1999)认为长英质火成岩和变沉积岩在高压($p > 1GPa$)下发生部分熔融作用也可以形成过铝的 A 型花岗岩。近年来国内科学家对比研究了浙闽沿海的过碱质与铝质 A 型花岗岩,表明 A 型花岗岩的物质来源和形成机制具有多样性(Qiu et al.,2004)。张旗(2012)认为 A 型花岗岩是在低压环境下地壳部分熔融形成的花岗岩类,Pantino(1999)认为 A 型花岗岩形成于正常或较小的地壳厚度条件下(< 15 km)。而 Litvinovsky 等(2000,2002)的熔融实验表明,A 型花岗岩可以形成在陆壳加厚为 60 ~ 70 km 的下地壳底部。关于 A 型花岗岩的成因问题,吴福元(2007a)通过实验岩石学研究和锆石饱和温度计算证明 A 型花岗岩是高温的(Clemens et al.,1986;King et al.,1997,2001),暗示该类型岩石不可能是 I 型花岗岩分异而来;A 型花岗岩的低 Sr、Eu和富集 Nb、Zr 等元素的特点,反映其源区存在斜长石的残留(形成的压力较低),因此它也不可能是幔源岩浆分异或镁铁质源岩的部分熔融而来。实验岩石学资料显示 A 型花岗岩源区最可能是长英质地壳,长英质地壳岩石中含水矿物的脱水熔融(Creaser et al.,1991;Skjerlie and Johnston,1993a,1993b;Patinoouce,1990),所形成的熔体基本上都属于铝质 A 型花岗岩。

2) 过铝质花岗岩

过铝质花岗岩是铝饱和指数 ASI〔 $= n(Al_2O_3)/n(CaO + Na_2O + K_2O)$〕 > 1 的一类花岗岩。过铝质花岗岩类含铝质黑云母和其他铝质矿物;Barbarrin(1999)认为过铝花岗岩一般为壳源的,过铝花岗岩形成于大陆碰撞环境,不仅产于同碰撞阶段,也可出现在后碰撞的走滑和伸展垮塌阶段(肖庆辉等,2002),也可形成于造山后隆升、晚造山、后造山、非造山、活动大陆边缘等构造环境中。前人对广西北部新元古代黑云母花岗闪长岩和黑云母花岗岩的地球化学研究结果表明其形成与碰撞造山导致地壳加厚的挤压性构造无关，而与导致超大陆裂解的地幔柱上升诱发岩石圈伸展的张性构造相联系（葛文春，2001），是地幔柱导致广泛的地壳深熔事件的结果（Li et al.，2003）。也有研究认为桂北等地的镁铁质岩与地幔柱活动无关，是岛弧成因花岗岩（周金城等，2003），或是形成于扬子和华夏板块间的碰撞高峰（约 870 Ma）之后的后碰撞花岗岩类（王孝磊，2006）。孙涛（2003）对南岭东段两期强过铝花岗岩：印支期花岗岩（225～228 Ma）和燕山早期花岗岩（156～159 Ma）的大地构造环境的研究认为印支期为后碰撞伸展环境，燕山早期为弧后伸展，两期的间隔反映了从特提斯构造域向滨太平洋构造域的转变，两期强过铝花岗岩是加厚地壳伸展减薄、降压加水的背景下由深部古元古代变质沉积岩熔融形成。

过铝花岗岩可分为 MPG 和 CPG 两类，CPG 分散在山脉地带，MPG 则沿横切加厚地壳的剪切带集中。大量的研究表明 S、I、A 型花岗岩都有过铝质的（Eby，1990；地矿部南岭专题组，1989），不仅变沉积岩在低压下（$p < 1\text{GPa}$）部分熔融可以产生过铝花岗岩浆，而且长英质火成岩和变沉积岩在高压（$p > 1\text{GPa}$）下发生部分熔融作用也可以形成过铝的 A 型花岗岩（Pantino Douce，1998；林广春、马昌前，2003）；MPG 和 CPG 中常出现由地壳物质熔化而产生的残留包体，但只有 CPG 中出现代表强烈改造的地幔物质来源的镁铁质微粒包体，表明 CPG 通常与幔源岩浆有关（楼亚儿，2003），形成于张性构造环境的过铝花岗岩常伴随断裂带、剥离断层以及煌斑岩等出现（Pitcher，1993）。

1.2.3 关于华南花岗岩的研究

华南花岗岩的研究历史悠久，20 世纪 80 年代前后，南京大学和贵阳地化所分别出版了关于华南花岗岩成因和地球化学的专著（南京大学地质学系，1981；中科院地化所，1976）。王德滋等（2003）认为华南花岗岩有三个主要研究阶段，第一阶段是关于花岗岩物质来源的研究，据此将花岗岩分为了 I 型（同熔型）和 S 型（重熔型）；第二阶段是花岗岩形成的构造环境研究，提出了板块构造各种构造环境中花岗岩的特征及形成模型；第三阶段是壳－幔作用与花岗岩成因关系的研究，探讨地幔对流运动对花岗岩形成的影响。其研究还主要涉及以下几方面：

花岗岩成因研究：周新民（2003）对华南花岗岩的成因进行了解释，认为印支期花岗岩与特提斯洋的消减有关，华南在 T_{1-2} 期间经历了地壳增厚（≦ 50 km 左右），此后，又很快地被减薄（T_3 时），在伸展体制下地壳古、中元古代泥砂质沉积变质岩系发生部分熔融形成印支期浅色花岗岩，并推测当时岩体的正常埋深是 6.5～13 km（Buddington，1959）。而燕山期岩浆活动很可能是古太平洋板块对欧亚板块的一部分消减作用(自 J_2 开始)的产物,他强调燕山早期(J_2 – J_3)属于板内伸展造山,并认为是板内岩浆作用和岛弧岩浆作用的结合,是华南燕山期活动大陆边缘伸展增生造山的最重要特点。孙涛(2006)对华南不同时代的花岗岩进行了统计分类和编图,花岗岩的分布揭示华南地区燕山期岩浆活动与太平洋板块俯冲也存在某种内在成因联系,他根据岩石化学特征的递进变化推测太平洋板块俯冲引起的地幔楔部分熔融对花岗质岩浆的形成产生影响,太平洋板块的俯冲作用以及中国东南部岩石圈的伸展减薄作用诱发了玄武岩浆的底侵,后导致中、下地壳的大规模熔融,进而形成大花岗岩省(Zhou et al. , 2000)。人们根据华南中生代花岗岩特别是 S 型花岗岩形成的深度都不大,底板埋深一般在 $10 \sim 15$ km,与壳内低速层或滑脱带一致,认为花岗岩浆的成因可能是由于逆冲推覆作用引起地壳上部硅铝层局部熔融造成的(蔡学林,1989;饶家荣,1993)。

花岗岩类型研究:南岭地区近年来厘定了一系列与成矿有关的 A 型花岗岩,如千里山、骑田岭、西山、金鸡岭岩体等(赵振华等,2000;付建明等,2005;柏道远等,2005;朱金初等,2008)。张旗(2010a)依据花岗岩 Sr、Yb 含量将花岗岩划分为埃达克型、喜马拉雅型、浙闽型和南岭型,其中南岭型(A 型花岗岩)以 Yb 含量变化大和贫 Sr 为特征。

花岗岩形成的地球动力学环境:邓晋福(2008)认为华南花岗岩的地球动力学环境有三种:一是古陆碰撞的背景,陆内俯冲与陆壳 – 岩石圈增厚效应(邓晋福等,1996,2000),其控制机制是侏罗纪晚期—白垩纪初西太平洋古陆与亚洲大陆强烈的斜向碰撞(任纪舜等,1999);二是太平洋板块俯冲与岩石圈 – 软流圈(或壳 – 幔)相互作用(陶奎元,1992;Zhou 和 Li,2000);三是造山后伸展引发软流圈上隆效应(董树文等,2000)。目前花岗岩产于伸展环境的认识占了主流,如孙涛等(2003)通过花岗岩矿物学、Nd – Sr 同位素等特征分析,认为南岭东段燕山早期花岗岩形成于古太平洋构造域制约的弧后伸展环境;蒋少涌等(2006)也认为湘南的千里山、骑田岭、西山、金鸡岭、花山和姑婆山等花岗岩形成于古太平洋板块(伊佐奈崎板块)俯冲引起的弧后或弧内拉张构造环境。

花岗岩源区研究:花岗岩源区研究是目前的研究热点,除了采用传统的稀土元素特征探讨花岗岩源区外,人们还利用 Sr – Nd – Pb – Hf 同位素联合示踪等方法对研究区花岗岩的源区进行更精细的约束,据此邱瑞照等(2003)确认香花岭岩体有幔源物质加入,并推测地幔物质可能以流体形式加入花岗岩岩浆。也有人根据骑田岭、砂子岭、铜山岭、广西花山、姑婆山花岗岩中含大量的镁铁质微粒包体,认为花岗岩源区为壳 – 幔岩浆混合源区(朱金初等,2003;朱金初等,1989;魏道芳等,2007;蒋少涌,2006;柏道远,2005;朱金初,2008),并认为这种大范围岩浆混合作用可能是玄武岩浆底侵作用的结果(王德滋等,2002);全铁军等(2013)确定铜山岭花岗岩的 I 号岩体的源区主要为古老地壳物质熔融的岩浆与幔源岩浆的混合，而Ⅲ号岩体主要为古老地壳重熔形成。郭春丽等（2011）提出南岭东部九龙脑、淘锡坑同样有幔源物质的加入。郭新生等（2001）也提出了桂东南罗容富钾岩浆杂岩是来自交代地幔部分熔融岩浆在地壳深部产生分异体；艾昊（2013）通过锆石 Hf 同位素分析也证实黄沙坪成矿斑岩物质来源于地壳基底重熔，伴有少量地幔物质混合。

花岗岩与成矿关系：研究区多金属成矿与中生代花岗岩有关的观点为人们所公认，近年主要从花岗岩成矿系统、成矿花岗岩所具有的强烈分异特征、成矿物质来源于花岗岩的角度讨论花岗岩与成矿的关系；华仁民等（2003）提出华南中、新生代有 4 个花岗岩成矿系统，分别为与钙碱性岩浆活动有关的"斑岩 – 浅成热液金 – 铜成矿系统"，与陆壳重熔型花岗岩类有关的"钨锡铌钽稀有金属成矿系统"，与富钾花岗岩类有关的"铜多金属成矿系统"，与 A 型花岗岩类有关的"金铜及稀土成矿系统"。人们研究发现华南成矿花岗岩具有强烈分异的特点，如陶继华等（2013）对赣南龙源坝地区燕山期高分异花岗岩年代学、地球化学及锆石 Hf – O 同位素研究，提出黑云母、二云母花岗岩为高分异 I 型花岗岩，并认为分异与经历去气作用的晚期岩浆流体交代有关，而与花岗质岩浆结晶分异无关；花岗岩岩浆演化过程与成矿有密切关系，朱金初（2008）从地球化学和年代学角度认为南岭中西段中生代花岗岩反映了岩浆演化，早期花岗岩大多为 A 型花岗岩，而晚期花岗岩较主体花岗岩更接近 S 型花岗岩，而成矿作用贯穿花岗岩侵位和演化的全过程，从主侵入期经补充侵入期到后来的热液期，都能形成 Sn、W 等金属矿床。朱金初等（2008）认为研究区花岗岩从主体到补体的热液期都能形成云英岩型、石英脉型、矽卡岩型、Li – F 花岗岩型、锡石硫化物型和绿泥石化构造蚀变带型 Sn，W 多金属矿床。蒋少涌等（2006）认为湘南的千里山、骑田岭、西山、金鸡岭、花山和姑婆山等花岗岩均属于富 Sn 花岗岩。肖惠良等（2011）认为复式岩体中的花岗岩型钨锡多金属矿床在南岭地区近年来取得找矿突破具有极为重要的意义。已发表的众多文献主要通过成矿物质与花岗岩的稳定同位素、微量元素及稀土元素的比较而确定二者的物源关系。

虽然对研究区中生代花岗岩的研究仍在深入，但人们对中生代多金属成矿岩浆岩基本为中酸性且伴随成矿的大爆发的机理仍不清楚，地幔物质进入重熔岩浆过程，花岗岩形成的构造背景认识主要依据同位素信息，而源自构造 – 岩浆的综合研究有待深入。

1.2.4 华南大地构造及湘南区域构造研究现状

华南大地构造因其特有的大陆地质构造持续成为地学界研究的热点地区，20世纪 80 年代前，我国的五大学派均对华南大地构造有过不同观点的划分方案（黄汲清等，1977；陈国达，1975；张文佑，1984；李四光，1972）；基于板块构造理论,人们建立的华南地区多种板块构造模型(李春昱,1980;郭令智等,1980;赵明德等,1983),其中较著名是的郭令智提出的华南大地构造演化的"沟-弧-盆"模型。而 21 世纪以来超大陆及地幔柱观点认为,发生于约 1000 Ma 的格林威尔造山运动(华南称四堡运动)使扬子古陆与华夏古陆碰撞对接并与周边其他古陆聚合,华南成为 Rodinia 超大陆的组成部分(王剑,2000;Li Z X 1995,2002;李江海,1999;吴根耀,2000;陆松年,2004;李献华,2008)。

湘南作为华南的一部分,其区域构造研究经过长期发展,被人们提出过多种构造模型,至今仍然是研究热点地区。早期依据地质力学理论,按照不同的走向划分区域构造型式,在湖南划分出纬向构造系、经向构造系、华夏构造系等,从几何形态上表现区域构造型式(地矿部南岭项目构造专题组,1988)。虽然当时这种构造系的划分没有考虑华南板块单元的影响,但是表现了存在不同方向的构造系是重要的认识。陈国达(1960)提出华南地洼区构造单元,包括现在华夏板块地区,自中生代以后发生大陆内部强烈构造运动、岩浆活动及成矿作用。这是最早提出华南大陆内部构造运动的理论,不过当时他没有讨论地台活化的深部构造机制。

通过多年来板块构造理论全方位的研究,获得了华南区域构造运动的深入认识。在中生代之前完成了华南并入中国大陆的板块拼合运动,包括华夏与扬子板块间的拼合,产生了华南盖层广泛的构造变形。从中生代开始华南大陆面对东部大洋的俯冲带构造运动,形成广泛的挤压区域构造型式(万天丰,2004)。从华南燕山期逆冲推覆构造的分布区域看(万天丰,2004;李三忠等,2011),起源于大陆东部边缘俯冲带的挤压构造可以深入大陆内部很远,属于板块构造范畴。

近年来开展的中国东部中-新生代岩石圈减薄构造运动的研究,开启了我国大陆内部地幔构造研究的时代。关于华南燕山期板内构造运动的特征,主要是通过华南大规模的花岗岩活动进行研究。在中国东部燕山期构造研究中,存在争论的问题主要有,是板块边缘俯冲带活动还是板块内部构造活动,是软流圈构造活动还是地幔柱活动,深部活动机制是拆沉作用还是热侵蚀作用等。湘南区域构造型式是中国东部大区域构造运动研究的一部分,面临同样的问题。在华南通过对花岗岩年龄分带的变化规律研究,认为可能是俯冲板片倾角变化的原因(李武显等,1999),在华北则强调板块俯冲造成大陆内部的构造运动是岩浆岩发育的原因(邓晋福等,2004;路凤香等,2005)。岩石学和地球化学研究则强调板块运动中软流圈活动的性质(吴福元等,2008),地震层析成像资料倾向于认为是深部地幔上升流运动性质(袁学诚,2007)。关于深部地幔活动的构造机制,拆沉作用和热侵蚀作用两种方式可能代表不同的构造环境,拆沉作用需要大陆造山使地壳增厚的运动,热侵蚀作用需要的是深部地幔的上升运动。

1.2.5 湘南地区区域成矿规律与找矿预测

华南区域成矿规律和找矿预测已积累了丰富的成果,对其简述如下:

1)矿床的分布与成矿元素分区相适应规律

人们划分出沿海多金属成矿区带,大陆内部钨锡成矿区带,西部锑金低温成矿区带,并曾根据燕山期古太平洋板块俯冲的构造性质,按照岛弧分带的机制解释了矿床的分带性成因,认为俯冲板片深度增加形成的从易熔到难熔元素的分带是成矿分带的原因之一。

2)华南燕山期成矿与板内构造运动关系

近年来随着矿床研究的不断深入,发现华南燕山期矿床呈现大规模爆发与华南板内构造运动的克拉通再造作用有关(华仁民、毛景文,1999)。人们从中国东南部中新生代地幔性质的变化(中生代以富集地幔为主,而新生代以亏损地幔为主)入手,认为地幔的运动导致了东南部中新生代存在多期岩石圈伸展事件,如侏罗纪的局部岩石圈伸展主要集中于内陆地区(如湘南地区),白垩纪则经历了区域性岩石圈伸展,白垩纪太平洋板块俯冲和玄武质岩浆底侵诱发地壳加厚,导致岩石圈拆沉和软流圈上涌是中国东南部岩石圈伸展的主要原因(谢桂青,2005)。南岭地区花岗岩大规模的侵入和钨、锡等金属的爆发性成矿均形成于岩石圈伸展减薄、地壳拉张的构造环境。南岭中段钨、锡、铅锌等金属的成矿时间高度集中(150~160 Ma),与该区伸展背景下主要花岗岩的成岩时间相当吻合(彭建堂,2008)。

3)华南燕山期成矿期次

华仁民(2005)总结了华南地区三期大规模成矿作用,第一次发生在燕山早期(170~180 Ma),以赣东北和湘东南的 Cu、Pb - Zn、(Au)矿化为代表;第二次发生在燕山中期的第二阶段(139~150 Ma),主要是南岭及相邻地区以 W、Sn、Nb - Ta 等有色稀有金属矿化为主的成矿作用;第三次发生在燕山晚期(98~125 Ma),以南岭地区 Sn、U 矿化和东南沿海地带的 Au - Cu - Pb - Zn - Ag 矿化为代表。毛景文(2008)提出了华南地区中生代主要金属矿床成矿出现于三个阶段,分别是晚三叠世(210~230 Ma)、中晚侏罗世(150~170 Ma)和早中白垩世(80~134 Ma),并分析了各阶段的成矿环境及成因,晚三叠世钨锡铌钽矿化与过铝质二云母花岗岩有关,是华北、华南和印支三大板块后碰撞过程的成岩成矿响应。第二阶段的成矿与 180 Ma 左右 Izanagi 板块向欧亚大陆俯冲有关,160~170 Ma期间可能由于俯冲板片局部多处撕裂形成 I 型或埃达克质岩石,导致了斑岩铜矿的成矿。第三阶段,俯冲板块开天窗,南岭地区软流圈物质直接涌入上地壳,形成了壳 - 幔混合型高分异花岗质岩石及其钨锡多金属矿床。135 Ma 左右由于俯冲板块改变了运动方向,由斜向俯冲调整到几乎平行大陆边缘沿 NE 方向走滑,造成大陆岩石圈大面积伸展，伴随大规模的火山活动和花岗质岩浆侵位及其浅成低温热液铜金银矿化、与花岗岩有关的钨锡多金属矿化以及热液型铀矿的形成。

毛景文（2009）进一步建立了华南中生代的4个矿床模型，160～170 Ma中侏罗世斑岩-矽卡岩型铜矿模型，150～160 Ma晚侏罗世与花岗岩有关的钨锡矿床模型，白垩纪浅成低温热液型铜金银矿床模型及锡钨多金属矿床模型。

4）花岗岩的成矿专属性

目前人们较为关注铝质钙碱性-碱性A型花岗岩矿床与稀土元素、锂、铷、铀、钍和冰晶石等矿产的专属性，如湘南香花岭铌钽矿床与A型花岗岩的成因有密切的关系，A型花岗岩聚集Nb和Ta两种成矿元素，在超临界流体作用下，相对封闭的岩浆体系内黏度、温度、内压、组分活性呈现系列变化，并强烈分异，Nb、Ta成矿作用即与岩浆体内射气分异作用密切相关（邱瑞照，1997）；湖南芙蓉锡矿田也是与A型花岗岩有关的一个超大型锡矿田（李晓敏，2005；李兆丽，2006；蒋少涌，2006）。

5）南岭地区的区域控矿构造

南岭构造专题组（1988）总结了以下三个方面：①区域大地构造方面，华南地区经历了前泥盆纪地槽、晚古生代准地台、中生代地洼等构造发展阶段，前泥盆纪的构造-沉积-岩浆活动导致了诸如双桥山群和板溪群含钨层位和四堡群含锡层位的形成。晚古生代深大断裂的活动控制了泥盆、石炭系铅锌钨等矿源层的形成。中生代陆内活化阶段，燕山期岩浆活动强烈，形成众多钨锡稀有稀土及多金属矿床；②深层构造和浅层构造的耦合关系，一般而言，在深部幔隆和幔坳过渡的幔坡区是地壳增厚和减薄的交替地区，构造活动强烈，燕山期岩浆多次侵入，成矿最为有利；③深大断裂与成矿关系密切，往往起导矿构造作用。深大断裂的上盘，常发育低级序次的派生断裂，有多期岩浆侵入，是成矿的有利地带。该专题还详细总结了南岭地区不同成因类型钨锡多金属矿床的矿田矿床构造类型，比如构造+有利岩层复合控制，如凡口矿田；褶皱构造的弯曲部位，如宝山铅锌矿床；断裂与褶皱的交切部位，俗称背斜加一刀，如黄沙坪铅锌矿床。该专题进一步总结提出构造体系的控矿规律，强调：①多体系复合控矿，如新华夏系二级构造带（NNE向深大断裂带）复合其他构造体系控制成矿带，不同构造体系二级构造带的复合控制成矿亚区。新华夏系三级构造带控制成矿亚带，它与不同构造体系亚带的复合控制矿田。如粤东成矿区的莲花山构造带由五华-深圳和大埔-海丰两个三级构造亚带组成，它们与纬向构造体系复合控制长埔和银屏山矿田；②新华夏系不同发展阶段构造的复合控矿；③新华夏系低级序的伴生、派生构造控矿。矿田构造控矿规律总结了定向、分带、定位、等距、递变等规律。比如湘南香花岭矿田、黄沙坪-宝山矿田、上堡矿田呈北东向排列，受新华夏系断裂控制，而矿床（体）沿南北向断裂分布，属于经向构造体系。三个矿田呈等距性分布，间距 30 ～ 35 km。定位规律体现在不同构造体系的二级构造带复合部位控制成矿亚区；三级构造带的复合部位控制矿田。正断层控制的矿体主要在断层陡倾斜部位，逆断层控矿主要在缓倾斜部位。褶皱控矿表现在压应力下褶皱轴部有利于成矿，在张应力条件下，褶皱翼部有利于成矿。

6）成矿预测

历年来湘南地区有色金属成矿规律与成矿预测的专题研究项目出版了多部专著（陈毓川，1983；王育民等，1988；彭省临，1992；庄锦良等，1993；史明魁等，1993；童潜明等，1995；王登红等，2010；陈毓川等，2014）。童潜明等（1995）根据湘南深部构造与浅部构造特征、典型矿床岩浆岩特征、矿床地球化学特征，划分出成矿区带和矿床成矿系列，认为原属于第 Ⅱ 成矿系列（与燕山期浅成超浅成中酸性花岗岩类型有关的铜、铅锌钨钼铌钽银金铀金属矿床成矿系列）的宝山、大坊等矿床（陈毓川，1983）应划到第 Ⅰ 成矿系列（与燕山期中浅成酸性花岗岩有关的稀土、稀有、有色及铀金属矿床成矿系列），以郴州 - 临武断裂带为界，并进一步将 Ⅰ 系列划分为 Ⅰ-1、Ⅰ-2 亚系，断裂带东部的后加里东隆起区为与中浅成酸性花岗岩有关的钨、稀土成矿亚系（Ⅰ-1 亚系），西部海西 - 印支凹陷区为与燕山期浅成花岗岩有关的钨锡铅锌成矿亚系（Ⅰ-2 亚系），并据此进行了成矿综合预测。

庄锦良等（1993）主要研究了湘南区域地层地球化学特征、区域构造、不同成因花岗岩及其与成矿关系，建立了矿床的成矿模式及找矿模型，探讨了成矿模式、成矿系列理论、元素分带理论、围岩蚀变及构造层次对矿床找矿预测的意义。史明魁等（1993）提出了活动型边缘古水热活动区等成矿理论，并进行湘南区域成矿预测。

饶家荣（1988，1993）提出了受隐伏大岩体控制的以高侵位隐伏小岩体为中心的岩浆热液 - 构造 - 地层三位一体的复合控矿模式，指出在郴州 - 临武断裂带，重低磁高区是以钨锡为主的金属矿床最典型的深部地球物理标志。大尺度剩余重力异常反映的中深部地质结构（构造）控制了矿田的分布；北西向构造与南北向及东西向构造的复合部位控制了矿田的分布。例如，香花岭、坪宝、雷坪—金银冲、水口山—上堡、资兴—三都等五个等距离且平行分布的北西向 300° ～ 330° 走向，由隐伏花岗岩岩体引起的"重低磁高"区及水口山深源重磁变异带反映了区域内矿田的空间位置及分布。提出的大岩体（群）控制矿田，小岩体控制矿床的观点对湘南地区寻找与中酸性岩浆有关的矿床很有实际意义。

王登红等（2010）对南岭有色贵金属找矿潜力进行了综合研究，提出存在第二找矿空间认识。

总之，湘南乃至整个华南地区中新生代以来的大地构造背景已从印支期的挤压演变为燕山期的多幕次伸展，对应伸展的耦合效应发育大规模的花岗岩浆作用及有色金属成矿大爆发，对华南及湘南的成矿规律认识及找矿突破提供了很好的基础。

1.2.6　地幔柱构造理论

地幔柱构造理论是板块构造理论之后的一种新的全球大地构造理论模型，在板块构造理论盛行期，就有学者开始探讨板内深部动力学机制，提出地幔柱（地幔羽）作为地幔对流最可能的路径模型，Geoff F. Davies（2005）还提供了地幔柱存在的依据。该理论弥补了经典板块边界理论难以合理解释板内岩浆成因的不足；地幔柱思想起源于 Wilson（1963、1965）的热点假说，用于解释夏威夷—皇帝火山岛链的成因，其后 W. J 摩根（1971, 1972）将其作为一种板块移动机制的学说而提出。Maruyama 和 Komazwa（1994），Fukao 等（1999），Larson（1991）提出超级地幔柱概念模式，认为超级地幔柱产生于核幔边界的 D″ 层，直径大于 5000 km，影响范围非常宽广，地幔柱假说较好地回答了很多其他构造学说难以解释的地质事实和自然现象，如地幔柱活动和大火成岩省事件、大陆裂解、大陆溢流玄武岩及火山岛链的成因、板块边缘地质作用、古陆再造、地壳活化区域变质作用、海底大滑坡、全球气候变迁、生物灭绝事件、磁极倒转和一些大型矿产资源的形成的事件（徐义刚，2002）。

地幔柱可分为冷幔柱与热幔柱，在全球范围内两者可并存，认为热幔柱引起超大陆裂解、大洋形成，冷幔柱导致超大陆聚合等；Maruyama 和 Fukao 等（1994）建立了地幔柱的结构和多级演化模型，以核幔界面（2900 km）、上地幔底界（670 km）、岩石圈底界（100 km）为界划分出 1~3 级次地幔柱，并提出冷幔柱，超级地幔柱与地球层圈关系模型，其中超级地幔柱控制了全球的地幔对流，地幔对流作用（运动）驱动板块运动，控制了地幔热点、大陆裂谷、大洋裂谷、大洋扩张、俯冲碰撞造山的威尔逊旋回的发生和发展（Maruyama et al.，1994；侯增谦等，1996；李红阳等，1998，2002）。人们认为中生代中国东部大规模岩浆活动的热源是底侵的玄武岩或者软流圈的上涌，其机制可能源于板块俯冲，也可能源于地幔柱，其宽度超过 1000 km 的大规模岩浆活动带，且远离俯冲带的事实，似更倾向于地幔柱机制的作用。

众多学者对地幔柱理论进行了讨论与应用实践，如牛树银等（1996，2002）提出幔枝构造理论体系；人们还探讨了中国东部地幔柱构造及其与成矿作用关系（谢窦克，1996；李子颖，1999；高明等，2000；谢桂青，2001a；徐义刚，2002；李凯明等，2003；肖龙，2004；牛耀龄，2005；徐义刚，2007；童航寿，2009；李东卓，2011；徐义刚等，2013），李红阳和侯增谦（1998）将成矿作用与幔柱构造理论相结合，进一步发展了地幔柱构造理论的实际应用。李子颖（1999）论述了华南存在地幔柱及其与铀矿之间的关系，认为深部地幔柱从印支期 220 Ma 开始活动，造成地层不整合接触(125~190 Ma),岩浆由钙碱性向碱性演化,晚期出现基性岩浆活动。童航寿(2010)应用地幔柱构造理论,对华南多金属成矿省铀、钨等矿种的成矿作用与地幔柱构造的内在联系进行了分析与探讨。张旗(2013a)认为华南大火成岩省(150~160 Ma)的成因是来自下地幔的地幔柱抵达下地壳底部直接烘烤和加热下地壳,形成长英质成分的岩浆岩。

1.2.7 华南地区中生代地球动力学背景

基性岩浆的侵入活动是壳-幔作用的最显著表现,近年来研究认为华南地区存在两期典型 OIB 型碱性玄武岩(范蔚茗等,2003;王岳军等,2004),早中生代 OIB 型碱性玄武岩代表的是 175 Ma 左右的宁远太阳山碱性玄武岩和 168 Ma 赣中安塘组上部碱性型玄武岩,晚中生代(80~90 Ma)OIB 型镁铁质岩主要包括衡阳冠市街、浏阳春华山、应家山和赣中螺蛳山碱性玄武岩及湘东北、诸广山一带的辉绿岩和煌斑岩脉,这些岩石主要表现出了与 Hawaii-OIB 玄武岩相似的元素同位素地球化学特征,从而推测华南陆内较大规模的岩石圈伸展减薄和软流圈上涌始于 178 Ma,表明燕山早期华南处于软流圈上涌和岩石圈伸展减薄的构造背景。

但多数研究者认为中国东部中生代岩石圈演化与太平洋板块俯冲有关,其中孙卫东(2008)认为太平洋板块和伊泽奈崎板块俯冲在很大程度上控制着中国东部中生代的盆地演化和岩浆活动。

周新民(2007)认为华南燕山期构造形式为伸展-裂谷,其一级动力源为板块消减引起,而不是地幔柱活动,华南晚中生代(燕山期)地质现象是板块俯冲消减-伸展-生长的动力过程,俯冲引发的地幔楔的活动使玄武质岩浆底垫于下地壳,形成地壳的垂直增生,同时下地壳被加热重熔引发了大规模中酸性岩浆活动及巨量多金属成矿作用。毛景文(1998)提出燕山期华南地区的地幔可能上隆,导致上覆地壳大面积重熔或同熔形成花岗质岩浆,花岗岩浆的分异演化形成了稀土、稀有、钨、锡、锑、铜、钼、铋、铅、锌、银、金等矿产。

人们还对太平洋板块的向亚洲大陆的俯冲过程及效应进行了分析,认为太平洋板块俯冲始于 180 Ma 左右(Maruyama et al.,1986),早期俯冲角度较小,在燕山早期尚未达到华南地壳地表以下 110 km 深度,不能诱发陆缘型岩浆作用,华南中生代早期为岩浆活动的相对平静期(180~200 Ma),这与此时中国处于特提斯构造域转变为太平洋构造域的转变期有关。华南地块从中侏罗世起已完全受太平洋构造域控制,与俯冲没有直接联系,但俯冲产生的构造应力可以迅速传递到华南腹地南岭地区,形成伸展构造环境,在华南内陆形成裂谷型岩浆组合(陈培荣等,2004)。张旗等(2008 b)依据埃达克岩的成因推测中国东部存在燕山期高原而非山脉,高原存续时间为 113~175 Ma,发育主期为 125~165 Ma。

另有部分学者认为燕山期中国东部的构造体系并不完全受太平洋板块俯冲控

制，如张旗等(2013b)认为虽然中生代早期，太平洋板块基本向北俯冲，该俯冲至早白垩世中期(125 Ma左右)才转向西(包括向北西和南西方向)，但中国东部大规模岩浆活动却主要发生于侏罗纪至早白垩世(130～180 Ma)，因此认为中国东部中生代大规模岩浆活动与太平洋板块的向西俯冲无关；而且由于太平洋板块真正向西俯冲的时间非常短暂(110～125 Ma和0～43 Ma)，因此中生代的中国东部不属于环太平洋俯冲构造带，不是安第斯活动陆缘环境，也不存在岛弧玄武岩和岛弧花岗岩，中国东部中生代岩浆活动应更可能与东亚中生代强烈的地幔柱活动有关。

肖庆辉等(2010)也认为中国东部中生代早期(三叠纪至侏罗纪)岩石圈演化与太平洋板块向欧亚大陆俯冲消减没有直接的关系，可能是一种源自中国东部周边东亚洋盆系的一些洋盆向中国东部大陆俯冲消减、碰撞造山，并引发中国东部大陆内的软流层上涌的机制控制了中国东部的岩石圈演化。Moore(1997)根据太平洋底第三代磁条带研究认为侏罗纪末期，中国东部周边与伊佐奈崎板块相邻，该板块向西北方向运动。Seton(2008)基于在西太平洋保存下来的磁条带和断裂带进行构造复原结果进一步确认晚侏罗世时，太平洋板块与中国大陆并不相邻，而是处于法拉龙板块、凤凰板块和伊佐奈崎板块的三联点处，伊佐奈崎洋脊在55～60 Ma年以前俯冲沉没之后，太平洋板块才运动到目前的位置。

1.2.8 湘南地区花岗岩锆石 Hf 同位素示踪源区研究进展

锆石中 Zr 与 Hf 形成类质同象，并有较高的 Hf 含量和较低的 Lu 含量，因此 Lu/Hf 比值低，由 ^{176}Lu 衰变产生的 ^{176}Hf 极少，因而锆石中 Hf 同位素组成基本不受结晶期后因 Lu 衰变产生的 Hf 的影响，故锆石中的 Hf 同位素组成可代表地质体形成时期的初始 Hf 同位素组成。

关于 Hf – Nd 同位素相关的研究，一般认为地壳岩石的 Nd – Hf 同位素具正相关性：$\varepsilon_{Hf} \approx 2\varepsilon_{Nd}$，但 Nd、Hf 同位素不一致的现象也有报道，如发现部分太古宙早期岩石(年龄约为 3.8 Ga)具有较高的 $\varepsilon_{Nd}(t)$ 值[$\varepsilon_{Nd}(t) \approx +4$，$\varepsilon_{Hf}(t) \approx +3.8$] (Amelin，2000；Blichert – Toft，1997；Vervoort，1996；Bennett，1993)，Nd 同位素确定的极度亏损地幔可能是由于 Sm – Nd 同位素体系开放造成的假象(钟玉芳，2006)。

湘南地区关于花岗岩 Hf 同位素示踪研究工作在 2010 年前后开展，章荣清(2010)确定荷花坪花岗斑岩中锆石 $\varepsilon_{Hf}(t)$ 值为 – 2.84 ～ – 10.14，基于其 154～156 Ma 的 U – Pb 年龄，确定两阶段模式年龄(t_{DM2})1380～1840 Ma，指示岩浆为壳 – 幔混合来源。郑佳浩(2012)确定王仙岭早期电气石黑云母花岗岩和晚期黑云母二长花岗岩的 $\varepsilon_{Hf}(t)$ 值分别为 – 7.92 ～ + 4.61 和 – 10.66 ～ – 5.35，两阶段 Hf 模式年龄(t_{DM2})分别为 967～1758 Ma 和 1538～1875 Ma，两期花岗岩均来自于古－中元古代地壳物质重熔。艾昊（2013）报道了黄沙坪花岗斑岩和花斑岩及石英斑岩的成岩年龄接近，前者为 150.1～150.20 Ma，$\varepsilon_{Hf}(t)$ 值为 -7.3～-3.5，两阶段模式年龄（t_{DM2}）为 1263～1470 Ma，石英斑岩稍早，年龄为 155.3 Ma±0.7 Ma，$\varepsilon_{Hf}(t)$ 值为 -8.7～-11.3，t_{DM2} 为 1556～1697 Ma；原亚斌（2014）报道黄沙坪英安斑岩、花岗斑岩和石英斑岩的侵位年龄分别为 158.5 Ma±0.9 Ma、155.2 Ma±0.4 Ma、160.8 Ma±1.0 Ma，锆石的 $\varepsilon_{Hf}(t)$ 值为 -7.6～-3.2，Hf 同位素两阶段模式年龄为 1400～1700 Ma，表明该区花岗质岩浆主要源自中元古代的古老基底物质部分熔融，并在花岗斑岩锆石中发现古元古代—新太古代的继承锆石核。谢银财（2013a）对宝山岩体的研究显示锆石 $\varepsilon_{Hf}(t)$ 值为 -14.0～-9.0，两阶段模式年龄 t_{DM2} 值为 1770～2080 Ma。总之各个研究者的结论比较一致，均指示 Hf 两阶段模式年龄反映花岗岩的源岩为中元古界地层岩石。

1.3　目前研究中存在的关键科学问题

湘南及华南的大地构造性质虽然经历长期的研究，却依然争议不断，没有形成较为一致的认识。湘南及华南燕山期成岩成矿具有大范围面状分布和大规模集中爆发特征，对其成因目前仍缺乏明确的解释，未建立起理想的区域构造模型。湘南区域找矿的关键性问题在于能否在区域构造背景和成矿规律之间建立吻合的关系，以便可以在区域构造模型基础上进行区域成矿规律的研究，促进区域找矿预测工作的开展。

区域构造形式是确定区域构造背景的基础之一，虽然人们通过岩石地球化学研究对华南和湘南的大地构造背景进行过分类，但并没有给出区域构造型式的明确认识。因此基于湘南地区燕山期花岗岩和矿床地质丰富的研究成果，以区域构造单元划分入手，重新拟定区内中生代成岩成矿的研究对象和内容，从岩石学、矿床学、年代学、地球化学特征入手，开展研究区区域构造型式的综合性研究，是探索建立中生代湘南地区的区域构造型式的基本方法。

由于中生代湘南及华南区域构造型式仍不清楚，因此现有成矿模型对于与空间有密切关系的成矿预测的指导作用仍不令人满意，建立基于成岩成矿机制，并充分展示区域构造型式与矿床分布规律的模型，实现对区域成矿的预测是湘南及华南地区亟待解决的重要问题。

1.4　研究目标和技术路线

本书研究的目标：是建立基于成岩成矿机制，并充分展示湘南区域构造型式与矿床分布规律的模型，为湘南的区域成矿预测提供有效依据。

本书研究的技术路线:在大量收集和分析工作区成矿及找矿研究成果的基础上,深入分析和理解各种地质理论观点和模型,以湘南基本构造单元划分格架为约束,选择湘南典型矿床进行详细调查研究,开展岩石学、矿床学、地球化学、成矿构造等多学科相结合的研究,以期在华南大地构造背景下认识湘南区域构造型式,探讨湘南中生代区域构造与成岩成矿模型,揭示湘南地区区域成矿规律。

1.5 研究内容和方案

(1)进行湘南已有研究成果、大地构造背景及成矿理论有关资料的收集和分析。

(2)选择湘南区域内的宝山、黄沙坪和铜山岭等典型矿床开展成矿岩体和矿床地质的详细研究,重点研究矿床形成的大地构造背景,区域成岩成矿地质条件,矿床相互之间的成因联系和变化特征等。

(3)进行成矿岩体年代学的系统研究。选择有效的同位素测年方法,进行典型矿床成矿岩体年代学研究。掌握各典型矿床的年代学特征,获得成矿年代学第一手资料,收集湘南主要矿床的成矿年龄资料,进一步了解所有矿床之间的年代学关系,作为分析区域成矿模型的基础资料。

(4)探讨湘南域构造型式。通过典型矿床成矿构造调查和湘南区域矿床分布关系研究,结合燕山期成矿大地构造背景研究,分析和揭示湘南区域成矿构造型式,确定湘南区域构造成因,划分湘南区域成矿构造单元。区域构造型式是认识湘南矿床成因和成矿规律的重要基础,是总结湘南岩石学矿床学资料的关键性因素。

(5)进行多学科综合性研究,提出区域成岩成矿地质模型。区域成矿模型的创建需要多学科的研究资料,适当扩展多方法和多技术手段的研究,保证区域成岩成矿模型获得充分证据。综合性区域地质模型的建立,是为区域找矿研究提供理论基础,符合找矿应用研究的需要。

(6)进行湘南区域成矿规律和成矿预测研究。区域成矿规律的研究是进行湘南燕山期成矿模型研究的目的,也是认识矿床成矿规律的基础。成矿规律的发现依赖成矿模型的建立,并且决定能否有效实施对区域成矿预测的指导,要求成矿规律的认识符合实际情况,可信度高。

1.6 创新成果

对湘南大地构造环境、区域构造型式以及区域成矿规律等热点地质问题进行的综合性研究,取得了多方面创新研究成果,简要介绍如下:

1)花岗岩岩石成因研究

坪宝地区存在两类花岗岩,从岩石化学特征看均属于高钾钙碱性岩系,为成熟地壳熔融形成。其微量元素特征差异,主要反映岩石源区成分的差异:宝山属于Ⅰ型(同熔型)花岗闪长(斑)岩,岩石化学图解显示源岩为基性火成岩;黄沙坪矿区岩体群属于高度分异的A(S)型花岗岩,源岩显示为杂砂岩;宝山花岗闪长岩中有暗色包体,为幔源岩浆注入的结果,是壳-幔相互作用的表现。宝山花岗闪长斑岩 $\varepsilon_{Hf}(t)$ 值为 $-5.87 \sim -11.48$,反映源区为中元古代地壳重熔岩浆和幔源岩浆的混合。铜山岭和黄沙坪的花岗岩 $\varepsilon_{Hf}(t)$ 值为 $-15.84 \sim -22.67$,土岭花岗斑岩的 $\varepsilon_{Hf}(t)$ 为 -28.31,均显示可能存在太古宙地壳物质的再循环。指示地幔底侵作用在地壳基底形成花岗岩源区的成因。

2)花岗岩年代学研究

首次系统研究了坪宝地区不同阶段花岗岩的锆石年代学,La-ICPMS测年结果显示坪宝地区岩浆活动自180 Ma年前开始,持续至160 Ma左右,深部岩浆侵入活动持续时间为20 Ma,对应燕山早期第一和第二阶段的构造活动期,分别以宝山似斑状花岗闪长岩(180 Ma)和花岗闪长斑岩(163 Ma)及黄沙坪和304岩体(179 Ma)和301岩体(158 Ma)为代表(姚军明,2005)。而铜山岭花岗闪长岩年龄Ⅰ期为166 Ma、Ⅲ期为148 Ma,对应燕山早期第二阶段和第三阶段,土岭花岗斑岩成岩年龄为161 Ma,铜山岭矿田的花岗岩成岩时间稍晚于坪宝矿田花岗岩,反映三叉断裂扩展的时间差异,西支扩展滞后。总体上湘南矿床成矿花岗岩形成时间都属于燕山早期,表现的活动时间一致,是三叉断裂共同构造系统的重要证据。

3)基性岩成因研究

首次对宝山矿区产出的煌斑岩进行详细研究,岩石化学特征显示为碱性系列钙碱性煌斑岩。煌斑岩微量元素具有钙碱性岛弧玄武岩分布模式。煌斑岩中的锆石为岩浆锆石,U-Pb定年结果为156 Ma±2 Ma,锆石Hf同位素特征显示 $\varepsilon_{Hf}(t)$ 值为 $-6.99 \sim -11.17$,反映受到古老地壳的混染作用;结合微量元素特点,认为煌斑岩源区为受到俯冲组分改造的富集地幔。煌斑岩的产出显示了湘南坪宝矿带燕山期深部幔源岩浆活动的踪迹,反映晚中生代华南陆内伸展的大地构造背景。

4）花岗岩形成构造环境研究

提出了湘南典型矿床成矿花岗岩的同位双组合形式，通过对坪宝和铜魏两个矿床集合区的成矿花岗岩研究，发现它们都具有相同的同位花岗岩类型和构造性质差异的规律特征。分析表明湘南地壳在区域构造上存在垂向分带，是因地幔柱构造和板块俯冲构造不同的作用力方式合成的应力场垂向变化的结果。由于湘南下地壳可能也存在 S 型和 I 型花岗岩源区垂向分层，与垂向构造性质分带相对应，表现出独特的成矿花岗岩同位双组合形式。这是通过岩石学研究发现的湘南地幔柱构造与板块俯冲构造叠加的区域构造环境。

5）区域三叉断裂型式研究

湘南区域三叉断裂构造型式基本特征表现为穹隆构造和三叉断裂系的对应关系，是地幔柱构造活动在地壳浅部形成的构造型式。地幔柱构造有利于解释湘南及华南形成大范围面状分布和集中爆发成岩成矿作用，三叉断裂及穹隆构造是面状分布的具体构造型式。湘南地幔柱构造与美国黄石公园地幔柱类比，具有相似的大地构造性质，都是在板块俯冲带环境下发育的地幔柱构造，且是发育在大陆内部的地幔柱构造，是形成大规模酸性岩浆岩活动的构造条件。

6）湘南区域成矿规律研究

在三叉断裂系控矿基础上的区域成矿规律，在矿床分布、成矿岩体规模、矿床类型、成矿元素、成矿温度等方面表现出典型的规律性，十分符合三叉断裂从中心向边缘扩展的变化特征。据此进行区域成矿预测，沿三叉断裂带进行预测找矿时，以三叉断裂系走向的等距性和沿横剖面分布的矿床特征，为区域成矿预测的基本标志。

2　区域地质背景

2.1　湘南大地构造背景

2.1.1　大地构造单元划分

湘南坪宝地区、铜山岭地区位于湘桂晚古生代坳陷带的核心位置，也处于华夏陆块与扬子陆块两大构造单元在新元古代的拼接缝合带上（或钦州—杭州结合带）（图2-1），同时坪宝地区位于南岭中段北端，铜山岭矿田位于南岭西段，两者构成湘南重要的铅锌有色金属成矿区。

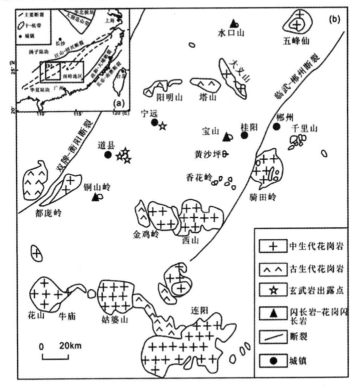

图2-1　华南构造简图(a)和南岭中西部地质简图(b)（据 Zhao et al. , 2012；谢银财, 2013a）

2.1.2 古陆基底

华南花岗岩 Sr 同位素特征显示花岗岩主要是陆壳重熔形成的, Nd 同位素二阶段模式年龄集中在 1.0 ~ 2.0 Ga, 平均为 1.5 Ga, 说明华南大陆地壳主要是在元古宙形成的(陈江峰等, 1999; 沈渭洲等, 1989; Gilder 等, 1996; Hong Dawei 等, 1998; 肖庆辉等, 2002), 本次研究区内坪宝及铜山岭恰处钦州—杭州构造带中, 从构造位置上看铜山岭更偏于扬子陆块(NW 方向), 坪宝地区偏于华夏陆块(SE 方向)。

2.2 区域构造演化

新元古代早期于晋宁 I 期(0.9 ~ 1.0 Ga)分别形成扬子与华夏两陆块(古板块), 它们自形成以来, 一直相伴左右, 发生多期拼合, 据殷鸿福(1999)研究认为华南是特提斯多岛洋体系的一部分, 他们之间的碰撞是软碰撞, 而不是洋壳消减陆—陆碰撞的典型板块模式。扬子和华夏之间的构造演化以华南洋盆的多期开合证明, 华南洋在中元古代 - 新元古代就存在, 应该有一定规模, 在晋宁运动(800 Ma, 新元古代青白口系的顶界时间), 扬子与华夏沿江山—绍兴一线拼合, 南部残留湘桂洋盆, 晚震旦 - 早寒武系湘桂洋盆又拉张至 800 km 宽, 至加里东运动发生二次拼合, 且是从北向南逐渐拼合, 湘桂洋盆变成湘桂褶皱带, 宽 350 km。两次拼合都是扬子板块向东俯冲, 其中晋宁期在北部沿江 - 邵断裂带发生碰撞, 南部没有碰撞粘贴; 加里东期拼合也是北部江绍断裂发生硬碰撞, 而南部形成湘桂褶皱带, 从北向南逐期拼合。张国伟等(2013)认为华夏、扬子在 820 ~ 850 Ma 已拼贴为统一陆块, 所以在加里东期的拼合属于板内造山性质。晚古生代沉积的浅海盆地基底是陆壳, 所以印支运动是陆内造山活动。而往后的燕山 - 喜山运动应该与太平洋板块的俯冲有关, 俯冲产生的应力可以从东向西传递影响本区。不论是多岛洋盆观点还是陆内造山观点, 都认为湘桂地区的晚古生代地层是古陆基底上的浅海沉积。

华南地区在晋宁期形成元古宙基底构造层, 加里东运动形成南岭东西向构造带, 印支运动形成现今的基本构造格架, 燕山期大规模岩浆、成矿作用爆发, 形成著名的南岭成矿带。

2.3 湘南基础地质情况

2.3.1 地层

湘南地区地层出露齐全, 自震旦系至第四系均有分布。其中, 震旦系和奥陶

系主要为硬砂岩、杂砂岩组成,明显富集 Ag、As、Sb、W、Mo、Sn、Au,与 W、Au
矿成矿关系密切;寒武系主要为浅海相类复理石建造,岩性主要为砂岩、板岩、
泥灰岩等,为一套细碎屑岩夹部分火山岩,含 W、Sn、Au、Ag;泥盆系至二叠系
为碳酸盐岩夹泥岩、粉砂岩,其中泥盆系至石炭系地层含 Cu、Pb、Zn、W,是本区
最重要的含矿层位。石炭系发育齐全,下统下部岩关阶自下而上又分为邵东段、
孟公坳段和刘家塘段,大塘阶又分为石磴子组、测水组和梓门桥组,石磴子组是
坪宝地区主要含矿层位。各地层的岩性厚度特征如表 2 - 1(王昌烈等,1987)。

表 2 - 1 湘南地层简表

界	系	统	组(阶)	代号	厚度/m	岩性简述
新生界	第四系			Q	0 ~ 30	黏土、亚黏土及砂砾层(岩)
	古近系	渐新统	栗木坪组	E_3l	437	泥岩和粉砂岩互层,下部有泥灰岩
		始新统	高岭组	E_2g	400	砂岩、粉砂岩和泥岩组成的含盐岩系
		古新统	东塘组	E_2d	246	砂岩、泥岩互层,中部含砾石
中生界	白垩系	上统	戴家坪组	K_2d	609	泥岩、砂岩,局部有含铜砂砾岩
		下统	神皇山组	K_1s	1712	长石石英砂岩和含砾砂岩
	侏罗系	上统	东井组	K_1d	10 ~ 180	砂岩、砂质泥岩和泥灰岩,底部为砾岩
		中统		J_3	439 ~ 707	大部分缺失,局部地区有陆相火山碎屑岩
		下统	石鼓组	J_2s	139	砂质泥岩及长石石英砂岩
			茅仙岭组	J_1m	64 ~ 400	砂岩、泥岩夹煤线
			心田门组	J_1x	6 ~ 232	泥岩和砂岩
	三叠系	上统	康垄组	J_1k	105 ~ 111	砂岩、泥岩、碳质页岩及煤
			甘溪组	T_3g	70	粉砂岩、泥岩及煤线
			杨梅山组	T_3y	>113	砂岩和泥岩
		中统	水牛田组	T_3z	65	砂岩、泥岩夹煤层
		下统		T_2	不详	大部分地区缺失,局部地区为白云质灰岩
			管子山组	T_1g	262 ~ 729	粉砂岩、页岩和泥灰岩
			张家坪组	T_1z	200 ~ 1384	泥质灰岩、页岩夹粉砂岩

续表 2 - 1

界	系	统	组(阶)	代号	厚度/m	岩性简述
上古生界	二叠系	上统	大隆组	P_2d	50~195	硅质岩和硅质页岩、灰岩,局部为灰岩
			龙潭组	P_2l	250~1100	砂岩和碳质页岩,中上部夹煤层
		下统	当冲组	P_1d	11~124	硅质岩和硅质页岩
			栖霞组	P_1q	55~174	砂岩、粉砂和碳质页岩,中上部夹煤层
	石炭系	中上统	壶天群	$C_{2+3}h$	359~680	灰岩、白云质灰岩和白云岩
		下统	大塘阶	C_1d	372~821	灰岩、泥灰岩,局部为砂岩、页岩
			岩关阶	C_1y	222~594	泥灰岩、灰岩、页岩和砂岩
	泥盆系	上统	锡矿山组	D_3x	210~670	下部灰岩、泥灰岩,上部砂岩、页岩
			余田桥组	D_3s	112~750	灰岩、白云岩和泥质灰岩,东部为砂页岩
		中统	棋梓桥组	D_2q	136~690	灰岩、白云岩和泥灰岩
			跳马涧组	D_2t	150~517	石英砂岩、粉砂岩和砂质页岩及石英砾岩
		下统		D_1	90~300	东部缺失,西部为砂岩、砂质页岩及石英砾岩
下古生界	奥陶系	上统		O_3	774~3365	石英砂岩、板岩和砂质板岩
		中统		O_2	>1000	薄层硅质岩和碳质板岩
		下统		O_1	195~600	板岩、砂质板岩和碳质板岩
	寒武系	上统		$\mathcal{C}_3$	512~2178	砂岩及板岩
		中统		$\mathcal{C}_2$	773~2250	砂岩、板岩和碳质板岩夹不稳定的泥灰岩
		下统		$\mathcal{C}_1$	303~800	砂岩夹板岩,上部偶见一层含磷硅质板岩
新元古界	震旦系	上统		Z_2	400~1200	变质石英砂岩夹板岩
		下统		Z_1	871	板岩、变质冰碛岩夹砂质页岩

2.3.2 区域构造

1）深大断裂带

湖南省莫霍界面及断裂分布推断图（图 2 - 2）显示，研究区内发育有 3 条地壳断裂带（莫霍面断裂带），分别是北东向的茶陵—临武逆冲断裂带和北西向的邵阳—郴州深断裂带与新宁—蓝山深断裂带（饶家荣等，1993）。

（1）茶陵—临武逆冲断裂带：是钦—杭结合带的东南界主断裂，扬子、华夏两个古陆板块的碰接带。茶陵—临武逆冲断裂带总体走向约 NE30°，倾向 SEE，研究区内主要发育茶陵—临武逆冲断裂带的南段，即郴州—临武逆冲断裂带。郴州—临武逆冲断裂带主要由多条 NNE 向次级逆冲断裂所组成，受该断裂深部活动与构造样式控制，是本区最重要的控岩控矿地壳构造带；地质地球物理特征表现为一条明显的莫霍面落差带、重力梯级带、上地幔块体的分界带、电阻率转折带和航磁异常带（饶家荣等，1993；童潜明，1995）。

以郴州—临武逆冲断裂带为界，东部隆起区，磁场强度相对高，局部异常较密集，出露岩性主要为震旦系—泥盆系的碎屑岩，成矿相对较差；西部凹陷区，磁场强度相对低，分布着以石炭系地层为主的巨厚碳酸盐岩，主要发育花岗闪长斑岩、花岗斑岩等中酸性岩体，成矿较好，如宝山和黄沙坪等矿床。

（2）邵阳—郴州深断裂带：为 NW 向基底断裂，走向 320°，延长大于 300 km，宽 10 ~ 20 km，北起白马山，南至广东凡口。该断裂带为一重力低值带，形成明显不同的重力特征区，还表现出西南侧北东向正负重力梯度异常与北西向重力变异带对接，断裂两侧莫霍面走向与断裂方向近一致，在莫霍界面处的断面落差达 2 ~ 5 km。

该断裂带是一个北西向古构造 - 沉积带，沿断裂带古生代地层总体为 NW 向展布，局部扭曲，而短轴褶皱轴向错位，海西—印支期碳酸盐岩厚度为 3000 ~ 4000 m。

邵阳—郴州断裂也是一条走滑型构造岩浆岩带，是地幔长期隆起（尤其是晚古生代）地带（邱先前，2003），是一条非常重要的控岩控矿断裂，它控制着如凡口、大宝山、长城岭、水口山等以层控型为主的 Pb、Zn、Ag、Cu 矿床及白云仙、界牌岭、瑶岗仙等 W、Sn、Mo 等较高温矿床，其资源量在南岭成矿带中占有重要地位（车勤建，2005；伍光英，2005）。

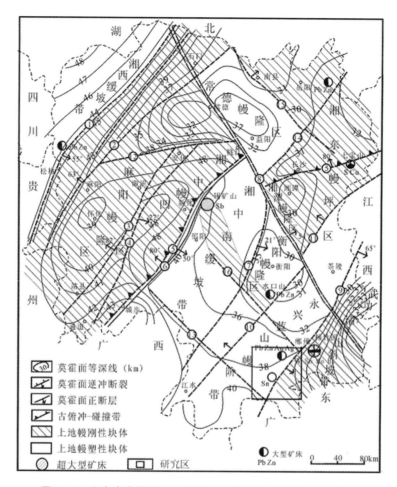

图 2-2 湖南省莫霍界面及断裂分布推断图(据饶家荣,1993)

①鄂湘黔深断裂带;②麻阳—澧县深断裂带;③靖县—溆浦深断裂带;④通道—安化深断裂带;⑤桃江—城步岩石圈断裂带;⑥桃江—城步地壳仰冲深断裂带;⑦湘乡—祁东地壳隐伏逆冲深断裂带;⑧常德—安仁转换断裂构造带;⑨茶陵—临武逆冲断裂带;⑩江永—常宁深断裂带;⑪醴陵—衡东逆冲断裂带;⑫沅陵—桃江深断裂带;⑬新宁—蓝山深断裂带;⑭湘阴—宁乡深断裂带;⑮南县—汨罗深断裂带;⑯邵阳—郴州深断裂带。

(3)新宁—蓝山深断裂带:为 NE 向基底断裂,与邵阳—郴州深断裂带近平行展布,其走向310°~315°,延长约300 km,在 NE 向重力梯度带的南西侧,有九嶷山、三才界等多个半隐伏到隐伏的花岗岩体形成的重力负中心带,是一条隐伏构造—岩浆岩带,推断莫霍界面有点 3~4 km 的落差(童潜明,1995)。

图 2-2 中湖南省深断裂的展布规律是根据深部地球物理资料的综合分析划分的,其形成与华夏板块,扬子板块的动力学状况紧密相关。除文字描述的 3 条深断裂带外,图中其他深断描述详见《湖南深部构造》(饶家荣,1993)。

2)研究区浅部构造

研究区主要位于郴桂地区,从浅部构造略图(图2−3),可见本区的断裂和褶皱均较发育,且均以 NE 向为主。本区共发育有 12 条浅部断裂及 9 条褶皱(童潜明,1995)。褶皱大部分为复式褶皱,走向为 NE 至近 SN 向,个别走向 NNE。其中桂阳复式背斜总体走向 NNE,褶皱呈向东突出弧形,轴面倾向北西,翼部依次为石炭系下统—石炭系中、上统,核部地层由泥盆系中统—石炭系下统组成,有燕山期岩体侵入并伴随强铅锌矿化。

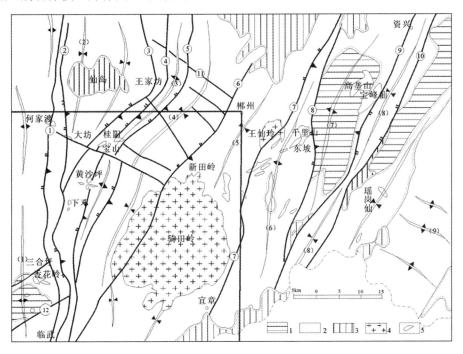

图 2 − 3 郴桂地区浅部构造略图(据童潜明,1995)

1—震旦系—寒武系分布区;2—泥盆系—二叠系分布区;3—三叠系上统—第三系分布区;4—印支期岩体;5—燕山期岩体;图内方框圈出区域为坪宝研究区;断裂:①小塘—排洞逆断裂;②上兰村—大塘逆断裂;④⑤界牌洞—黄沙坪逆断裂;⑥安和—六亩田逆断裂;⑦郴州—临武逆冲深断裂;⑧木根桥—观音坐莲逆断裂;⑨资兴—长城岭逆冲断裂;⑩李家坳—曹田逆断裂;⑪黑石冲断裂;⑫沅茶山断裂;褶皱:①金子岭—香花岭复式背斜;②洋吊—张家坪复式向斜;③桂阳复式背斜;④高车头—沙田复式向斜;⑤郴州—宜章复式向斜;⑥五盖山背斜;⑦西山背斜;⑧资兴—赤石复式向斜;⑨瑶岗仙—汝城复式背斜。

湘桂拗陷带晚古生代—早中生代海相地层中发育横跨叠加褶皱构造,记录了中生代两期构造挤压和地壳增厚事件,早期近东西向褶皱构造是对印支期三叠纪(印支期)华南地块南北边缘大陆碰撞和增生作用的远程响应,晚期 NE—NNE 向褶皱构造则是对中晚侏罗世(燕山早期晚阶段)古太平洋板块向华南大陆之下低角度俯冲作用的变形响应(张岳桥等,2012)。

2.3.3 岩浆岩

本区岩浆活动频繁,岩浆岩出露面积占全区面积15%以上,岩石类型复杂,从酸性至基性均有出露,产状有岩基、岩株、岩脉、岩墙等,多为侵入岩,特别是花岗质侵入岩,岩性主要以花岗闪长斑岩、花岗斑岩、石英斑岩、云斜煌斑岩、辉绿玢岩、黑云母花岗岩为主,其中花岗闪长斑岩、花岗斑岩分布最广,次为石英斑岩;喷出岩较少(图2-4)(有色一总队,2010)。

本区的岩浆活动可分为三期:加里东期、印支期和燕山期。加里东期岩浆活动与成矿无明显关系;印支期花岗岩类岩浆活动,使W、Sn、Fe等元素富集,但不足以形成工业规模的矿床;燕山期岩浆活动最为强烈,区内的有色稀有金属矿床与这些岩体有密切成因关系。由于湘南地区内生铅锌矿床基本上与燕山早期花岗质小岩体关系密切,因而这些小岩体已成为找矿的显著标志(刘悟辉,2007)。区内千里山、香花岭等岩体富集W、Sn、Bi元素,黄沙坪、宝山等岩体富集Mo、Cu、Pb、Zn元素,富集系数较高。

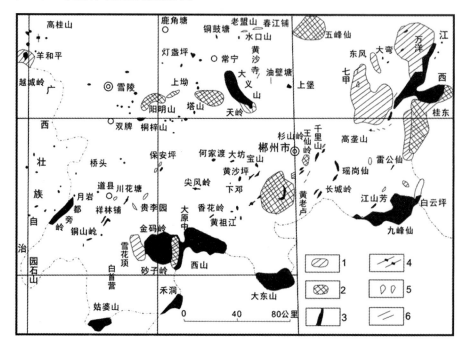

图2-4 湘南地区岩中、酸性侵入岩分布略图(据有色一总队,2010)

1—加里东期;2—印支期;3—燕山早期;
4—燕山晚期中、酸性岩脉;5—燕山期基性岩体;6—时代不明岩体

燕山期花岗岩的单个岩体主要沿两个方向展布。当其呈北北东向或近南北向展布时，岩体多呈长条状且同化混染强烈；当其呈北北西或东西向展布时，岩体多呈不规则状。印支—燕山期花岗岩重力值偏低。重力反演结果显示印支-燕山期花岗岩埋藏深度不大，底界面一般在 5 ~ 15 km，剖面形态多呈蝌蚪状，尾部逐渐向东南方向变小，并逐渐消失，为无根岩体。

2.3.4 区域矿床类型

本区矿产资源丰富，是南岭中段多金属成矿带的重要成矿区，盛产 W、Sn、Cu、Pb、Zn 等多金属矿床。现将区内的主要金属矿产的分布简述如下：

①铅锌矿：铅锌矿体呈层状、似层状、细脉状，赋存于岩体外接触带或者远离岩体的沉积岩地层中(印支盖层)，典型矿床有水口山、黄沙坪、宝山、柿竹园等铅锌矿床。

②铜矿：区内的铜矿体分布在侵入岩体中或接触带上，且受 NE 向和 NW 向断裂构造及它们的复合部位控制。典型铜矿(化)体(点)主要有水口山、宝山等铜矿床。

③锡矿：区内锡矿体多产于断裂破碎带、岩体内外接触带中，典型矿床有柿竹园、香花岭、泡金山等矿床。

④金矿：区内金矿主要发育于凡口—水口山深大断裂带与酃县—郴州—蓝山(临武)断裂带的交叉部位。典型矿床(田)有水口山康家湾大型金矿、大坊金矿等。

3 典型矿床特征

坪宝矿田位于扬子板块与华夏板块结合带——钦杭成矿带的中南段(图3-1),耒阳—临武南北向构造带的南端,南岭东西向成矿带中段北缘,有鄱县—郴州—蓝山(临武)壳源断裂带通过本区。在耒(阳)—临(武)南北向成矿带上,北端产有大型的岩浆热液成因的水口山 Pb、Zn、Au、Ag 多金属系列矿床,中段有大型的岩浆热液成因的黄沙坪—宝山 Pb、Zn、Ag、Mo、Bi、Fe、Sn、W 多金属系列矿床,南端则产有大型的岩浆高中温热液成因的香花岭 W、Sn、Nb、Ta、Pb、Zn、Ag 多金属系列矿床。这些矿床的形成得益于该区基底与盖层所构成的断裂体系与相应的岩浆活动以及原始沉积物的相互作用。

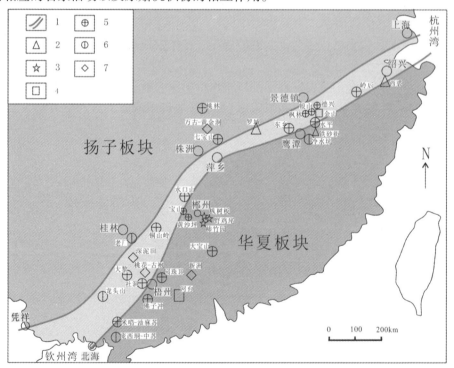

图3-1 钦杭结合带主要铜金铅锌矿床分布略图(据毛景文等,2011)

1—钦杭结合带;2—与晋宁期岛弧火山作用有关的同生矿床;3—与壳幔混源型中酸性岩有关的铜多金属矿床;4—与壳源型或壳幔混源型酸性岩有关的铜多金属矿床;5—热液脉状充填铜铅锌矿床;6—韧性剪切带型金矿;7—破碎蚀变带型金银矿

3.1 宝山铅锌银矿床地质地球化学特征

宝山铅锌银矿床分布于坪宝矿田中,距离湖南桂阳县城西 2 km,位于黄沙坪—宝山南北向复式向斜的北侧(图 3 -2)。

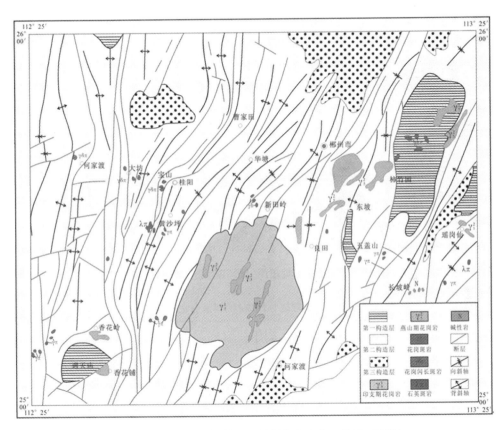

图 3 - 2 坪宝区域地质纲要图(据湖南有色一总队,2011)

3.1.1 矿区地层

宝山矿区出露地层主要为上古生界地层,自老而新依次为泥盆系上统佘田桥组、锡矿山组,石炭系下统孟公坳组、石磴子组、测水组、梓门桥组,中上统壶天群(图 3 -3);为一套浅海相碳酸盐岩建造间夹海陆交互相碎屑岩建造和硅质岩建造、含煤建造、火山碎屑建造的岩石(李双莲等,2013)。具体的地层岩性描述如表 3 -1。

宝山中区铜钼钼铋矿体赋存于石磴子组灰岩、测水组砂页岩中；宝山东区铅锌矿主要产于石磴子组灰岩中，在测水组砂页岩中也有少数零星的小矿体分布；宝山西区铅锌矿的赋矿地层为石磴子组灰岩、测水组砂页岩、梓门桥组白云岩；宝山北区财神庙铅锌矿产于石磴子组灰岩、测水组砂页岩、梓门桥组白云岩中。

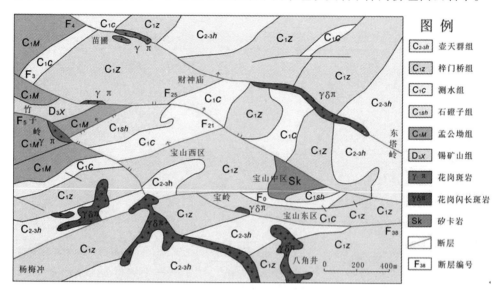

图3-3　宝山矿区地质图[据印建平等(1998)修改]

表3-1　宝山矿区地层岩性简表(据湖南有色一总队，2010)

地层时代					代号	厚度/m	岩性特征
界	系	统	组	段			
上古生界	石炭系	上统	壶天群		$C_{2+3}h$	180	上部：青灰色致密灰岩与白云岩互层。下部：中-粗粒结晶白云岩
		中下统	梓门桥组	上段	C_1z^2	110	灰白、黄白色细晶白云岩为主，间夹角砾状白云岩
				下段	C_1z^1	80	深灰-灰黑色中细粒结晶白云岩
			测水组		C_1c	26~40	上部：灰色粉砂岩、粉砂质页岩为主。中部：细粒石英砂岩、粉砂岩、砂质页岩、页岩和炭质页岩为主。下部：炭质页岩、含砂质页岩夹少量砂岩

续表 3 - 1

地层时代					代号	厚度/m	岩性特征
界	系	统	组	段			
上古生界	石炭系	中下统	石磴子组		C_1sh	400 ~ 470	上部：中厚层含炭质灰岩。中部：中厚层灰岩，底部富含白云质。下部：具燧石条带及燧石团块的灰岩与白云质灰岩互层
			孟公坳组	上段	C_1m^2	30 ~ 40	黄褐色含绢云母泥质粉砂岩夹页岩，泥灰岩夹页岩
				下段	C_1m^1	280 ~ 320	上部：厚层状白云质灰岩或白云岩夹少量癞痢状灰岩。中部：中厚层状癞痢条带状灰岩、致密灰岩、局部夹白云岩、偶夹燧石团块。下部：致密灰岩夹少量癞痢状灰岩、白云岩
	泥盆系	上统	锡矿山组	上段	D_3x^2	40 ~ 70	上部：砂质、钙质页岩。下部：细粒砂岩、粉砂岩、泥钙质砂岩
				下段	D_3x^1	120	灰岩、白云质灰岩夹白云岩，含燧石条带，有时可见规则的癞痢条带状中厚层灰岩
			佘田桥组		D_3s	>100	页岩与灰岩、泥灰岩互层

3.1.2 矿区构造

矿区地质构造复杂，前泥盆纪基底构造呈 EW 方向，泥盆纪以后的盖层构造为 SN—NE 方向；褶皱和断裂构造十分发育，大部分褶皱为倒转褶皱，晚期近 EW 向横向断层 F₃ 将整个矿区分割为南、北部两个区域；矿区构造型式表现为由三个复式向斜与两个复式背斜及发育在褶皱间的断层组合而成的一个往南收敛、向北撒开的褶断带，宝山矿田恰处于该褶断带由 SN - EW - NE 转向的拐弯部位（唐朝永，2005）。

矿床总体上受宝岭倒转背斜控制，其中宝山东区、西区和北区的 Pb、Zn、Ag 矿体分布在两翼地层中，宝山中区倒转背斜顶部发育 Cu、Mo、W、Bi 矿体，靠近顶部的两翼发育 Mo、W、Bi 矿体，在倒转背斜上部矽卡岩中发育 Cu 矿体（有色一总队，2010）。

1）褶皱

区内所有褶皱轴面都是向 NW 倾斜，褶皱南东翼倒转，褶皱轴在走向和倾向上均呈舒缓波状。主要褶皱有宝岭倒转背斜、牛心倒转向斜、牛心倒转复式背斜、财神庙倒转背斜等。

2）断裂

矿区断裂根据其走向可分为 NW 组和 NE 组两组。其中北东组断裂主要有 F_{109}、F_{21}、F_0、F_1 等，北西组断裂主要有 F_2、F_3、F_4、F_5 等，北东组断裂与成矿关系较密切。NW 组断裂为横向断层，横切地层及走向断裂，多为平移 – 旋转张扭性正断层，多倾向 NE，个别倾向 SW，是矿田的主要控岩构造，主要有 F_2、F_3、F_4 等断层。NE 组断裂中 F_{21} 断层走向 $70° \sim 80°$，倾向 NNW – NNE，倾角 $60° \sim 90°$，长约 2 km，呈逆断层产出，形成在成矿前；断层破碎带宽为 $0.8 \sim 30$ m，为西部 Pb – Zn – Ag 矿段的主要含矿断裂。F_{25} 断层走向 NNE – EW，倾向 N，倾角 $35° \sim 60°$，呈张扭性正断层产出；断层破碎带宽为 $2 \sim 25$ m，带中局部见透镜状、囊状 Pb – Zn 矿体。F_{25} 断层为北区 Pb – Zn – Ag 矿段的主要含矿断裂。

另外，节理、张裂隙、层间滑动断层等多种次级构造在矿区较为发育，具有高级次断裂一般导矿不含矿、低级次断裂含矿的规律，是宝山脉状 Pb – Zn 矿的重要容矿构造（陈泽锋，2013）。

3.1.3 矿区岩浆岩

矿区岩浆岩分布广泛，但出露岩体面积较少，地表出露大小岩体 26 个，多为燕山早期超浅成中酸性岩，呈岩墙、岩脉成群成带产出，主要岩脉呈北西向，多向 SW 倾伏，至深部呈小岩株状产出。岩石类型主要有花岗闪长斑岩、微晶花岗闪长斑岩、石英斑岩、辉绿玢岩，以花岗闪长斑岩为主（廖廷德，2009）。

矿区岩体主要发育在两个 NWW 向展布的岩带中，分别是东北部的东塔岭—财神庙—苗圃花岗闪长斑岩和花岗斑岩带、西南部的八角井—宝岭—竹子岭（隐伏）花岗闪长斑岩带。岩体与围岩呈侵入接触关系，侵入最新地层为石炭系，就位与区内断裂关系极为密切。此外，矿区还发育少量走向 NW，近直立的煌斑岩脉。

3.1.4 矿体特征与矿石特征

1）矿体特征

宝山矿区的矿体多围绕花岗岩呈透镜状、似层状、囊状、不规则状断续产出，形态极其复杂。

宝山矿区的 Cu – Mo 矿体主要在矿区中部 3 线 ~ 6 线（NE 向勘探线）或 181

线～169 线(NW 向勘探线),赋存在宝岭倒转背斜核部石磴子组中的矽卡岩中,少量在测水组中的矽卡岩中,形态受控于接触带产状,总体近乎桶状,单个矿体形态多为似层状、脉状、透镜状以及扁豆状等,向 NW 延伸至深部。矿量占整个铜钼矿总矿量的 93.0%。

宝山矿区的 Pb – Zn – Ag 矿体主要发育在 F_{21} 断裂破碎带及其下盘的宝岭北倒转向斜和宝岭倒转背斜中。

165 线及 169 线剖面(图 3 – 4,图 3 – 5)揭示了中部高温铜钼矿体的产状特征,矿体沿褶皱转折端、层间破碎带及不同岩性界面分布,构造控制规律明显,正是由于早期强烈的逆冲推覆形成的各类变形构造面,在后期张性应力下重新活动成为容矿空间,对矿体的就位有重要作用。宝山铜钼矿体产于矽卡岩接触带[图 3 –6(a) ~ (d)],铅锌矿体则主要充填于各类裂隙中,如断层、层间裂隙,褶皱虚脱空间等[图 3 –6(e),图 3 –6(f)]。

2)矿石特征

矿石类型可分为两类:矽卡岩矿石和硫化物矿石。矿石主要呈块状、浸染状构造,矿化不均匀,品位不稳定,交代结构发育,常见方铅矿、闪锌矿交代黄铁矿。

金属矿物主要有黄铁矿、白钨矿、方铅矿、闪锌矿、黄铜矿、白钨矿、辉铋矿、辉钼矿、银黝铜矿、脆银矿、磁黄铁矿、深红银矿等。

脉石矿物主要有石英、长石、方解石、透闪石、辉石、石榴石、硅灰石、透辉石、萤石、白云母、绢云母等。

作者采集了部分矿石,在显微镜下观察,其矿石结构见图版Ⅰ–1 至图版Ⅰ–12。主要见他形粒状结构、他形柱状结构、自形粒状结构、交代网状结构、溶蚀结构、乳滴状结构、碎粒结构。

他形粒状结构:黄铁矿、闪锌矿、黄铜矿、方铅矿呈他形粒状结构充填交代早期生成的矿物。

他形柱状结构:赤铁矿(图版Ⅰ–1)。

他形粒状结构:毒砂与黄铁矿(图版Ⅰ–8)。

交代网状结构:他形粒状黄铁矿呈网脉状沿胶状黄铁矿裂隙充填交代。

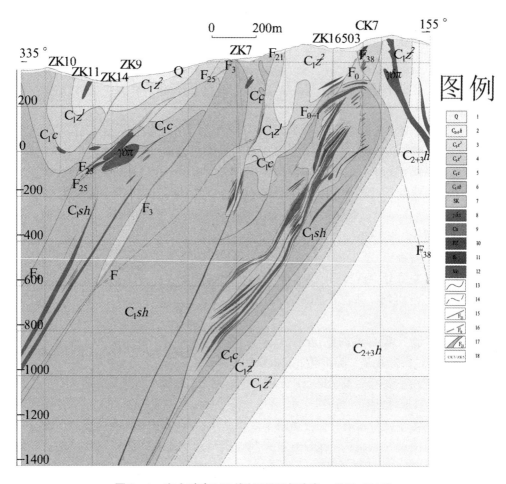

图3-4 宝山矿床165线剖面图(据有色一总队,2010)

1—第四系；2—壶天群组；3—梓门桥组上段；4—梓门桥组下段；5—测水组；6—石磴子组；7—矽卡岩；8—花岗闪长斑岩；9—铜矿体；10—铅锌矿体；11—铋矿体；12—钼矿体；13—地质界线；14—推测地质界线；15—断层及编号；16—推测断层及编号；17—断裂破碎带；18—以往见矿钻孔及编号

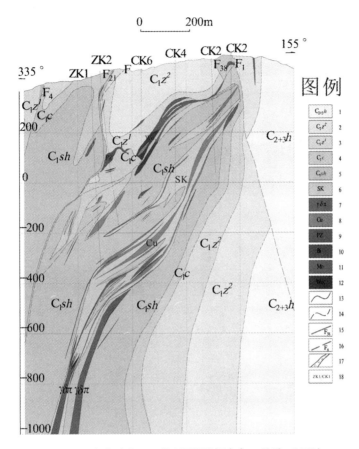

图 3 - 5　宝山矿床 169 线剖面图（据有色一总队，2010）

1—壶天群组；2—梓门桥组上段；3—梓门桥组下段；4—测水组；5—石磴子组；6—矽卡岩；7—花岗闪长斑岩；8—铜矿体；9—铅锌矿体；10—铋矿体；11—钼矿体；12—钨矿体；13—地质界线；14—推测地质界线；15—断层及编号；16—推测断层及编号；17—断裂破碎带；18—以往见矿钻孔及编号；

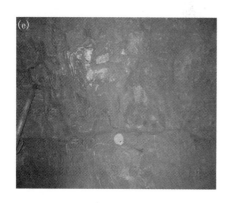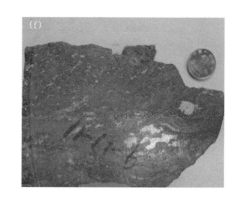

图 3-6 宝山井下不同类型矿体及矿石照片

（a）矽卡岩型铜矿体，地点：-70 中段，171 至 173 线南东缘；（b）黄铜矿矿石标本，样号 9.15-1，采样地点同 a；（c）F21 断层破碎带带中铅锌矿体，地点：西部 -70 中段 163 线附近；（d）铅锌矿石标本照片，样号 9.15-3，采样地点同 c；（e）F25 断层带中的铅锌矿体，地点：北部 -70 中段 177 采场，矿体产状 358/62；（f）铅锌矿石标本照片，样号 917-11，采样地点同（e）。

交代溶蚀结构:如闪锌矿交代黄铁矿(图版 I-2、图版 I-5);黄铜矿交代闪锌矿(图版 I-1);方铅矿交代闪锌矿和黄铁矿(图版 I-3、图版 I-6、图版 I-7、图版 I-12)等。

乳滴状结构:黄铜矿呈乳滴状分布于闪锌矿中(图版 I-10、I-11)。

碎粒结构:碎粒状黄铁矿分布于脉石矿物中(图版 I-9)。

3.1.5 矿化分带和围岩蚀变

1)矿化分带

宝山矿床具明显的矿化分带特征,发育从高温至低温热液元素的 Mo-Bi-Cu-Pb-Zn-Ag-Mn 矿化分带,具体表现为以中部花岗闪长斑岩岩体为中心,产生高中温 Mo-Bi-Cu 矿化带→中低温 Pb-Zn-Ag 矿化带→低温 Mn 矿化带。

2)围岩蚀变

矿区围岩蚀变发育范围较广、强烈,与矿化关系十分密切,同时表现出分带特点,从岩体内接触带或外接触带到远离岩体,蚀变由强转弱,蚀变类型由云英岩化、矽卡岩化为主转为大理岩化为主,各类蚀变的主要特征如下。

矽卡岩化:主要发育在隐伏花岗闪长斑岩的外接触带,呈透镜状不连续产出。矽卡岩组成矿物主要有:石榴子石、透辉石、绿泥石、绿帘石等,其原岩为石磴子组灰岩及测水组钙质砂页岩;根据矽卡岩的颜色,可将矽卡岩分为浅红色和黄绿色两类,浅红色矽卡岩与辉钼矿、白钨矿、辉铋矿的矿化关系密切,黄绿色矽卡岩与黄铁矿、黄铜矿的矿化关系密切。

云英岩化:见于钨铋矿脉两侧,钨铋矿脉发育在矽卡岩外侧的蚀变(云英岩化)砂页岩中,云英岩化与钨铋矿化关系密切。

大理岩化:呈白色,多分布在靠近地层一侧,与石磴子组灰岩呈渐变接触关系。

3.1.6 S 同位素特征

作者选择矽卡岩铜钼矿石和裂隙充填型铅锌矿石中的黄铁矿、黄铜矿、闪锌矿、方铅矿等硫化物进行了硫同位素分析(表 3-2),结合前人分析资料,作出硫同位素分布的直方图(图 3-7)。

表 3 - 2　宝山铅锌矿床硫同位素组成

序号	样品编号	矿物	$\delta^{34}S(‰)$	资料来源
1	BSC - 1	黄铁矿	2.10	祝新友，等，2012
2	BSC - 7	黄铁矿	- 1.00	祝新友，等，2012
3	BSC - 16	方铅矿	1.70	祝新友，等，2012
4	BSC - 20	闪锌矿	3.60	祝新友，等，2012
5	BSC - 20	方铅矿	1.10	祝新友，等，2012
6	NBSC - 5	方铅矿	- 0.30	祝新友，等，2012
7	NBSC - 6	方铅矿	0.30	祝新友，等，2012
8	NBSC - 7	黄铁矿	1.80	祝新友，等，2012
9	NBSC - 8	黄铁矿	2.70	祝新友，等，2012
10	NBSC - 17	方铅矿	2.10	祝新友，等，2012
11	NBSC - 18	闪锌矿	1.80	祝新友，等，2012
12	NBSC - 20	闪锌矿	1.90	祝新友，等，2012
13	NBSC - 20	方铅矿	1.10	祝新友，等，2012
14	NBSC - 21	闪锌矿	2.30	祝新友，等，2012
15	NBSC - 21	方铅矿	0.60	祝新友，等，2012
16		闪锌矿	3.00	刘荣军，等，2011
17		黄铁矿	2.50	刘荣军，等，2011
18		方铅矿	- 0.80	刘荣军，等，2011
19		黄铁矿	1.80	刘荣军，等，2011
20		方铅矿	0	刘荣军，等，2011
21		黄铁矿	2.10	刘荣军，等，2011
22		黄铁矿	1.30	刘荣军，等，2011
23		黄铁矿	2.60	刘荣军，等，2011
24		方铅矿	2.10	刘荣军，等，2011
25		黄铁矿	1.40	刘荣军，等，2011
26		黄铁矿	2.30	刘荣军，等，2011
27	BS - 01	黄铁矿	3.82	童潜明，等，1995
28	BS - 02	黄铁矿	3.05	童潜明，等，1995
29	BS - 10	黄铁矿	3.40	童潜明，等，1995
30	BS - 32	黄铁矿	2.99	童潜明，等，1995

续表 3 - 2

序号	样品编号	矿物	$\delta^{34}S(‰)$	资料来源
31	BS - 33	黄铁矿	3.70	童潜明，等，1995
32	BS - 36	黄铁矿	4.18	童潜明，等，1995
33	BS - 37	黄铁矿	- 2.17	童潜明，等，1995
34	BS - 41	黄铁矿	5.29	童潜明，等，1995
35	BS - 02	闪锌矿	2.88	童潜明，等，1995
36	BS - 36	闪锌矿	2.76	童潜明，等，1995
37	BS - 02	方铅矿	1.04	童潜明，等，1995
38	BS - 36	方铅矿	1.25	童潜明，等，1995
39	BS - 39	方铅矿	0.14	童潜明，等，1995
40	727 - 2 - 1	黄铁矿	3.80	zk16502，250 m，矽卡岩型黄铁黄铜矿石
41	727 - 2 - 1	黄铁矿	3.69	zk16502，250 m，矽卡岩型黄铁黄铜矿石
42	727 - 2 - 2	黄铜矿	2.90	zk16502，250 m，矽卡岩型黄铁黄铜矿石
43	8 - 15 - 1	黄铁矿	3.28	zk16903，742 m，矽卡岩型黄铁黄铜矿石
44	8 - 15 - 2	黄铜矿	2.69	zk16903，742 m，矽卡岩型黄铁黄铜矿石
45	914 - 10 - 1	黄铁矿	3.82	- 70 中段，171 线，铅锌矿石
46	914 - 10 - 1	黄铁矿	3.83	- 70 中段，171 线，铅锌矿石
47	914 - 10 - 2	闪锌矿	2.20	- 70 中段，171 线，铅锌矿石
48	914 - 12 - 1	黄铁矿	4.43	- 70 中段，171 至 173 线，矽卡岩型铜矿石
49	914 - 12 - 2	黄铜矿	3.56	- 70 中段，171 至 173 线，矽卡岩型铜矿石
50	914 - 12 - 2	黄铜矿	3.49	- 70 中段，171 至 173 线，矽卡岩型铜矿石
51	915 - 2 - 1	方铅矿	1.68	- 70 中段，163 线，富铅锌矿石
52	915 - 2 - 2	闪锌矿	2.90	- 70 中段，163 线，富铅锌矿石
53	917 - 7 - 1	方铅矿	0.29	- 70 中段，181 到 183，F25 断层带铅锌矿石
54	917 - 7 - 2	闪锌矿	4.31	- 70 中段，181 到 183，F25 断层带铅锌矿石
55	917 - 7 - 2	闪锌矿	4.34	- 70 中段，181 到 183，F25 断层带铅锌矿石
56	917 - 7 - 3	黄铁矿	4.61	- 70 中段，181 到 183，F25 断层带铅锌矿石
57	918 - 2 - 1	方铅矿	- 6.40	大坊，铅锌矿石
58	918 - 2 - 2	闪锌矿	- 4.79	大坊，铅锌矿石
59	919 - 12 - 1	方铅矿	0.59	- 70 中段，154 线铅锌矿石
60	919 - 12 - 2	黄铁矿	4.51	- 70 中段，154 线铅锌矿石

续表 3 - 2

序号	样品编号	矿物	δ³⁴S(‰)	资料来源
61	919 - 13 - 1	方铅矿	-0.70	-70 中段，154 线，层纹状，黄铁铅锌矿石
62	919 - 13 - 2	闪锌矿	2.32	-70 中段，154 线，层纹状，黄铁铅锌矿石
63	919 - 13 - 2	闪锌矿	2.32	-70 中段，154 线，层纹状，黄铁铅锌矿石
64	919 - 13 - 3	黄铁矿	3.11	-70 中段，154 线，层纹状，黄铁铅锌矿石

数据来源：40 - 64 本书作者，其中 918 - 2 两个样品为大坊金矿样品(918 - 2 - 1，918 - 2 - 2)。

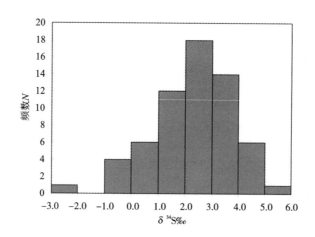

图 3 - 7　宝山铅锌矿硫同位素组成直方图

表 3 - 3　宝山矿床共生硫化物成矿温度参数表

	闪锌矿 δ³⁴S (‰)	方铅矿 δ³⁴S (‰)	温度/℃ 系数 A = 0.8	温度/℃ 系数 A = 0.7
BSC - 20	3.60	1.10	293	256
NBSC - 20	1.90	1.10	727	662
NBSC - 21	2.30	0.60	413	369
BS - 02	2.88	1.04	386	344
BS - 36	2.76	1.25	455	408
915 - 2	2.90	1.68	537	484
915 - 7	4.31	0.29	173	144
919 - 13	2.32	-0.70	242	208

宝山硫化物矿石的 $\delta^{34}S$ 值绝大多数为正值,变化区间为 $-2.17‰ \sim 6.91‰$,一般为 $-1.00‰ \sim 4.57‰$,均值为 $2.22‰$(表 3-2),轻度富重硫,其变化范围窄,表明硫的来源比较均一,具有岩浆硫特点。在热力学平衡分馏过程中,硫化物富集 ^{34}S 的能力排序为:辉钼矿(MoS_2)> 黄铁矿(FeS_2)> 闪锌矿(ZnS)> 磁黄铁矿(FeS_{1-x})> 黄铜矿($CuFeS_2$)> 斑铜矿(Cu_5FeS_4)> 方铅矿(PbS)> 辉铜矿(Cu_2S)> 辉锑矿(Sb_2S_3)> 辉铋矿(Bi_2S_3)> 辰砂(HgS)。Ohmoto(1972)首次提出硫同位素分馏大本(Ohmoto)模式,认为热液矿物硫同位素组成是总硫同位素组成、氧逸度(f_{O_2})、pH、离子强度和温度的函数。作者利用硫化物共生组合闪锌矿 - 方铅矿的硫同位素组成计算了成矿温度如表 3-3 所示。

根据成矿温度将样品分为两组,一组成矿温度较低,温度范围为 $173 \sim 293℃$,代表中低温阶段形成的矿石(BSC-20、915-7、919-13)的硫同位素组成;另一组成矿温度高,温度范围为 $386 \sim 727℃$,代表高温阶段形成的矿石(NBSC-20、NBSC-21、BS-02、BS-36、915-2、915-7)的硫同位素组成。然后分别将两组的闪锌矿和方铅矿的硫同位素数据,投影到 $1000\ln a_{sph-Gal} - \delta^{34}S‰$ 图解上(图 3-8),通过 Pinckney 等(1972)图解计算获得中低温阶段的 $\delta^{34}S‰$ 为 $1.28‰$,高温阶段的 $\delta^{34}S$ 为 $1.68‰$。表明成矿流体的硫同位素组成变化很小,仅有 $0.4‰$ 的变化。若不分组,其作图显示的总硫同位素组成为 $1.78‰$,均显示矿床成矿流体具有地幔硫的特点($0‰ \pm 2‰$,郑永飞等,2000),表明矿床中的硫可能来自地幔。

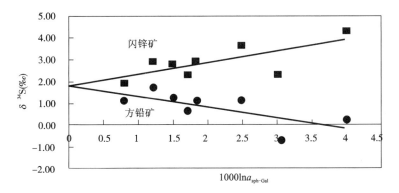

图 3-8 宝山铅锌矿 $1000\ln a_{sph-Gal} - \delta^{34}S‰$ 图

3.1.7 Pb 同位素特征

本书测试了 4 件硫化物的铅同位素组成,结合收集的前人数据见表 3-4,作出如下分析。

本区硫化物的$^{206}Pb/^{204}Pb$ 比值、$^{207}Pb/^{204}Pb$ 比值及$^{208}Pb/^{204}Pb$ 比值变化均比较小,尤其是$^{208}Pb/^{204}Pb$ 最小,均显示了正常 Pb 的特点。计算获得的特征值如 μ 值、ω 和 ν 变化均较小。该矿床矿石铅同位素的 μ 值为 9.46～9.79,均值为 9.67。上地壳铅的 μ 值大于 9.58,上地幔铅 μ 值小于 9.58。该矿床多数大于 9.58,仅 3 个样品 μ 值小于 9.58。说明该矿床铅的来源为壳源铅,该矿床铅同位素相对均一的 Th/U 值为 3.83～4.41,多数为 3.83～3.95,也反映出壳源合铅的特征。

依据 Doe(1979)的单阶段演化模式,宝山铅锌矿床的单阶段模式年龄集中分布为 133～175 Ma,平均年龄 161 Ma,与花岗闪长斑岩侵入时代和成矿时代相一致。

在 Zartman(1981)的图解中,$^{206}Pb/^{204}Pb$ – $^{207}Pb/^{204}Pb$ 图解[图 3 – 9(a)]中多数点投在下地壳范围的最大值附近,靠近上地壳,在$^{206}Pb/^{204}Pb$ – $^{208}Pb/^{204}Pb$ 图解[图 3 – 9(b)]中投入上地壳、下地壳、造山带交接带附近。在 Doe 等(1979)根据世界不同构造环境下显生宙岩石及矿床的全部铅同位素组成设定的图解中,在 $^{206}Pb/^{204}Pb$ – $^{207}Pb/^{204}Pb$ 和$^{206}Pb/^{204}Pb$ – $^{208}Pb/^{204}Pb$ 图解中均投入克拉通化地壳,接近与非克拉通化地壳的分界处,反映铅总体上来源于稳定的克拉通化地壳,该特点可能暗示宝山所处大地构造位置为扬子陆块的边缘带。

根据 Zartman 图解(图 3 – 10)中多数点投在上地壳演化线之上,少数点在上地壳与造山带演化线之间,在 $\Delta\beta$ – $\Delta\gamma$ 图解(图 3 – 11)宝山矿床的铅同位素组成大部分投影于上地壳铅范围,个别点投在壳幔混合的岩浆铅范围,表明铅来源相对简单。

硫、铅同位素组成特点反映宝山矿床在成矿期间,流体系统处于相对封闭(挤压)的环境。

表 3 - 4 宝山矿床硫化物铅同位素组成及参数表

序号	样号	样品	$n(^{206}Pb)/n(^{204}Pb)$	$n(^{207}Pb)/n(^{204}Pb)$	$n(^{208}Pb)/n(^{204}Pb)$	$n(^{206}Pb)/n(^{207}Pb)$	t/Ma	μ	ω	$n(Th)/n(U)$	Δα	Δβ	Δγ
1	BSC - 1	Py	18.647	15.780	39.186	1.182	218	9.79	39.98	3.95	86.80	29.76	52.86
2	BSC - 7	Py	18.641	15.739	39.048	1.184	173	9.71	39.05	3.89	86.45	27.08	49.15
3	BSC - 16	Ga	18.615	15.717	38.970	1.184	164	9.67	38.66	3.87	84.93	25.65	47.06
4	BSC - 17	Ga	18.625	15.708	38.948	1.186	146	9.65	38.43	3.85	85.51	25.06	46.46
5	BSC - 20	Ga	18.622	15.725	38.996	1.184	169	9.69	38.81	3.88	85.34	26.17	47.75
6	BSC - 22A	Cp	18.672	15.759	39.131	1.185	175	9.75	39.41	3.91	88.25	28.39	51.38
7	NBSC - 82	Ga	18.629	15.709	38.973	1.186	144	9.65	38.52	3.86	85.75	25.13	47.14
8	NBSC - 83	Ga	18.628	15.704	38.949	1.186	139	9.65	38.38	3.85	85.69	24.80	46.49
9	NBSC - 5	Ga	18.658	15.718	39.003	1.187	135	9.67	38.57	3.86	87.44	25.71	47.94
10	NBSC - 6	Ga	18.665	15.721	39.024	1.187	133	9.67	38.64	3.87	87.85	25.91	48.51
11	NBSC - 17	Py	18.602	15.693	38.901	1.185	144	9.63	38.23	3.84	84.17	24.08	45.20
12	NBSC - 20	Ga	18.622	15.697	38.937	1.186	134	9.63	38.30	3.85	85.34	24.34	46.17
13	NBSC - 21	Ga	18.655	15.724	39.023	1.186	144	9.68	38.72	3.87	87.26	26.11	48.48
15	BS - 2	Ga	18.668	15.768	39.149	1.184	188	9.77	39.59	3.92	88.01	28.94	51.87
16	S - 39	Ga	18.683	15.742	39.089	1.187	147	9.71	39.01	3.89	88.89	27.30	50.24
17	BS - 01	Py	18.844	15.742	39.562	1.197	31	9.70	39.99	3.99	98.30	27.29	62.95
18	BS - 10	Py	18.664	15.746	39.091	1.185	164	9.72	39.16	3.90	87.78	27.51	50.31
19	BS - 32	Py	18.693	15.758	39.107	1.186	160	9.75	39.19	3.89	89.45	28.35	50.74

续表 3 - 4

序号	样号	样品	$n(^{206}\text{Pb})/n(^{204}\text{Pb})$	$n(^{207}\text{Pb})/n(^{204}\text{Pb})$	$n(^{208}\text{Pb})/n(^{204}\text{Pb})$	$n(^{206}\text{Pb})/n(^{207}\text{Pb})$	t/Ma	μ	ω	$n(\text{Th})/n(\text{U})$	$\Delta\alpha$	$\Delta\beta$	$\Delta\gamma$
20	BS - 33	Py	18.700	15.738	39.082	1.188	129	9.70	38.85	3.88	89.90	27.04	50.07
21	BS - 37	Py	18.531	15.737	39.924	1.178	248	9.72	43.28	4.31	80.04	26.93	72.67
22	BS - 41	Py	18.602	15.736	39.041	1.182	197	9.71	39.21	3.91	84.18	26.90	48.97
23	BS - 34	Py	18.188	15.675	39.717	1.160	416	9.64	43.97	4.41	60.03	22.89	67.13
24	915 - 2 - 2	Ga	18.514	15.604	38.619	1.187	96	9.46	36.73	3.76	79.04	18.27	37.63
25	917 - 7 - 1	Ga	18.656	15.717	39.034	1.187	135	9.67	38.69	3.87	87.32	25.65	48.78
26	919 - 12 - 1	Ga	18.557	15.660	38.820	1.185	135	9.57	37.83	3.83	81.55	21.93	43.03
27	919 - 13 - 1	Ga	18.549	15.662	38.826	1.184	144	9.57	37.92	3.83	81.08	22.06	43.19

注:1 - 13:祝新友等,2012;14 - 19:童潜明等,1995;24 - 27:孔华,等,2012。Py—黄铁矿,Sp—闪锌矿,Ga—方铅矿,Cp—黄铜矿;注:$\mu = {}^{238}\text{U}/{}^{204}\text{Pb}$;$\omega = {}^{232}\text{Th}/{}^{204}\text{Pb}$;$\Delta\alpha$,$\Delta\beta$,$\Delta\gamma$ 分别表示铅的三种同位素与同时代地幔值的相对偏差,t—铅模式年龄。

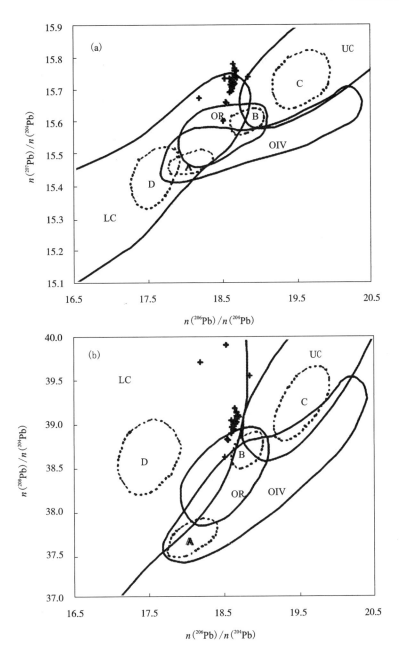

图 3-9 宝山铅锌矿 $n(^{206}\mathrm{Pb})/n(^{204}\mathrm{Pb})-n(^{207}\mathrm{Pb})/n(^{204}\mathrm{Pb})$（a）和 $n(^{206}\mathrm{Pb})/$
$n(^{204}\mathrm{Pb})-n(^{208}\mathrm{Pb})/n(^{204}\mathrm{Pb})$（b）构造环境图解（据 Zartman and Doe, 1981）

LC—下地壳；UC—上地壳；OIV—洋岛火山岩；OR—造山带；A，B，C，D 分别为各区域中
样品相对集中区

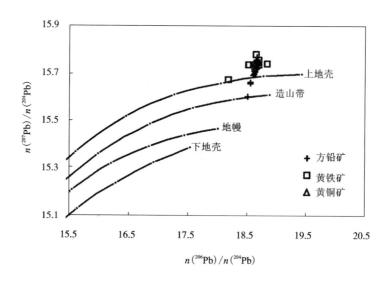

图 3 - 10   宝山铅锌矿铅同位素演化模式图(据 Zartman and Doe, 1981)
1—地幔(Mantle); B—造山带(Orogene); C—上地壳(Upper Crust); D—下地壳(Lower
Crust)

3.1.8   矿床流体包裹体成分特征

对宝山矿区样品矿石硫化物 3 件和萤石样品 1 件进行了分析测试,其流程如
下:选择合适样品研磨至40 目~70 目,分选出纯度 >98% 的单矿物,通过超声波
清洗、烘干。然后在实验室中将矿物中的包裹体通过热爆法打开,通过离子色谱
仪和气相色谱仪等仪器测试器离子组分和气相及其水的含量。

利用美国产 DX - 120 Ion Chromatograph 离子色谱仪和 Varian - 3400 型气相
色谱仪进行测试,测试结果见表 3 - 5。

对宝山矿区 3 件矿石硫化物和 1 件萤石样品,利用美国产 DX - 120 Ion
Chromatograph 离子色谱仪和 Varian - 3400 型气相色谱仪进行测试,测试结果(表
3 - 5)显示矿区流体包裹体液相成分中含有 F^-、Cl^-、SO_4^{2-}、Na^+、K^+、Mg^{2+}、
Ca^{2+} 等离子,且离子浓度 $Ca^{2+} > Na^+ > K^+$,$SO_4^{2-} > Cl^- > F^-$,并还有痕量
NO_3^- 等离子。流体以 H_2O 为主,CO_2 次之,含较高的 H_2、CH_4 和 C_2H_2 等还原性
气体成分,成矿流体总体上符合岩浆挥发物流体特征(属广义上的岩浆热液范
畴),反映 $CH_4^- H_2O^- H_2$ 型还原环境。有学者指出,岩浆热液的 $Na^+/(Ca^{2+} +
Mg^{2+})$ 比值大于 4,而本区 $Na^+/(Ca^{2+} + Mg^{2+})$ 比值为 0.31 ~ 0.61,明显小于 4,
暗示了成矿热液具有混合来源特征。一般来说岩浆热液 Na^+/K^+ 值小于 1,与沉

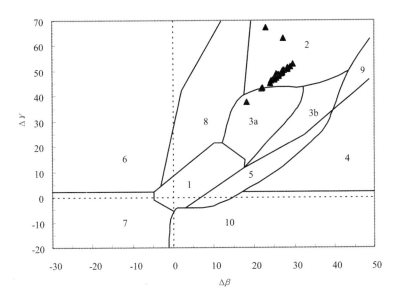

图3-11　宝山矿床铅同位素成因分类 $\Delta\beta - \Delta\gamma$ 图解(据朱炳泉，1998)

1—地幔源铅；2—上地壳铅；3—上地壳与地幔混合的俯冲带铅(3a. 岩浆作用；3b. 沉积作用)；4—化学沉积型铅；5—海底热水作用铅；6—中深变质作用铅；7—深变质下地壳铅；8—造山带铅；9—古老页岩上地壳铅；10—退变质铅

积或地下热卤水有关的矿床其 Na^+/K^+ 值则较高。本次测试的硫化物样品的 Na^+/K^+ 比值为 $0\sim3.2$，因此可能叠加了建造水。矿区围岩为碳酸盐岩地层，流经该地层的大气降水，可以从围岩中萃取中一定量的 Ca^{2+}，从而导致了 $Na^+/(Ca^{2+}+Mg^{2+})$ 值的降低。所以成矿流体早期应以岩浆热液为主，后期有大气降水的加入。

表3-5　宝山矿区硫化物及萤石群体包裹体成分

样号	矿物	含量/$\mu g \cdot g^{-1}$)								
		H_2	O_2	N_2	CH_4	CO	CO_2	C_2H_2	C_2H_6	H_2O
919-13	Sp	0.811	无	痕	0.272	无	71.393	无	无	267
918-13	Sp	0.563	无	痕	0.406	无	54.507	无	无	395
15-3	Fl	0.845	无	痕	0.797	无	45.823	无	无	278
915-2	Ga	0.423	无	痕	0.183	无	36.715	无	无	305

续表 3 - 5

| 样号 | 矿物 | 含量/μg·g⁻¹) | | | | | | | | | | |
		F	Cl	NO₃	PO₄	SO₄	Li	Na	NH₄	K	Mg	Ca
919 - 13	Sp	3.758	6.256	无	无	18.672	无	4.627	无	1.421	0.217	7.293
918 - 13	Sp	3.266	5.739	无	无	20.721	无	4.389	无	0.922	0.115	7.419
15 - 3	Fl	5.679	6.143	无	无	2.007	无	7.623	无	2.738	0.071	17.639
915 - 2	Ga	0.358	2.261	无	无	6.627	无	3.019	无	10146	痕	9.623

注：闪锌矿—Sp；方铅矿—Ga；萤石—Fl。

3.1.9 宝山矿床关键控矿因素分析及成矿模式

图 3 - 4 及图 3 - 5 显示宝山矿床中部的高温矽卡岩型矿化围绕岩脉接触带产出，矿区东部、北部及西部（主要矿体空间）的岩脉产出形态不规则，呈枝杈状上侵，单个岩脉规模不大，这说明岩体侵位时的浅部张性裂隙空间发育；同时有好的屏蔽层测水组页岩的存在，使得矿液能够封闭并保持高温条件下铜钼矿物的分离沉淀。构造控制在宝山矿床中尤为关键，北西向断裂带控制了成矿岩脉的侵入，且沿北东向断裂（如 F_{21} 断层）两侧有矿体分布，反映北东向构造为成矿期构造，至少在燕山成矿期活动断裂成为导矿或容矿构造。成矿期的构造还有褶皱构造的转折端形成的虚脱空间，矿化在其中加厚，而且倒转褶皱倒转翼中的矿体厚度也加大，印支期褶皱形成的强烈挤压劈理面等层间裂隙成为深部矿液流体的上升通道。以上特点表明岩性分界面硅 - 钙界面是有利的赋矿部位。岩浆岩是成矿母岩，宝山矿区出露的是众多的小岩脉岩枝，如何能带来的大量的成矿物质？没有深部物源是无法解释的。区域地球物理资料显示矿区区域上有巨大的重力负异常。重力低值异常应由深部隐伏着与成矿有关的中酸性岩体引起。在矿田深部 2.5 km 的区域磁场表现为自骑田岭岩体往西的哑铃状异常，整体走向北西，反映出坪宝隐伏岩体在深部可能与骑田岭岩体连为一体。深部岩浆房的存在是湘南地区巨量金属成矿的唯一合理解释。所以宝山的控矿模式是岩浆岩 + 构造 + 有利岩性在特定空间的高度耦合。找矿模式则以中部高温矿化为中心向四周外围寻找有利裂隙空间，则可能找到盲矿体。可以设想大坊等外围地段都可能是以宝山为中心的矿床分带组成部分，遵循从高温铜钼矿化→中温铅锌矿化→低温金银锰矿化分带规律，矿化半径可达 10 km。

3.2 黄沙坪铅锌矿床地质地球化学特征

黄沙坪铅锌矿床位于湖南省桂阳县西南，骑田岭岩体的西北侧（图 3 - 2），黄沙坪矿床为与超酸性浅成斑岩有关的高中温热液成因的铁钨钼铅锌多金属矿床（图3-12）。

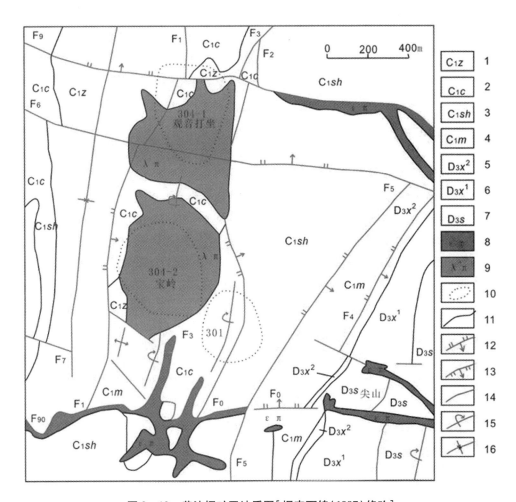

图3-12 黄沙坪矿区地质图[据李石锦(1997)修改]

1—梓门桥组下统；2—测水组下统；3—石磴子组下统；4—孟公坳组下统；5—锡矿山组上段；6—锡矿山组下段；7—余田桥组；8—英安斑岩；9—石英斑岩；10—中深部隐伏岩体投影；11—地质界线；12—逆断层；13—正断层；14—性质不明断层；15—倒转背斜；16—向斜构造

3.2.1 矿区地层

矿区出露的地层主要为上古生界泥盆系上统及石炭系下统，从老到新依次为泥盆系上统锡矿山组，石炭系下统孟公坳组、石磴子组、测水组、梓门桥组。地层特征与宝山矿区一致。石炭系下统为一套海相－浅海相碳酸盐岩夹陆源碎屑岩沉积建造,以灰岩为主,少量的砂页岩,其中石磴子组是最为有利的赋矿地层,测水组是次要的赋矿层位,同时也是良好的遮挡层。

3.2.2 矿区构造

矿区构造主体是一系列近 SN 向的复式褶皱和逆冲断层(图 3 - 2)。区内构造复杂,断裂构造极为发育。

1)褶皱

矿区褶皱主要形成于印支—燕山期,轴向近 SN 向的宝岭背斜是印支期桂阳复式背斜西侧的次级褶皱,因受后期燕山运动所产生的 NNE 向逆断层的影响,被改造为轴向 NNE 向的宝岭倒转复式背斜、宝岭倒转向斜和观音打座倒转背斜。

2)断裂

矿区断裂构造非常发育,具有多期性和继承性特点,以 NNE 向至近 SN 向为主,次为 EW 向或 NWW 向,NW 向。其中,NNE 向和 SN 向断层(如 F_1、F_2、F_3、F_4、F_5 等)主要为逆冲断层,EW 向或 NWW 向断层主要为张性或张扭性破碎带,NW 向和 NE 向断层为右行剪切的扭性破碎带。

F_1:位于矿区西部,走向 340°~20°,倾向 E,倾角 30°~60°,断层对矿体和区内岩浆活动有明显的控制作用。

F_2:位于矿区东部,走向 330°~30°,倾向 E,倾角 35°~80°,断层破碎带宽数米至数 10 m,断层泥、擦痕及角砾发育。断层为为区内的控矿构造。

F_3:位于 F_1 与 F_2 之间,总体走向近 SN,倾向 E,倾角 40°~75°,断层破碎带宽 1~10 m,沿断裂带见挤压片理、断层泥、局部为石英斑岩脉充填。F_3 为区内最为重要控岩构造,也是有利的导矿和容矿构造。

3.2.3 矿区岩浆岩

黄沙坪花岗岩群于燕山期侵入,矿体呈脉状或似层状产于碳酸盐岩内,或呈透镜状产于岩体与灰岩的接触变质带内(李荣清等,1993)。黄沙坪铅锌矿矿区范围内己发现的岩浆岩主要有:石英斑岩、花岗斑岩、花斑岩、英安斑岩,均为浅成—超浅成中—酸性岩体,其中花岗斑岩和花斑岩为隐伏岩体,石英斑岩、英安斑岩出露于地表。各岩体的产状特征如下:

1)石英斑岩

石英斑岩体分布于矿区中部观音打座—宝岭一带,与围岩多呈侵入接触和断层接触关系,见接触破碎带,侵入的最新地层为梓门桥组白云岩,主要受 F_1、F_3、F_6 控制。由观音打座、宝岭两地地表互不相连的两个岩瘤状小岩体 51# 和 52# 岩体组成,出露面积分别为 0.23 km² 和 0.29 km²,两岩体向深部变小,有岩脉相连,形似漏斗,这造成两岩体之间成为一上缩下膨的围岩空间。岩体向下缩小,在

200 m 标高以下，逐渐变成不规则的脉状，分支、膨缩频繁。

2）花斑岩（304#岩体）

位于矿区西部 8 - 20 线的西侧，隐伏于矿区 F_1 下盘，与围岩呈侵入接触，顶面呈南高北低的舒缓波状。空间上大致呈近直立椭圆柱体于 F_1 断层以下，深部出现岩枝，平面上呈稍长椭圆形向 SN 延伸，面积 0.05 km^2。岩体周围蚀变及矿化强烈，为与钨铜多金属矿床有关的隐伏岩体。

3）花岗斑岩

301#花岗斑岩岩体隐伏于矿区东南部，受到与 F_1、F_3 平行产出的近 SN 向隐伏逆冲断层控制，是由多个岩体组成的岩体群。岩体群呈近 SN 向展布，倾向东，倾角 50° ~ 80°，总长约 1000 m，东西宽 50 ~ 200 m，整个岩体呈小岩株状，略向 NEE 和 SE 倾伏，倾伏角约 50°，单个岩体形态多变，呈椭圆状、扁豆状、瘤状、脉状等。岩体接触带产状变化大。301#岩体的上部以灰白色花岗斑岩为主，内部为灰白—浅红色似斑状微细粒黑云母钾长花岗岩。

4）英安斑岩

主要分布在矿区南部凤鸡岭—尖山和北部观音打座北麓一带，分别充填于 F_0 和 F_9 断层之中，主要以断裂带中小岩体群的形式出露。呈 EW 向带状展布，倾向 N—NNE，倾角 75° ~ 88°，单个岩体或呈不规则岩脉，或呈陡倾斜岩墙，单向延伸，脉幅变化较大，常见分支、复合、尖灭、再现的现象。

3.2.4　矿体及矿石特征

1）矿体特征

本区矿体多成群出现，总体走向 NNE，倾向 SE，形态以脉状为主，柱状、囊状、透镜状及似层状等次之，单个矿体规模相差悬殊，矿体沿走向、倾向膨大、缩小、尖灭、再（侧）现频繁。矿体主要分布在石磴子组含炭质页岩的生物碎屑灰岩中，少量矿体分布在测水组页岩，孟公坳组灰岩和石英斑岩中。

矿区 105 线剖面图（湘南地调院，2005）（图 3 - 13），9 线剖面图（汪林峰，2011）（图 3 - 14）显示，F_1 断层分隔了 301#岩体的成矿范围和 304#岩体成矿带，从后述年代学资料（详见第 5 章）可以看出 301#花岗斑岩岩体的成矿要晚于 304花斑岩体的成矿。

黄沙坪矿体在 301#矿带集中分布，在 304#矿体周边也有少量矿体，均主要产于接触带及围岩裂隙中 [图 3 - 15(a)，图 3 - 15(b)]。

301#矿带分布于矿区东部 F_1、F_2 断层之间，从地表至 -420 m 标高均控制有矿体，已发现 Pb、Zn 矿体 434 个，是黄沙坪多金属矿床的主要矿带。该带北中部以铅锌矿床为主，东南部以铁钨钼铋矿床为主。其矿化类型主要有：矽卡岩型磁铁矿体、矽卡岩型钨钼铋矿体、矽卡岩型铅锌矿体 [图 3 - 15(c)]、充填交代型铅

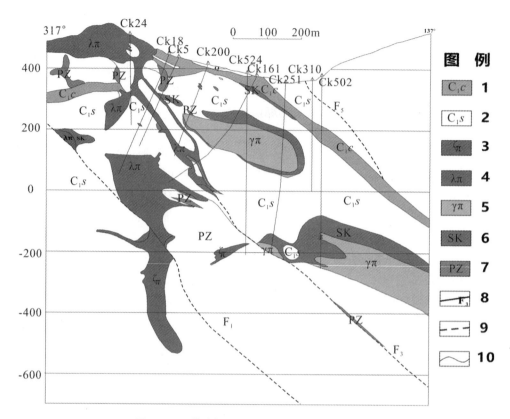

图 3 - 13　黄沙坪铅锌多金属矿区 105 线剖面图

1—测水组；2—石磴子组；3—石安斑岩；4—石英斑岩；5—花岗斑岩；6—矽卡岩；7—铅锌矿化；8—断层；9—性质不明断层；10—地质界线

锌矿体、砂岩中的矽卡岩型铜矿体、充填交代型铜矿体、斑岩体内的铜矿体等。

304#矿带位于矿区西部 F₁ 断裂下盘的下石磴子组灰岩中，呈南北向延伸，全长 1600 m，宽数百米，现已在 4～17 线间查明 81 个矿体，该矿带中 F₁ 断层及其伴生的小断裂群、上银山向斜核部和高笋塘背斜核部的层间虚脱构造、岩体上方的短轴小背、斜岩体下盘接触带构造是主要控矿构造。其矿化类型主要有矽卡岩型钨钼矿体[图 3 - 15(d)(e)(f)(g)]、矽卡岩型铜锌矿体[图 3 - 15(h)]、矽卡岩型铅锌矿体、砂岩中的矽卡岩型铜矿体、充填交代型铅锌矿体、充填交代型银铅锌矿体等。以下简述本次研究对 304 岩体成矿带铜矿(化)体特征的观察结果。

本次研究观察了 -56 中段坑内立钻 ZK0804 钻孔岩芯，岩性主要为方解石脉发育的石磴子组含生物碎屑的灰岩。钻孔进尺 144.7～177.79 m 为一矿化构造角砾岩带，岩石灰白色，方解石脉充填。其中 144.7～145.7 m 有浸染状黄铁矿和铅

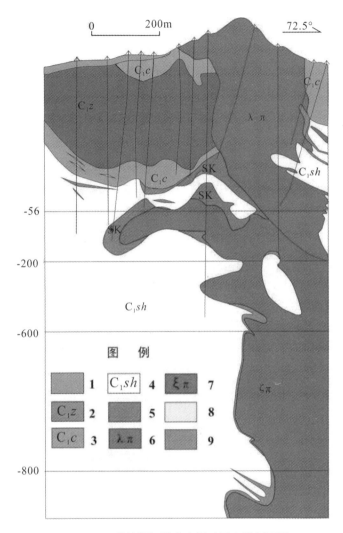

图 3-14　黄沙坪铅锌多金属矿区 9 线剖面图
1—砂砾沉积物；2—梓门桥组白云质灰岩；3—测水组砂页岩；4—石磴子组灰
岩；5—矽卡岩；6—石英斑岩；7—花斑岩；8—铅锌矿体；9—铜矿体

锌矿矿化；145.7 ~ 147.18 m 为矿化构造角砾岩，角砾为灰岩和矿石，粒度 1 ~ 5 cm，角砾分选差，磨圆度低，棱角分明，胶结物为炭质；矿石角砾以黄铁矿居多，少黄铜矿角砾；147.18 ~ 151.10 m 也发现了局部黄铜矿矿化。本段为灰岩破碎带型铜矿化。

目前灰岩裂隙充填 - 交代型铜矿体找矿工作主要围绕西部 304 岩体上下盘接触带来展开，沿其走向在每相隔 4 条勘探线（100 m）的平面上依次布置了 8 个钻孔,分别为 KZ1601、KZ1201、KZ0801、KZ0102、KZ0501、KZ0901 和 KZ1301(已完工)。据最新钻孔资料,除 KZ0901 与 KZ1601 见有厚富铜矿体外,KZ1201 孔也发现 6.5 m 花斑状铜锌矿体,而且在已完工的 7 个钻孔中均发现 304 岩体中多处见有浸染状 - 细脉状铜钼矿化,局部细脉宽 1 ~ 5 cm,长 1 ~ 2 m,而且成矿存在多期性,这预示着深部铜矿资源巨大的找矿潜力(汪林峰,2011)。

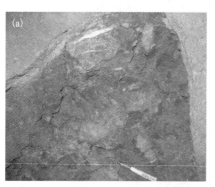

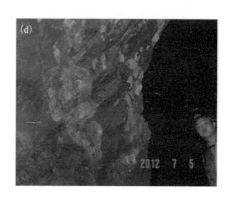

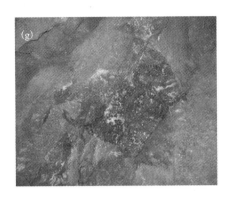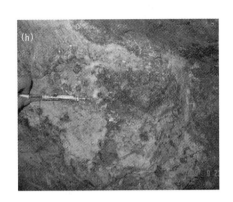

图 3 – 15　黄沙坪矿体井下岩矿石特征

(a)F_1断层中灰岩角砾及岩体角砾岩，断层多次活动形成断层泥，地点：–96中段，13线主沿脉；(b)F_3断层的次级断裂，产状240/70，断层角砾岩中有岩体角砾(304 – 1 岩体)、灰岩、矿石及萤石矽卡岩角砾，地点：–96中段5线东穿脉；(c)富铅锌矿体，靠近301岩体，地点：–96中段，2线613采场；(d)矽卡岩型磁黄铁矿铅锌矿体，地点：–96中段，18线东穿613采场102W矿体；(e)磁黄铁矿铅锌矿矿石标本，样号 7.5 – 10，与上图同地点；(f)内矽卡岩中辉钼矿，地点：–96中段，18线；(g)304 – 2 岩体东侧铅锌矿体，地点：–96中段，12线东穿；(h)花斑岩岩体边部夕卡岩中的黄铜矿化，地点：–56中段13线。

　　钻孔 ZK0804 进尺 217.76 ~ 220.76 m 发现蚀变石英斑岩，斑岩体铜矿化，有绿泥石、绿帘石蚀变，矿化呈脉状和浸染状、斑点状，局部出现和方解石共生的紫色和白色的萤石脉。萤石是本矿床分布最广的一种脉石矿物，与铜矿化最为密切。观音宝座山坡出露的石英斑岩($52^{\#}$岩体)可见蓝铜矿和孔雀石，这些铜矿的次生氧化物也是铜矿的找矿标志。

　　钻孔 ZK1301 岩芯的岩性为钾长花岗岩，其中以红色钾长石为主，细粒结构，与 304 – 1 花斑岩的钾化明显不同，所以不应是钾长石化。170 m 处出现黄铜矿化，为裂隙充填石英脉型[图 3 – 16(a)]，含铜矿物有黄铜矿和斑铜矿，呈细脉浸染状分布。

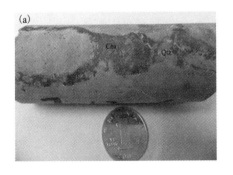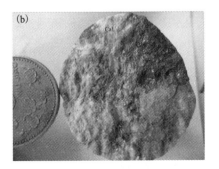

图 3 – 16　钾长花岗岩中的石英脉型铜矿化(a)；灰岩裂隙中充填黄铜矿化(b)

钻孔 ZK0802 岩芯的岩性主要为硅化、次生石英岩化灰岩，有微弱的矽卡岩化。局部见重结晶方解石，铜矿化沿着灰岩的裂隙充填，含铜矿物有黄铜矿和斑铜矿，矿化呈斑杂状和脉状分布[图 3 - 16(b)]。钻孔进尺 431～442 m 黄铁矿化发育的硅化灰岩，硅化随着深度的增加而增强，逐步形成硅化的灰岩；442～445.15 m 为黄铁矿化发育的次生石英岩(黄铁绢英岩)；445.15～449.9 m 为伴生有黄铁矿的铅锌矿，方解石脉发育；450.35～450.5 m 和 450.75～450.9 m 灰岩中出现黄铜矿化；452～452.7 m 为铅锌矿；459.4～468 m 又为次生石英岩，原岩应为为斑岩，以下过渡到岩体。本段灰岩中黄铜矿化较少，并伴生有黄铁矿和铅锌矿化，符合伴生铜矿床的特点。本孔见矿段显示的硅化、次生石英岩化应是隐伏斑岩铜矿典型蚀变类型之一。综合 ZK0802 和 ZK1301 的钻孔资料可以看出，矿体从远离岩体的灰岩裂隙充填型铜矿向深部的斑岩体内的细脉浸染状斑岩型铜矿转变。目前已有钻孔特点显示含铜母岩体仍隐伏在深部。

矿区内的铜矿总体上是围绕花斑岩体分布，并以岩体为中心，依次出现：花斑岩体内细脉浸染型铜矿体 - 花斑岩接触带的矽卡岩铜矿体 - 花斑岩体外破碎带铜矿体 - 与铅锌伴生的铜矿体。所以 304# 花斑岩体是铜矿床的主要成矿母岩，岩体裂隙及周边是铜矿体赋存的主要空间。本次研究所见钻孔揭露的三类型铜矿赋存状态差异很大，主要原因是受构造位置和围岩性质的影响，造成铜矿体的形态、矿石组构的差异。斑岩体矿化、接触带矽卡岩型矿化、裂隙充填型矿化是以岩体为中心多位一体的成矿系统，发现一种类型同时也预示着其他类型的存在。花斑岩广泛的钾长石化和硅化、次生石英岩化是黄沙坪斑岩铜矿化的找矿标志。

2) 矿石特征

本区矿床矿物种类繁多，金属矿物主要有方铅矿、闪锌矿、黄铁矿、黄铜矿、磁黄铁矿、磁铁矿、毒砂、白铁矿、辉铜矿、辉钼矿等，脉石矿物有方解石、萤石、石英和矽卡岩矿物。

据矿床类型和矿物共生组合可将矿石分为两种类型：矽卡岩型铁钨钼矿石和铅锌硫化物矿石。矽卡岩型铁钨钼矿石主要分布于矿区南部，包含的主要金属矿物有磁铁矿、白钨矿、辉钼矿等；铅锌硫化物矿石主要分布于矿区中部、北部和东部，主要矿物有方铅矿、闪锌矿、黄铁矿、磁黄铁矿、含银矿物、碲化物等。

笔者观察了少量样品，矿石结构见图版 II - 1 至图版 II - 6。主要见他形粒状结构、半自形粒状结构、溶蚀结构、骸晶结构。

他形粒状结构：黄铁矿、闪锌矿、黄铜矿、磁黄铁矿、方铅矿呈他形粒状结构充填交代早期生成的矿物。

半自形粒状结构：毒砂呈半自形粒状结构(图版 II - 4)。

溶蚀结构：方铅矿交代闪锌矿和黄铁矿使其边缘呈港湾状(图版 II - 1)；闪锌矿交代他形粒状黄铁矿，黄铁矿呈孤岛状(图版 II - 2)；闪锌矿交代胶状黄铁矿(图版Ⅱ-3);黄铜矿交代黄铁矿和闪锌矿(图版Ⅱ-5);方铅矿交代黄铜矿和磁黄铁矿(图版Ⅱ-6)等。

骸晶结构:毒砂被脉石矿物交代构成骸晶结构。

镜下观察反映的矿物生成顺序:胶状黄铁矿→他形粒状黄铁矿→闪锌矿、黄铜矿、方铅矿→自形粒状黄铁矿和自形粒状毒砂。

3.2.5 矿化分带和围岩蚀变

1)矿化分带

黄沙坪矿床的矿物组合呈正向带状分布,从花岗斑岩体至远离岩体的地层,矿床分带表现为接触交代矽卡岩型铁(锡)矿床→气化高温热液矽卡岩型钨钼矿床→高中温热液含铁铅锌矿床→中温热液脉状铅锌矿床。

2)围岩蚀变

黄沙坪矿床围岩蚀变主要有:矽卡岩化、硅化、绢云母化、钾长石化、萤石化、绿泥石化、绿帘石化、铁白云石化、大理岩化等,其中与铅锌矿化关系最为密切的为矽卡岩化、硅化、绢云母化、大理岩化、绿泥石化和碳酸盐化等。

矽卡岩化:主要分布于岩体与碳酸盐类岩石接触处,矽卡岩化与磁铁矿化、钨铜矿化、铅锌矿化关系密切,且与铅锌矿体有较密切的空间关系,可作为一种有效的找矿标志。

硅化:发育十分广泛,于接触带附近的岩体、破碎带、围岩及矿体中均可见,与铅锌矿化关系密切。

绢云母化:主要发育于岩体接触带,呈鳞片状集合体产出,与铅锌矿化关系密切。

大理岩化:在矽卡岩旁侧的结晶灰岩中往往发生大理岩化,大理岩化可使围岩脆性增大而易于破碎,为成矿物质提供理想的场所。

绿泥石化:多发育于接触破碎带,与铅锌矿化关系密切,是硫化物期的产物。

3.2.6 S同位素特征

本次收集了前人研究的硫同位素数据174件(表3-6),硫同位素组成多数集中分布在2.0~19,显示较宽的变化范围。这也是与宝山矿床最大的不同之处。个别样品共生矿物出现非平衡分馏的现象(如HSC21)。塔式效应不显著(图3-17),$\delta^{34}S$值在10‰和14‰处出现两个明显的峰值,$\delta^{34}S$为较大的正值反映有地层建造硫的添加。

3.2.7 Pb同位素特征

本书收集了黄沙坪77件铅同位素样品数据(表3-7)作出相关图解(图3-

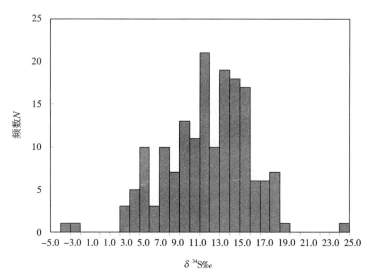

$\delta^{34}S‰$

图 3 - 17　硫同位素组成分布直方图

18，图 3 - 19）。^{206}Pb/^{204}Pb 比值、^{207}Pb/^{204}Pb（图 3 - 17）比值及 ^{208}Pb/^{204}Pb 比值变
化均比较小，尤其是 ^{208}Pb/^{204}Pb 最小，均显示了正常 Pb 的特点。该矿床矿石铅同
位素的 μ 值为 9.37~10.21，均值为 9.63。上地壳铅的 μ 值大于 9.58，上地幔铅
μ 值小于 9.58。该矿床多数样品大于 9.58，19 个样品 μ 值小于 9.58，说明该矿
床铅的来源主体为壳源铅，部分为壳 - 幔混源铅，该矿床铅同位素相对均一的
Th/U 值（3.57~5.12），多数为 3.81~3.90，变化较大，平均值为 3.86，也反映
出壳 - 幔混源铅的特征。依据 Doe1979 的单阶段演化模式，黄沙坪铅锌矿床的单
阶段模式年龄峰值为 165 Ma 和 230 Ma，平均年龄 199 Ma，与硫同位素变化多样
相吻合，暗示成矿具有多期性。230 Ma 的年龄对应于印支期，有研究显示矿区存
在印支期的花岗质岩浆活动，石英斑岩内的花岗质岩石包体可能形成于 220.4 ±
1.2 Ma（原垭斌，2014）。

表3-6 黄沙坪铅锌矿矿石硫同位素组成

序号	样品编号	矿物	$\delta^{34}S$(‰)	序号	矿物	$\delta^{34}S$(‰)	序号	矿物	$\delta^{34}S$(‰)
1	HSC-03	闪锌矿	10.7	59	黄铁矿	11.4	117	方铅矿	5.8
2	HSC-03	方铅矿	7.6	60	黄铁矿	14.3	118	方铅矿	8.4
3	HSC-10	辉钼矿	14.0	61	黄铁矿	2.8	119	方铅矿	8.2
4	HSC-11	辉钼矿	14.7	62	黄铁矿	8.6	120	方铅矿	10.3
5	HSC-13	黄铁矿	11.0	63	黄铁矿	4.3	121	方铅矿	9.0
6	HSC-13	闪锌矿	10.7	64	黄铁矿	3.3	122	方铅矿	7.3
7	HSC-14	黄铁矿	8.7	65	黄铁矿	9.1	123	方铅矿	2.3
8	HSC-16	辉钼矿	14.2	66	黄铁矿	8.7	124	方铅矿	11.7
9	HSC-17	方铅矿	15.0	67	闪锌矿	8.6	125	方铅矿	8.9
10	HSC-18	闪锌矿	8.9	68	闪锌矿	9.8	126	方铅矿	8.5
11	HSC-21	闪锌矿	3.8	69	闪锌矿	13.3	127	方铅矿	3.4
12	HSC-21	方铅矿	10.2	70	闪锌矿	14.2	128	方铅矿	9.9
13	HSC-22	方铅矿	3.0	71	闪锌矿	12.2	129	黄铁矿	12.2
14	HSC-27	闪锌矿	16.2	72	闪锌矿	13.1	130	黄铁矿	13.5
15	HSC-28	辉钼矿	17.1	73	闪锌矿	15.7	131	黄铁矿	11.4
16	HSC-29	方铅矿	9.2	74	闪锌矿	13.7	132	黄铁矿	14.5

续表 3-6

序号	样品编号	矿物	$\delta^{34}S(‰)$	序号	矿物	$\delta^{34}S(‰)$	序号	矿物	$\delta^{34}S(‰)$
17	HSC-39	闪锌矿	17.4	75	闪锌矿	14.6	133	黄铁矿	14.0
18	HSC-56	黄铁矿	24.2	76	闪锌矿	17.5	134	黄铁矿	10.7
19	HSC-76	闪锌矿	5.5	77	闪锌矿	14.8	135	黄铁矿	13.5
20	HSP129-11	辉钼矿	14.0	78	闪锌矿	14.6	136	黄铁矿	12.7
21	H-S-1a	黄铁矿	8.0	79	闪锌矿	17.0	137	黄铁矿	16.8
22	H-S-1c	闪锌矿	6.2	80	闪锌矿	12.2	138	黄铁矿	10.8
23	H-S-3	黄铁矿	-22.6	81	闪锌矿	12.3	139	黄铁矿	6.8
24	H-S-4	黄铁矿	-11.7	82	闪锌矿	12.6	140	黄铁矿	14.5
25	B13S	黄铁矿	-3.1	83	闪锌矿	16.2	141	黄铁矿	16.0
26	273-42-1	硫化物	-12.8	84	闪锌矿	15.0	142	黄铁矿	16.7
27	220-32-3	硫化物	18.8	85	闪锌矿	14.8	143	方铅矿	10.3
28	273-177-2	硫化物	-32.4	86	闪锌矿	15.0	144	方铅矿	8.5
29		闪锌矿	17.0	87	闪锌矿	14.3	145	方铅矿	8.0
30		闪锌矿	17.1	88	闪锌矿	17.2	146	方铅矿	9.8
31		闪锌矿	14.6	89	闪锌矿	6.1	147	方铅矿	9.6
32		闪锌矿	7.7	90	闪锌矿	6.1	148	方铅矿	8.5

续表 3-6

序号	样品编号	矿物	$\delta^{34}S(‰)$	序号	矿物	$\delta^{34}S(‰)$	序号	矿物	$\delta^{34}S(‰)$
33		闪锌矿	7.6	91	黄铁矿	11.0	149	方铅矿	12.4
34		闪锌矿	12.6	92	黄铁矿	6.5	150	方铅矿	12.6
35		闪锌矿	10.1	93	黄铁矿	9.8	151	方铅矿	13.7
36		闪锌矿	13.8	94	黄铁矿	12.0	152	方铅矿	10.2
37		闪锌矿	10.2	95	黄铁矿	10.0	153	方铅矿	11.3
38		闪锌矿	12.3	96	黄铁矿	9.3	154	方铅矿	13.8
39		闪锌矿	12.5	97	黄铁矿	11.1	155	方铅矿	13.4
40		闪锌矿	12.0	98	黄铁矿	6.0	156	方铅矿	11.1
41		闪锌矿	7.5	99	黄铁矿	10.2	157	方铅矿	11.5
42		闪锌矿	4.7	100	黄铁矿	10.9	158	方铅矿	14.5
43		闪锌矿	10.7	101	黄铁矿	4.8	159	方铅矿	10.7
44		闪锌矿	10.6	102	黄铁矿	4.3	160	方铅矿	10.5
45		闪锌矿	12.2	103	黄铁矿	-2.2	161	方铅矿	6.5
46		闪锌矿	12.2	104	黄铁矿	7.6	162	方铅矿	12.5
47		闪锌矿	13.7	105	闪锌矿	13.0	163	方铅矿	12.7
48		闪锌矿	13.7	106	闪锌矿	16.6	164	方铅矿	11.4

续表 3-6

序号	样品编号	矿物	δ^{34}S(‰)	序号	矿物	δ^{34}S(‰)	序号	矿物	δ^{34}S(‰)
49		闪锌矿	10.9	107	毒砂	14.9	165	方铅矿	15.1
50		闪锌矿	13.6	108	毒砂	13.0	166	方铅矿	13.1
51		闪锌矿	4.7	109	方铅矿	10.0	167	黄铁矿	13.2
52		闪锌矿	4.0	110	方铅矿	6.9	168	黄铁矿	12.8
53		黄铜矿	3.8	111	方铅矿	13.7	169	黄铁矿	15.0
54		黄铜矿	4.3	112	方铅矿	4.3	170	黄铁矿	13.8
55		黄铜矿	4.0	113	方铅矿	2.6	171	黄铁矿	6.6
56		黄铜矿	5.9	114	方铅矿	12.7	172	磁黄铁矿	6.1
57		黄铁矿	10.3	115	方铅矿	7.9	173	磁黄铁矿	4.2
58		黄铁矿	9.1	116	方铅矿	9.1	174	磁黄铁矿	10.6

资料来源:

1-28: 祝新友, 王京彬, 王艳丽, 等. 湖南黄沙坪 W-Mo-Bi-Pb-Zn 多金属矿床铅同位素地球化学研究[J]. 岩石学报, 2012, 28(12): 3809-3822.

29-174: 息朝庄, 戴塔根, 刘悟辉. 湖南黄沙坪铅锌多金属矿床铅、硫同位素地球化学特征[J]. 地球学报, 2009, 30(1): 88-94.

表 3 – 7 黄沙坪铅锌矿矿石和长石铅同位素组成

序号	样号	样品名称	$n(^{206}Pb)/n(^{204}Pb)$	$n(^{207}Pb)/n(^{204}Pb)$	$n(^{208}Pb)/n(^{204}Pb)$	$n(^{206}Pb)/n(^{207}Pb)$	t/Ma	μ	ω	$w(Th)/w(U)$	$V1$	$V2$	$\Delta\alpha$	$\Delta\beta$	$\Delta\gamma$
1		方铅矿	18.741	15.932	39.368	1.1763	330	10.08	41.69	4.00	105.36	76.21	105.94	40.49	65.37
2		方铅矿	18.509	15.706	38.732	1.1785	226	9.66	38.18	3.83	76.06	61.38	83.9	25.23	43.54
3		方铅矿	18.630	15.726	38.974	1.1847	164	9.69	38.68	3.86	80.4	62.01	86.07	26.25	47.31
4		方铅矿	18.360	15.726	38.628	1.1675	355	9.72	38.78	3.86	79.43	62.22	85.54	27.17	46.49
5		方铅矿	18.512	15.664	38.752	1.1818	173	9.58	37.84	3.82	72.64	57.69	79.85	22.24	41.72
6		方铅矿	18.492	15.645	38.686	1.1820	164	9.54	37.5	3.80	69.86	56.57	77.97	20.96	39.54
7		闪锌矿	18.577	15.743	39.006	1.1800	223	9.73	39.28	3.91	84.17	62.34	87.59	27.62	50.76
8		闪锌矿	18.340	15.680	38.630	1.1696	315	9.63	38.46	3.87	75.9	58.09	81.09	23.96	44.74
9		闪锌矿	18.000	15.530	37.740	1.1590	379	9.37	35.20	3.64	50.27	51.06	66.21	14.50	23.50
10		黄铁矿	18.532	15.675	38.790	1.1823	172	9.6	37.99	3.83	74.01	58.46	80.95	22.96	42.7
11		黄铁矿	18.393	15.649	38.610	1.1753	240	9.56	37.78	3.82	71.14	56.42	78.19	21.57	40.86
12		方铅矿	18.315	15.680	41.560	1.1680	333	9.63	50.97	5.12	147.78	24.97	81.06	24.05	124.84
13		方铅矿	17.893	15.587	40.380	1.1479	523	9.5	47.93	4.88	123.09	24.83	71.70	19.05	101.93
14		方铅矿	18.470	15.632	39.487	1.1816	164	9.52	40.76	4.14	88.6	46.29	76.68	20.11	61.06
15		方铅矿	18.430	15.580	38.690	1.1829	127	9.42	37.25	3.83	65.69	50.25	71.54	16.57	38.06
16		方铅矿	18.510	15.650	38.490	1.1827	157	9.55	36.66	3.72	65.09	59.41	78.49	21.26	33.98
17		方铅矿	18.772	16.000	38.985	1.1732	385	10.21	40.55	3.84	101.16	86.54	112.41	45.23	57.51
18		方铅矿	18.676	15.932	39.571	1.1722	374	10.09	42.95	4.12	112.03	73.04	105.77	40.73	72.89

续表 3-7

序号	样号	样品名称	$n(^{206}Pb)/n(^{204}Pb)$	$n(^{207}Pb)/n(^{204}Pb)$	$n(^{208}Pb)/n(^{204}Pb)$	$n(^{206}Pb)/n(^{207}Pb)$	t/Ma	μ	ω	$w(Th)/w(U)$	$V1$	$V2$	$\Delta\alpha$	$\Delta\beta$	$\Delta\gamma$
19		方铅矿	18.444	15.675	38.682	1.1767	235	9.61	38.04	3.83	73.83	58.47	80.79	23.24	42.59
20		方铅矿	18.511	15.655	38.630	1.1824	162	9.56	37.27	3.77	68.9	58.29	78.98	21.61	37.98
21		方铅矿	18.566	15.735	38.980	1.1799	221	9.71	39.16	3.9	83.11	61.81	86.80	27.09	49.98
22		方铅矿	18.550	15.670	38.740	1.1838	153	9.59	37.64	3.8	71.84	58.85	80.50	22.55	40.52
23		方铅矿	18.483	15.630	38.730	1.1825	152	9.52	37.59	3.82	69.79	54.7	76.5	19.93	40.19
24		方铅矿	18.523	15.690	38.860	1.1806	197	9.63	38.47	3.87	77.31	58.81	82.38	24.05	45.68
25		方铅矿	18.514	15.642	38.755	1.1836	144	9.54	37.64	3.82	70.63	55.85	77.72	20.68	40.53
26		方铅矿	18.704	15.859	38.221	1.1794	271	9.94	36.41	3.55	72.11	82.47	98.96	35.43	31.75
27		方铅矿	18.531	15.683	38.751	1.1816	183	9.61	37.91	3.82	73.82	59.55	81.72	23.52	42.12
28		方铅矿	18.587	15.722	38.927	1.1822	190	9.68	38.69	3.87	80.08	61.61	85.6	26.10	47.19
29		方铅矿	18.519	15.700	38.855	1.1796	212	9.65	38.57	3.87	78.21	59.65	83.34	24.77	46.22
30		方铅矿	18.505	15.679	38.777	1.1802	196	9.61	38.13	3.84	74.8	58.57	81.29	23.33	43.43
31		方铅矿	18.504	15.671	38.789	1.1808	187	9.59	38.11	3.85	74.39	57.76	80.51	22.76	43.35
32		方铅矿	18.511	15.670	38.751	1.1813	181	9.59	37.90	3.82	73.19	58.19	80.43	22.67	42.05
33		方铅矿	18.497	15.674	38.768	1.1801	196	9.6	38.09	3.84	74.35	58.15	80.79	23.00	43.17
34		方铅矿	18.512	15.664	38.733	1.1818	173	9.58	37.77	3.82	72.18	57.91	79.85	22.24	41.21
35		方铅矿	18.511	15.673	38.794	1.1811	185	9.6	38.11	3.84	74.5	57.96	80.72	22.88	43.37
36		方铅矿	18.519	15.698	38.800	1.1797	210	9.64	38.33	3.85	76.7	60.09	83.15	24.63	44.63

续表 3-7

序号	样号	样品名称	$n(^{206}Pb)/n(^{204}Pb)$	$n(^{207}Pb)/n(^{204}Pb)$	$n(^{208}Pb)/n(^{204}Pb)$	$n(^{206}Pb)/n(^{207}Pb)$	t/Ma	μ	ω	$w(Th)/w(U)$	$V1$	$V2$	$\Delta\alpha$	$\Delta\beta$	$\Delta\gamma$
37		方铅矿	18.510	15.700	38.854	1.1790	218	9.65	38.62	3.87	78.43	59.53	83.32	24.8	46.47
38		方铅矿	18.501	15.684	38.788	1.1796	205	9.62	38.24	3.85	75.64	58.81	81.76	23.69	44.12
39		方铅矿	18.514	15.668	38.781	1.1816	176	9.59	37.99	3.83	73.65	57.73	80.24	22.52	42.65
40		方铅矿	18.531	15.642	38.755	1.1847	132	9.53	37.54	3.81	70.17	56.09	77.76	20.63	39.99
41		方铅矿	18.463	15.683	38.751	1.1773	231	9.62	38.3	3.85	75.7	58.63	81.59	23.75	44.27
42		方铅矿	18.519	15.662	38.661	1.1824	165	9.57	37.41	3.78	70.07	58.63	79.67	22.08	38.94
43		方铅矿	18.192	15.602	38.158	1.1660	327	9.49	36.58	3.73	61.52	54.88	73.36	18.93	32.52
44		方铅矿	18.492	15.670	38.751	1.1801	195	9.59	38.01	3.84	71.23	56.28	77.76	22.58	41.17
45		方铅矿	18.511	15.674	38.768	1.1810	186	9.6	38.01	3.83	72.12	57.11	78.87	22.84	41.63
46		方铅矿	18.497	15.664	38.733	1.1809	184	9.58	37.85	3.82	70.92	56.59	78.05	22.19	40.69
47		方铅矿	18.512	15.673	38.794	1.1811	184	9.6	38.1	3.84	72.78	56.85	78.93	22.78	42.33
48		方铅矿	18.511	15.698	38.800	1.1792	215	9.65	38.37	3.85	72.89	57.30	78.87	24.41	42.49
49		方铅矿	18.519	15.700	38.854	1.1796	212	9.65	38.57	3.87	74.4	57.14	79.34	24.54	43.94
50		方铅矿	18.510	15.684	38.788	1.1802	199	9.62	38.19	3.84	72.58	57.07	78.81	23.50	42.17
51		闪锌矿	18.501	15.668	38.781	1.1808	186	9.59	38.06	3.84	72.18	56.34	78.29	22.45	41.98
52		方铅矿	18.514	15.642	38.755	1.1836	144	9.54	37.64	3.82	71.89	56.68	79.04	20.75	41.28
53		方铅矿	18.531	15.683	38.751	1.1816	183	9.61	37.91	3.82	72.23	58.49	80.04	23.43	41.17
54		方铅矿	18.463	15.662	38.661	1.1788	206	9.58	37.72	3.81	68.31	55.68	76.07	22.06	38.75

续表 3-7

序号	样号	样品名称	$n(^{206}\mathrm{Pb})/n(^{204}\mathrm{Pb})$	$n(^{207}\mathrm{Pb})/n(^{204}\mathrm{Pb})$	$n(^{208}\mathrm{Pb})/n(^{204}\mathrm{Pb})$	$n(^{206}\mathrm{Pb})/n(^{207}\mathrm{Pb})$	t/Ma	μ	ω	$w(\mathrm{Th})/w(\mathrm{U})$	$V1$	$V2$	$\Delta\alpha$	$\Delta\beta$	$\Delta\gamma$
55		钾长石	18.519	15.598	39.231	1.1873	85	9.45	39.1	4.00	83.49	50.64	79.34	17.88	54.07
56		钾长石	18.622	15.600	38.454	1.1937	11	9.44	35.47	3.64	67.4	64.38	85.34	18.01	33.19
57		钾长石	18.657	15.675	38.438	1.1902	82	9.59	35.9	3.62	67.91	67.97	87.38	22.91	32.76
58	237-1	长石(花岗斑岩301)	18.519	15.598	38.454	1.1873	85	9.45	35.98	3.68	64.76	59.28	79.34	17.88	33.19
59	273-53	长石(花岗斑岩301)	18.622	15.600	38.572	1.1937	11	9.44	35.93	3.68	70.25	63.06	85.34	18.01	36.36
60	273-9	长石(石英斑岩51)	18.657	15.675	38.438	1.1902	82	9.59	35.9	3.62	67.91	67.97	87.38	22.91	32.76
61	273-19	长石(石英斑岩51)	19.305	15.905	38.807	1.2138	-93	9.97	36.13	3.51	93.46	100.87	125.15	37.92	42.68
62	HSC-03	闪锌矿	18.563	15.737	38.991	1.1796	225	9.72	39.24	3.91	78.84	58.61	81.90	26.95	47.62
63	HSC-10	辉钼矿	18.498	15.730	38.882	1.1760	263	9.71	39.09	3.9	74.54	56.48	78.11	26.50	44.69
64	HSC-11	辉钼矿	18.605	15.628	39.260	1.1905	60	9.5	39.02	3.98	86.4	55.22	84.35	19.84	54.85

续表 3-7

序号	样号	样品名称	$n(^{206}Pb)/n(^{204}Pb)$	$n(^{207}Pb)/n(^{204}Pb)$	$n(^{208}Pb)/n(^{204}Pb)$	$n(^{206}Pb)/n(^{207}Pb)$	t/Ma	μ	ω	$w(Th)/w(U)$	V1	V2	$\Delta\alpha$	$\Delta\beta$	$\Delta\gamma$
65	HSC-13	黄铁矿	18.567	15.740	39.003	1.1796	226	9.72	39.3	3.91	79.23	58.74	82.13	27.15	47.94
66	HSC-16	辉钼矿	18.584	15.672	38.978	1.1858	131	9.59	38.44	3.88	79.06	58.32	83.12	22.71	47.27
67	HSC-17	方铅矿	18.570	15.745	39.017	1.1794	230	9.73	39.38	3.92	79.64	58.85	82.31	27.48	48.32
68	HSC-18	闪锌矿	18.552	15.731	38.979	1.1793	226	9.71	39.19	3.91	78.26	58.07	81.26	26.56	47.3
69	HSC-21	方铅矿	18.551	15.725	38.951	1.1797	219	9.69	39.03	3.90	77.56	58.20	81.20	26.17	46.55
70	HSC-22	方铅矿	18.596	15.792	38.178	1.1776	268	9.82	36.2	3.57	60.08	70.51	83.82	30.54	25.78
71	HSC-27	闪锌矿	18.572	15.749	39.032	1.1792	233	9.74	39.47	3.92	80.06	58.87	82.43	27.74	48.72
72	HSC-28	辉钼矿	18.658	15.683	38.842	1.1897	91	9.6	37.59	3.79	77.68	63.71	87.44	23.43	43.62
73	HSC-29	方铅矿	18.545	15.723	38.951	1.1795	221	9.69	39.04	3.9	77.41	57.86	80.85	26.04	46.55
74	HSC-39	闪锌矿	18.535	15.706	38.889	1.1801	208	9.66	38.68	3.88	75.66	57.67	80.27	24.93	44.88
75	HSC-56	黄铁矿	18.535	15.712	38.900	1.1797	215	9.67	38.78	3.88	75.92	57.68	80.27	25.32	45.18
76	HSC-76	闪锌矿	18.603	15.785	39.155	1.1785	255	9.81	40.16	3.96	83.82	59.84	84.23	30.09	52.03
77	HSP129-11	辉钼矿	18.528	15.694	38.770	1.1806	198	9.64	38.11	3.83	72.61	58.38	79.86	24.15	41.68

资料来源:

1-43: 息朗庄、戴塔根、刘悟辉. 湖南黄沙坪铅锌多金属矿床成矿、硫同位素地球化学特征[J]. 地球学报, 2009, 30(1): 88-94.

44-56: 童潜明. 湖南黄沙坪铅-锌矿床的成矿作用特征[J]. 地质论评, 1986, 32(6): 565-577.

57-60: 庄朗良、刘仲伟、覃必祥, 等. 湘南地区小岩体与成矿关系及隐伏矿床预测[J]. 湖南地质, 1988, 4(4): 1-1.

61-77: 祝新友、王京彬、王艳丽, 等. 湖南黄沙坪多金属矿床硫铅同位素地球化学研究[J]. 岩石学报, 2012, 28(12): 3809-3822.

　　根据 Zartman 图解进行铅同位素数据投影，多数点投在造山带演化线之上，并越过地壳演化线在其上方分布，少数点在造山带与地幔演化线之间，反映铅的来源复杂，岩浆岩长石铅投点在造山带演化线上，硫化物铅所含地壳成分显著增多，显示了黄沙坪矿床中的铅同位素由造山带铅向上地壳铅逐步演化的趋势；在 $\Delta\beta - \Delta\gamma$ 图解(图 3 - 19)黄沙坪矿床的铅同位素组成大部分投影于壳 - 幔混合铅及上地壳铅范围，表明铅来源复杂，与硫同位素特点一致。

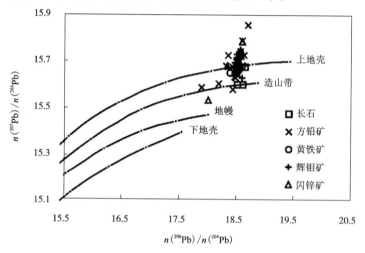

图 3 - 18　黄沙坪铅锌矿铅同位素演化模式图(据 Zartman and Doe, 1981)

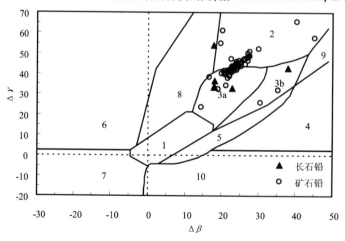

图 3 - 19　黄坪矿床铅同位素成因分类 $\Delta\beta - \Delta\gamma$ 图解(据朱炳泉, 1998)

1—地幔源铅；2—上地壳铅；3—上地壳与地幔混合的俯冲带铅(3a. 岩浆作用；3b. 沉积作用)；4—化学沉积型铅；5—海底热水作用铅；6—中深变质作用铅；7—深变质下地壳铅；8—造山带铅；9—古老页岩上地壳铅；10—退变质铅

3.2.8 成矿流体特征

马丽艳(2010)对矽卡岩中石榴子石、透辉石、白钨矿、方解石以及萤石进行了包裹体测温。包裹体直径一般在 5 ~ 20 μm，气液包裹体气液比为 5% ~ 40% 不等；少数为气体包裹体和含子矿物包裹体。圆形、椭圆形或不规则形状；成群或线性排列，极少数独自产出。包裹体均一温度主要分布在 140 ~ 160℃，240 ~ 260℃，300 ~ 340℃ 以及 380 ~ 400℃。石英中包裹体均一温度平均为 291℃，盐度 $w(NaCleq)$ 约 20.96 %。方解石中液体包裹体均一温度 150 ~ 430℃，平均 241℃；气体包裹体均一温度为 472℃，盐度 $w(NaCleq)$ 为 9.73%。矽卡岩型铅锌矿石中萤石包裹体均一温度较低，为 156 ~ 328℃。流体盐度 $w(NaCleq)$ 范围 6.16% ~ 11.81%，平均为 9.16%。黄沙坪矿床矽卡岩型钨钼多金属矿化和脉状铅锌矿化均属于同一个矽卡岩型矿化系统，钨钼多金属矿为矿化中心，而铅锌矿为矿化的边缘，在两种矿化之间形成自然过渡。

3.2.9 黄沙坪矿床关键控矿因素分析及成矿模式

1)关键控矿因素

(1)构造控矿。多数研究者认为矿区存在的北北东的逆断裂与北西西向的横断层复合成的"井"字形构造格架控制矿床的定位；矿体主要受构造控制，其赋存和富集的有利空间为走向逆冲断裂带及其伴生的次生断裂和倒转背斜轴部的虚脱空间，特别是沿共轭断裂和裂隙组构造追踪部位、断裂构造带中局部产状的弯曲转折端、断裂交叉处、"人"型交接处、侵入构造带、断裂构造带与接触带构造的复合部位等(许以明等，2007)。简单总结为三种构造类型：①背斜控矿：宝岭复式背斜控制着整个矿床的产出。301#花岗斑岩体沿着宝岭倒转背斜轴部侵入，矽卡岩型的磁铁矿体和裂隙充填型铅锌矿体围绕着岩体呈环带状分布。②断裂(裂隙)控矿：矿区绝大多数断裂成为矿化流体的通道。产于南北向断裂中的铅锌矿体规模最大，矿体成带出现。产于其他断裂中的矿体规模一般较小；位于断裂交会部位的矿体，其形态受多组断裂控制而较为复杂。③接触带控矿：产于接触带中的矿体可分两种情况。一种是产于花岗斑岩外接触带矽卡岩中的磁铁矿，矿体的产状形态受外接触带控制，多围绕和覆盖岩体分布，并随岩体外接触带的形态而变化；另一种是产在石英斑岩接触带附近破裂面中的铅锌矿体。石英斑岩体下方与碳酸盐岩接触部位(尤以岩体内凹部位)，往往是铅锌矿体的产出部位。当石英斑岩与测水组砂页岩、碳酸盐岩的接触面与断裂连通时，铅锌矿体就往往膨大增厚。

(2)岩浆岩控矿。矿体一般位于北北东向岩带与北西西向岩脉的交汇部位。北西西向岩脉可能是成矿后活动的产物；深部沿褶皱轴和北北东向或近南北向断裂带侵入的小岩体是有利的成矿岩体，从剖面图上看，有矽卡岩产出的岩体其实都不大，连接性差，说明是不生根的悬浮小岩体。岩浆岩控矿方面还表现为304#岩体与301#岩体为断层接触，接触面平直，早期岩浆岩304#岩体控制铜铅锌成矿，晚期301#岩体控制铁钨钼铅锌成矿。

（3）岩性控矿。与宝山矿床类似，同一区域上石炭系下统石磴子组是区内最为有利的赋矿地层，测水组地层既是良好的遮挡层，也是次要矿体赋存层位。在石磴子组褶皱的背斜轴部，两翼的测水组强烈变形形成穹状"帽盖"时，可封闭矿液有利矿质沉淀。

归纳而言，黄沙坪矿床近南北向断裂北及北东向的倒转褶皱和逆冲断裂带是成矿构造，石磴子组—测水组地层的界面作为硅钙面，以及燕山早期高度演化的酸性小岩体，构成了成矿的关键控矿因素。

2）成矿模式

本区的基底构造层为早古生代地层，经加里东运动褶皱隆起。晚古生代湘桂拗陷带（拗拉谷）沉积了巨厚的碳酸盐岩及碎屑岩，构成本区主要的含矿层位。印支运动形成了本区的北北东向褶皱和走向断裂。燕山期在区域伸张体制下，深部地壳减压熔融，最早是英安斑岩沿断裂上侵，形成岩脉或岩墙。英安斑岩之后是石英斑岩上侵并呈隐伏状，继石英斑岩（51#、52#岩体）之后，304#花斑岩上侵，并带来一期中小规模的 Fe、W、Mo、Pb、Zn、Cu、Ag 成矿活动，本期矿化活动在整体上受限于 F_1 断层；最后是301#花岗斑岩体群的侵入并伴随一期较大规模的 Fe、W、Mo、Pb、Zn、Ag 的矿化过程。矿化范围受限于 F_1 和 F_2 断层，形成301#矿带各类型矿床。

宝山和黄沙坪矿床空间上邻近，但岩体类型差异明显，成矿作用表现也截然不同，从岩体形态上反映了不同的侵位机制，两者侵位时的构造应力环境可能有所差异，黄沙坪处于相对张性的环境，所以发育 F_1 和 F_3 正断层，而宝山岩体侵位时局部是相对挤压的应力环境，岩体形态为倒水滴状（底辟上升）。宝山矿床总硫同位素组成在 0 值附近，是地幔硫源的表现，说明宝山矿床的形成与壳 - 幔相互作用有关。

4 宝山矿区岩体地质地球化学特征

4.1 花岗闪长斑岩的地球化学特征

宝山铜铅锌矿床是湘南坪宝矿带北段重要的矿床之一，长期以来许多单位和个人从不同角度研究了矿床的成因、控矿构造、岩石地球化学特征、成岩成矿时代及找矿预测研究(印建平，1998；杨国高等，1998；童潜明等，2000；王岳军等，2001a；王岳军等，2001b；姚军明等，2006；伍光英等，2005；路远发等，2006)。宝山花岗闪长岩体的年代学资料丰富，已获得的年龄有：(1)全岩铷锶等时线年龄182.5 Ma 和黑云母钾氩法年龄165 Ma(路远发等，2006)，认为花岗闪长斑岩形成于中侏罗世燕山中期第二阶段；(2)单颗粒锆石溶蚀法173.3 Ma ± 0.9 Ma(王岳军等，2001a；王岳军等，2001b)；(3)锆石 SHRIMPU – Pb 法 158 Ma ± 2 Ma，辉钼矿 Re – Os 等时线年龄为 160 Ma ± 2 Ma(伍光英等，2005)；(4)金属矿物黄铁矿的 Rb – Sr 等时线年龄为 174 Ma ± 7 Ma(姚军明等，2006)，但是宝山花岗岩脉十分发育，其与花岗闪长岩的关系仍不清楚，是否燕山期可能存在多阶段岩浆侵入事件，这些岩体的成岩构造背景仍有争议，岩体中锆石 Hf 同位素特征，至今尚无文献报道。本书基于井下岩脉的观察取样，对不同类型的岩脉进行了分析。

4.1.1 岩体地质特征及样品采集

宝山矿区代表性岩体为隐伏于宝岭倒转背斜中的 306# 花岗闪长斑岩，分布于193 线和165 线。岩体上盘接触带发育矽卡岩化，岩体中 Cu、Mo、W、Bi、Pb、Zn、Ti、Cr、Ni 等元素含量较高，显示该岩体与成矿关系极为密切。

研究的样品均为采自坑道内的新鲜样品。

花岗闪长斑岩样号为 917 – 3 ~ 5 共 3 个样，采自北部 – 70 中段，193 线南穿脉和 165 线西沿脉坑道；岩石为斑状结构，斑晶为石英、钾长石、黑云母，石英斑晶为自形晶，粒经 2 mm，含量 10%，钾长石斑晶粒径 2 mm，含量 3%，黑云母斑晶占 7%；基质为隐晶质结构，含量 80%，有重结晶现象[图 4 – 1(a)、图 4 – 1(b)]。

似斑状花岗闪长岩样品(样号 919 – 8)采自西部 – 70 中段，158 线南穿脉坑道，岩石呈灰白色，似斑状结构，斑晶为石英、斜长石、角闪石、黑云母，石英斑晶见溶蚀边，大小约 1.2 mm，含量 10%，斜长石斑晶大小约 1.5 mm，含量 5%，角闪石大小 1.5 mm，含量 3%，黑云母大小为 0.9 mm，含量 2%；基质：显微细粒结构，粒经 0.02 mm，含量 85%[图 4 - 1(c)、图 4 - 1(d)]。岩石中含基性暗色包体[图 4 - 1(e)、图 4 - 1(f)]。

图 4 - 1　岩体标本及显微照片

(a)花岗(闪长)斑岩标本，样号 917，采样地点：-70 中段 165 线西沿，左为；(b)花岗闪长斑岩(917)镜下特征，基质为隐晶质结构(+)；(c)似斑状花岗闪长斑岩手标本，样号 919，采样地点：-70 中段 158 线南穿；(d)似斑状花岗闪长斑岩(919)，镜下特征(+)，基质为细粒结构；(e)花岗闪长斑岩中暗色圆形包体，采样地点：西部 156 线北；(f)花岗闪长斑岩中不规则状暗色包体，采样地点同(e)。

4.1.2　样品制备与测试分析

选择新鲜岩石样品，通过人工重砂法从样品中分选出锆石，样品靶的制备参考了 SHRIMP 定年锆石样品的制备方法（宋彪等，2002），锆石 CL 图像在西北大学扫描电镜室完成（图 4 - 2）。

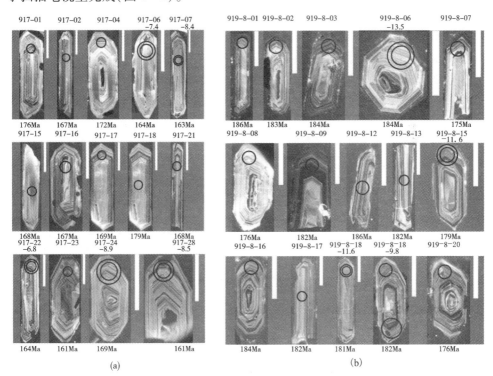

(a)　　　　　　　　　　　　　　(b)

图 4 - 2　锆石阴极发光（CL）图像

（a）岩体样品 917 的锆石 CL 图像，（b）岩体样品 919 - 8 中锆石的 CL 图像。44 μm 圆（大圆圈）表示铪同位素测试点，锆石上方数字代表 $\varepsilon_{Hf}(t)$ 值；30 μm 圆（小圆圈）表示 U - Pb 年龄分析点，图像下面数字为 $^{206}Pb/^{238}U$ 年龄；分析点号位于锆石上方；线比例尺长度为 100 μm。

锆石 U - Pb 年龄分析用西北大学地质学系大陆动力学国家重点实验室 Agilent 7500a 型 ICP - MS 仪器与 193 nm 的 ArF 准分子激光器完成。分析时采用 He 作为剥蚀物质的载体，用美国国家标准技术研究院研制的人工合成硅酸盐玻璃标准参考物质 NIST610 进行仪器最佳化，锆石年龄测定采用国际标准锆石 91500，GJ - 1 作为外标标准物质，外标校正方法为每隔 5 个样品分析点测一次标准，保证标准和样品的仪器条件完全一致。年龄测定时的激光束斑直径控制在 30 μm，激光剥蚀深度控制在 20 ~ 40 μm，普通铅校正采用 Anderson（Andersent.，

2002)的方法，在已确定年龄的锆石颗粒上进行 Hf 同位素测试，分析时激光束斑直径控制在 44 μm，激光剥蚀时间为120s。采用标准锆石91500，MON－1 和 GJ－1 作外部标样，具体分析步骤见文献(Yuan H L 等，2004；杨进辉等，2005)。样品的同位素比值采用ICPDATACAL(Liu Y S 等，2010)程序计算，年龄数据处理采用Isoplot3.0(Ludwig K R，2003)。分析数据列于表4－1，分析及计算误差均为1σ。

对宝山岩体的 7 件样品进行了主量、微量和稀土元素的分析测试，测试工作在武汉地质实验研究所完成。主量元素使用 X 荧光光谱仪(1800)加湿法分析，稀土元素分析采用质谱仪(ThermoelementalX7)，微量元素分析采用等离子发射光谱仪(ICAP6300)和示波极谱仪(JP－2)，常量及微量元素图解绘制程序据文献[102]。

表4－1　宝山花岗闪长斑岩的主量元素(％)和微量元素/(μg·g^{-1})

岩性	花岗闪长斑岩	花岗闪长斑岩	似斑状花岗闪长岩	似斑状花岗闪长岩	似斑状花岗闪长岩	似斑状花岗闪长岩	似斑状花岗闪长岩
样品号	9.14－7	9.17－3	9.17－6	9.17－9	9.18－10	9.19－7	9.19－9
SiO_2	68.68	66.30	65.98	67.42	65.54	70.25	70.99
TiO_2	0.37	0.51	0.46	0.47	0.46	0.29	0.28
Al_2O_3	14.12	14.81	14.74	14.75	15.44	13.73	13.83
Fe_2O_3	1.15	1.10	0.88	1.02	1.25	0.98	0.81
FeO	1.85	2.60	1.80	2.10	1.82	1.43	1.53
MnO	0.09	0.10	0.17	0.08	0.09	0.08	0.07
MgO	1.87	1.97	1.24	1.67	1.99	1.23	1.39
CaO	1.88	2.47	3.79	2.65	4.07	2.24	1.62
Na_2O	0.60	0.72	0.51	0.54	0.20	1.62	1.46
K_2O	5.20	4.41	3.32	3.67	0.80	4.90	5.05
P_2O_5	0.16	0.19	0.17	0.19	0.19	0.10	0.09
CO_2	1.15	1.37	2.84	1.58	2.62	1.09	0.71
H_2O^+	2.69	3.23	3.94	3.68	5.35	1.89	2.01
总量	99.81	99.78	99.84	99.82	99.82	99.83	99.84
A/CNK	1.40	1.41	1.30	1.52	1.79	1.14	1.28
K_2O/Na_2O	8.67	6.13	6.51	6.80	4.00	3.02	3.46
Al_2O_3/TiO_2	38.16	29.04	32.04	31.38	33.57	47.34	49.39
TFe_2O_3	3.21	3.99	2.88	3.35	3.27	2.57	2.51

续表 4 - 1

岩性	花岗闪长斑岩	花岗闪长斑岩	似斑状花岗闪长岩	似斑状花岗闪长岩	似斑状花岗闪长岩	似斑状花岗闪长岩	似斑状花岗闪长岩
C	7.35	8.28	10.85	9.56	14.16	4.55	4.98
A/MF	1.6	1.47	2.16	1.73	1.68	2.15	2.06
C/MF	0.39	0.45	1.01	0.57	0.8	0.64	0.44
La	61.90	28.00	28.00	30.00	21.90	19.30	21.60
Ce	115.00	55.30	55.90	58.70	44.70	38.30	42.10
Pr	12.70	6.87	6.85	7.41	5.75	4.80	5.05
Nd	44.60	26.50	26.00	27.90	22.70	18.40	19.10
Sm	7.13	5.20	5.62	5.41	5.06	3.93	3.71
Eu	1.22	1.17	1.30	1.19	1.23	1.04	0.91
Gd	5.99	4.32	4.92	4.57	4.05	3.18	2.92
Tb	0.81	0.72	0.83	0.74	0.75	0.56	0.51
Dy	3.34	3.64	4.47	3.78	4.16	3.09	2.69
Ho	0.59	0.70	0.86	0.75	0.82	0.62	0.53
Er	1.87	2.05	2.64	2.29	2.44	1.92	1.78
Tm	0.25	0.35	0.40	0.36	0.48	0.27	0.39
Yb	1.81	2.35	2.86	2.77	3.18	1.83	2.86
Lu	0.26	0.34	0.40	0.39	0.45	0.25	0.41
Y	16.50	19.10	24.70	19.50	27.80	16.20	21.90
ΣREE	257.02	137.40	141.04	146.16	222.01	181.64	117.19
LREE	242.11	122.93	123.67	130.52	200.42	167.26	101.32
HREE	14.91	14.48	17.37	15.64	21.59	14.38	15.87
LREE/HREE	16.23	8.49	7.12	8.35	9.28	11.63	6.38
La_N/Yb_N	22.10	7.69	6.34	7.01	9.90	14.39	4.97
δ_{Eu}	0.58	0.76	0.76	0.74	0.76	0.77	0.84
δ_{Ce}	0.91	0.89	0.90	0.88	0.88	0.88	0.89
Rb	389.00	186.00	131.00	149.00	17.70	213.00	215.00
Ba	930.00	713.00	571.00	615.00	389.00	515.00	496.00
Th	27.50	15.40	16.00	16.90	15.80	15.60	15.10
U	9.28	3.26	4.95	3.00	3.89	4.92	5.04

续表 4 – 1

岩性	花岗闪长斑岩	花岗闪长斑岩	似斑状花岗闪长岩	似斑状花岗闪长岩	似斑状花岗闪长岩	似斑状花岗闪长岩	似斑状花岗闪长岩
K	43149.00	36594.00	27549.00	30453.00	6638.00	40660.00	41904.00
Nb	39.50	18.50	20.40	18.10	19.90	17.30	18.30
Sr	139.00	91.00	113.00	96.00	155.00	157.00	140.00
P	699.00	830.00	742.00	830.00	830.00	437.00	393.00
Zr	193.00	142.00	127.00	139.00	171.00	103.00	107.00
Hf	6.10	4.80	4.20	4.70	5.90	4.00	4.20
Ti	3171.00	4371.00	3943.00	4029.00	3943.00	2486.00	2400.00
Sr/Y	8.42	4.77	4.57	4.91	7.08	9.18	9.59
Rb/Sr	2.79	2.04	1.16	1.56	0.11	1.36	1.53
Rb/Ba	0.42	0.26	0.23	0.24	0.05	0.41	0.43

注：A/CNK = Al / (Ca + Na + K)（分子摩尔比），C 为刚玉分子数。

4.1.3 岩石地球化学特征

1）岩石化学特征

本书研究分析结果见表 4 – 1，在 $w(SiO_2) - w(K_2O + Na_2O)$ 图解中［图 4 – 3 (a)］，投影点均落入花岗闪长岩区域，从 $w(SiO_2) - w(K_2O)$ 图解［图 4 – 3(b)］看出岩石属于高钾钙碱性系列到钾玄岩系列，$w(K_2O)/w(Na_2O)$ 为 3.02 ~ 8.67，SiO_2 含量为 65.98% ~ 70.99%。A/CNK 值为 1.14 ~ 1.79，均大于 1，表现了过铝钙碱性岩石系列特征，刚玉分子含量均大于 1%，Al_2O_3、MgO、CaO、Fe_2O_3、TiO_2、P_2O_5 与 SiO_2 呈明显的负相关。

2）稀土元素特征

如表 4 – 1 所示，稀土元素总量在 117 ~ 257 $\mu g \cdot g^{-1}$，LREE/HREE = 7.12 ~ 16.23，La_N/Yb_N = 7.01 ~ 22.10，δ_{Eu} = 0.58 ~ 0.84，δ_{Ce} = 0.88 ~ 0.91，曲线右倾，轻稀土富集，轻重稀土分异多数不强烈，显示铕弱负异常。

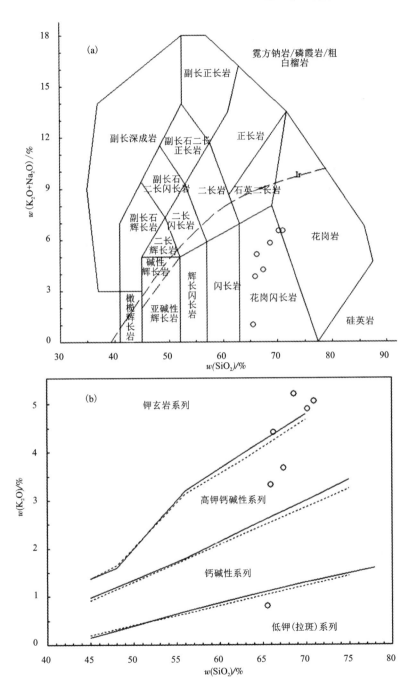

图 4-3　岩石分类的 $w(SiO_2)-w(K_2O+Na_2O)$ 图(a)和 SiO_2-K_2O 图(b)

据文献(Middlemost EAK, 1994; Peccerillo R 等, 1976; Middlemost E A K, 1985)

3) 微量元素特征

如表 4 – 1 和图 4 – 4 所示, 微量元素显示总体上大离子亲石元素 Rb、Th、U、K、La 富集(918 – 10 例外), 贫 Ba、Nb、Sr、P、Ti, Sr/Y 比值为 4.57 ~ 9.59。Nb、Ta 亏损, 与具岛弧特征的钾质岩石相似, P、Ti 亏损, 可能受到了磷灰石、钛铁矿的分离结晶作用影响。Nb、Ta、Ti 负异常表明其源区或受到了岛弧俯冲组分的影响(王岳军等, 2001)。

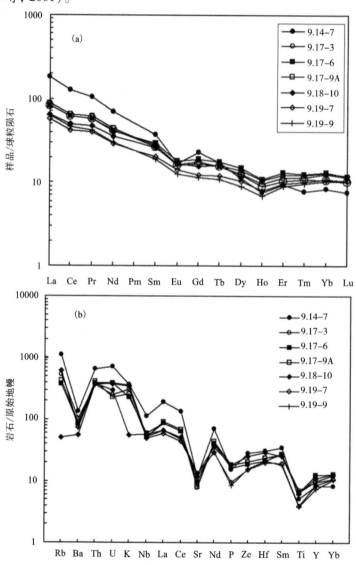

图 4 – 4   宝山岩体的稀土元素配分图解(a)和微量元素蛛网图(b)
标准化值转引自文献(李昌年, 1992), 绘制程序引自文献(路远发, 2004)

4.1.4 锆石 U – Pb 年代学、Hf 同位素特征

1）锆石 U – Pb 同位素特征

本书 U – Pb 测年锆石均为具有韵律环带的锆石，少数具核幔结构。锆石外形有长柱状和短柱状（917 – 26，917 – 29）（表 4 – 2），显示为岩浆结晶形成。917 号样品（由 917 – 3、917 – 4、917 – 5 合成）的锆石的 Th/U 值较高（0.30 ~ 1.09），表明为典型的岩浆成因。

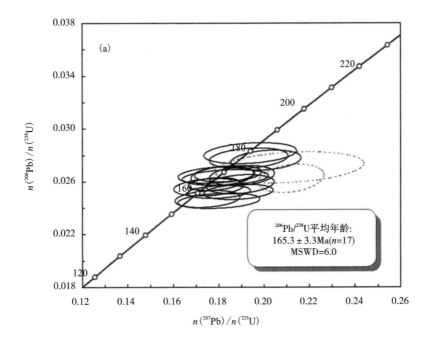

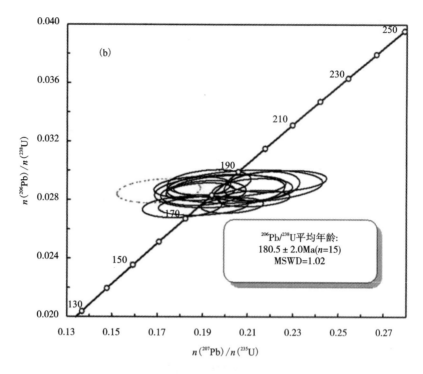

图 4 - 5　宝山岩体的锆石 U - Pb 年龄图解

（a）岩体样品 917 的锆石 U - Pb 谐和年龄图；（b）岩体样品 919 - 8 的锆石 U - Pb 谐和年龄图。

　　多数测点选择在晶体两端，少部分测点在柱体中部（917 - 02，917 - 07），所测 17 颗锆石的分析点均位于 U - Pb 谐和线上或其附近，$^{206}Pb/^{238}U$ 加权平均年龄为 165.3 Ma ± 3.3 Ma（1σ，MSWD = 6）[图 4 - 5（a）]，代表了花岗闪长斑岩的结晶年龄。

　　919 样品的锆石为长柱状和短柱状（918 - 8 - 06，918 - 8 - 20），均具有明显的成分韵律环带，Th/U 值较高（0.30 ~ 0.67），表明为典型的岩浆成因。测点位置多数选择在柱状晶体的两端，少数在中心部位（919 - 8 - 13，919 - 8 - 17）[图 4 - 2（b）]，在 CL 图像上为均匀灰白色，其 $^{206}Pb/^{238}U$ 年龄与柱体端部一致，显示为岩浆结晶锆石。所测 15 颗锆石的分析点均位于 U - Pb 谐和线上或其附近，$^{206}Pb/^{238}U$ 加权平均年龄为 180.5 Ma ± 2.0 Ma（1σ，MSWD = 1.02）[图 4 - 5（b）]，代表了似斑状花岗闪长岩的结晶年龄。

　　2）锆石铪同位素特征

　　锆石 Hf 同位素测定点选在锆石 U - Pb 测试的同位点，选取年龄谐和性好的点。917 样品中锆石（8 个点）的 $^{176}Yb/^{177}Hf$ 和 $^{176}Lu/^{177}Hf$ 值变化范围较大，分别为 0.013774 ~ 0.033307 和 0.000624 ~ 0.001402（表 4 - 3）；初始 $^{176}Hf/^{177}Hf$ 值和

$\varepsilon_{Hf}(t)$ 值分别为 0.282408 ~ 0.282501（图 4 - 6）和 - 5.87 ~ - 9.42（图 4 - 6），模式年龄为 1065 ~ 1178 Ma，平均为 1136 Ma；平均地壳模式年龄为 1709 Ma。

919 样品中锆石（5 个点）的 $^{176}Yb/^{177}Hf$ 和 $^{176}Lu/^{177}Hf$ 值变化范围较大，分别为 0.022333 ~ 0.038398 和 0.001022 ~ 0.001611（表 4 - 3）；初始 $^{176}Hf/^{177}Hf$ 值和 $\varepsilon_{Hf}(t)$ 值分别为 0.282336 ~ 0.282379（图 4 - 6）和 - 9.86 ~ - 11.48（图 4 - 6），模式年龄为 1229 ~ 1302 Ma，平均为 1270 Ma；平均地壳模式年龄为 1951 Ma（表 4 - 3）。

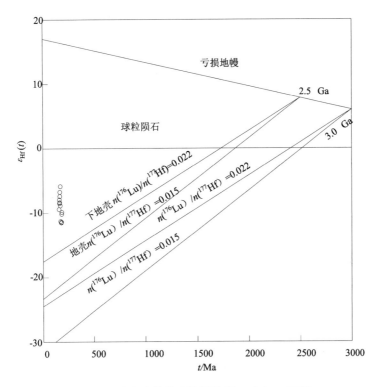

图 4 - 6 宝山岩体锆石铪同位素 $\varepsilon_{Hf}(t) - t$ 图解

锆石极强的稳定性使其 Hf 同位素组成比较稳定，较少受到后期地质事件的影响，而极低的 Lu 含量可以帮助我们获得锆石形成时的准确同位素组成，所以目前锆石 Hf 同位素示踪成为探讨地壳演化和示踪岩石源区的有效手段。模式年龄显示两种岩浆岩的源区地壳年龄分别为 1065 ~ 1178 Ma 和 1229 ~ 1302 Ma，而平均地壳模式年龄更老，反映有古老地壳物质的加入，主要是古元古界地壳物质。

在 $\varepsilon_{Hf}(t) - t$ 图解中，锆石点投在 2.5 Ga 下地壳演化线附近（$^{176}Lu/^{177}Hf$ = 0.022，$f_{Lu/Hf}$ = - 0.34），表明岩石源区为古老下地壳（杨进辉等，2007；凤永刚等，2009）。

表 4－2　宝山岩体锆石 U－Pb 同位素组成及年龄

样品号	组成/(μg·g⁻¹)				$^{207}Pb/^{206}Pb$		$^{207}Pb/^{235}U$		$^{206}Pb/^{238}U$		$^{208}Pb/^{232}Th$		$^{207}Pb/^{206}Pb$		$^{207}Pb/^{235}U$		$^{206}Pb/^{238}U$		$^{208}Pb/^{232}Th$	
	Pb	Th	U	Th/U	比值	1σ	比值	1σ	比值	1σ	比值	1σ	年龄/Ma	1σ	年龄/Ma	1σ	年龄/Ma	1σ	年龄/Ma	1σ
917－01	8.91	128	262	0.49	0.05294	0.00244	0.20077	0.0103	0.02763	0.0005	0.00959	0.00029	326	84	186	9	176	3	193	6
917－02	15.0	359	415	0.87	0.05039	0.00355	0.18287	0.01261	0.02632	0.00039	0.0083	0.00009	213	161	171	11	167	2	167	2
917－04	5.32	69	148	0.47	0.05655	0.00604	0.21107	0.0217	0.02707	0.00078	0.00842	0.0002	474	243	194	18	172	5	169	4
917－06	7.95	93	265	0.35	0.05325	0.00292	0.18939	0.00996	0.02581	0.00048	0.00836	0.00034	339	85	176	9	164	3	168	7
917－07	13.84	143	470	0.3	0.04977	0.003	0.17555	0.01016	0.02558	0.00044	0.00808	0.00012	184	138	164	9	163	3	163	2
917－15	13.2	337	378	0.89	0.04996	0.00234	0.18151	0.00912	0.02645	0.00049	0.00855	0.00024	193	82	169	8	168	3	172	5
917－16	17.8	580	531	1.09	0.05924	0.00245	0.2119	0.00954	0.02624	0.00071	0.00715	0.0004	576	53	195	8	167	4	144	8
917－17	11.07	151	343	0.44	0.04896	0.00316	0.17893	0.01119	0.0265	0.00041	0.00839	0.00012	146	146	167	10	169	3	169	2
917－18	10.11	128	296	0.43	0.04993	0.00361	0.19386	0.01353	0.02816	0.00052	0.00889	0.00014	192	165	180	12	179	3	179	3
917－21	11.64	159	371	0.43	0.05202	0.0025	0.19022	0.0095	0.02646	0.0005	0.00871	0.00038	286	79	177	8	168	3	175	8
917－22	15.9	234	517	0.45	0.04994	0.00169	0.17788	0.00749	0.02582	0.00032	0.00829	0.00019	192	75	166	6	164	2	167	4
917－23	12.96	182	437	0.42	0.05183	0.00229	0.18006	0.00915	0.02522	0.00032	0.008	0.00023	278	93	168	8	161	2	161	5
917－24	10.77	147	348	0.42	0.05034	0.00232	0.18408	0.00978	0.0266	0.0004	0.00812	0.00025	211	95	172	8	169	3	163	5
917－25	9.55	106	301	0.35	0.05073	0.00279	0.19322	0.01146	0.02778	0.00051	0.00878	0.00032	228	103	179	10	177	3	177	6
917－26	11.04	138	398	0.35	0.05321	0.00363	0.18007	0.01196	0.02455	0.00038	0.00769	0.00009	338	158	168	10	156	2	155	2
917－28	128	423	910	0.46	0.0542	0.00273	0.18863	0.01011	0.02522	0.00038	0.00821	0.00023	379	94	175	9	161	2	165	5
917－29	13.28	194	440	0.44	0.05151	0.00276	0.175	0.00944	0.02469	0.00042	0.00735	0.00029	264	93	164	8	157	3	148	6
919－8－01	9.58	107	299	0.35730	0.04834	0.00265	0.19283	0.0123	0.0292	0.00057	0.00843	0.00031	116	106	179	10	186	4	170	6

续表 4-2

样品号	组成/(μg·g⁻¹)				207Pb/206Pb		207Pb/235U		206Pb/238U		208Pb/232Th		207Pb/206Pb		207Pb/235U		206Pb/238U		208Pb/232Th	
	Pb	Th	U	Th/U	比值	1σ	比值	1σ	比值	1σ	比值	1σ	年龄/Ma	1σ	年龄/Ma	1σ	年龄/Ma	1σ	年龄/Ma	1σ
919-8-02	13.9	201	421	0.47769	0.0467	0.00227	0.18541	0.01122	0.02887	0.00048	0.00854	0.00025	34	100	173	10	183	3	172	5
919-8-03	21.3	293	605	0.48403	0.05229	0.00588	0.20851	0.02281	0.02892	0.00075	0.00908	0.00021	298	258	192	19	184	5	183	4
919-8-06	7.84	73	232	0.31444	0.05064	0.00421	0.20205	0.01643	0.02894	0.0005	0.00912	0.00019	225	190	187	14	184	3	183	4
919-8-07	13.6	267	398	0.67153	0.04768	0.00237	0.18084	0.01161	0.02752	0.00048	0.0085	0.00027	84	110	169	10	175	3	171	5
919-8-08	10.84	140	341	0.41091	0.04996	0.00286	0.19032	0.01317	0.0276	0.00043	0.00809	0.00028	193	129	177	11	176	3	163	6
919-8-09	32.0	306	1013	0.30195	0.04782	0.00172	0.18896	0.01005	0.02856	0.0004	0.00839	0.00021	91	92	176	9	182	3	169	4
919-8-12	11.07	151	343	0.44023	0.05557	0.00292	0.22311	0.01434	0.02928	0.00049	0.00989	0.00053	435	114	204	12	186	3	199	11
919-8-13	10.11	128	296	0.43243	0.04343	0.00267	0.17056	0.01216	0.02861	0.00054	0.00718	0.00026	-100	121	160	11	182	3	145	5
919-8-15	31.6	501	962	0.52067	0.05451	0.00189	0.21278	0.0105	0.0281	0.00037	0.00876	0.00021	392	87	196	9	179	2	176	4
919-8-16	17.2	273	520	0.52475	0.05431	0.00238	0.21624	0.01107	0.02895	0.00066	0.00963	0.0004	384	74	199	9	184	4	194	8
919-8-17	9.52	100	299	0.33446	0.05007	0.00501	0.19753	0.01908	0.02861	0.00075	0.00903	0.0003	198	228	183	16	182	5	182	6
919-8-18	10.77	172	343	0.50085	0.04858	0.00296	0.19034	0.01251	0.02847	0.00056	0.00813	0.00028	128	111	177	11	181	4	164	6
919-8-19	15.1	188	489	0.38445	0.05346	0.00254	0.21195	0.01179	0.02869	0.00051	0.00985	0.00038	348	93	195	10	182	3	198	8
919-8-20	20.9	290	676	0.42919	0.05337	0.00212	0.20311	0.00912	0.02763	0.00035	0.00934	0.00023	345	79	188	8	176	2	188	5

注：其中 σ 为均方差，年龄单位为 Ma。

表4-3 宝山岩体的铪同位素组成特征

样品号	917-28	917-29	917-03	917-05	917-06	917-07	917-22	917-24	919-8-14	919-8-15	919-8-18	919-8-19	919-8-06
$n(^{176}\text{Hf})/n(^{177}\text{Hf})$	0.282435	0.28241	0.282505	0.282453	0.282465	0.282438	0.282483	0.28242	0.28235	0.282341	0.282342	0.282378	0.282383
2s	0.000017	0.000017	0.00001	0.000012	0.000014	0.000015	0.000015	0.000018	0.000017	0.000014	0.000014	0.000012	0.000017
$n(^{176}\text{Yb})/n(^{177}\text{Hf})$	0.023246	0.013774	0.031693	0.031551	0.033307	0.024812	0.02793	0.023206	0.024627	0.034277	0.027167	0.038398	0.022333
2s	0.000210	0.000027	0.000136	0.000124	0.000164	0.000147	0.000111	0.000115	0.000184	0.000167	0.000160	0.000346	0.000133
$n(^{176}\text{Lu})/n(^{177}\text{Hf})$	0.001044	0.000624	0.001337	0.001345	0.001402	0.001085	0.001180	0.001050	0.001025	0.001481	0.001176	0.001611	0.001022
2s	0.000010	0.000001	0.000006	0.000005	0.000007	0.000007	0.000005	0.000006	0.000007	0.000006	0.000006	0.000014	0.000006
t/Ma	161	157	169	160	164	163	164	169	172	179	181	182	184
$\varepsilon_{\text{Hf}}(0)$	-11.91	-12.8	-9.42	-11.3	-10.84	-11.81	-10.21	-12.44	-14.92	-15.23	-15.2	-13.95	-13.77
$f_{\text{Lu/Hf}}$	-0.97	-0.98	-0.96	-0.96	-0.96	-0.97	-0.96	-0.97	-0.97	-0.96	-0.96	-0.95	-0.97
$n(^{176}\text{Hf})/n(^{177}\text{Hf})$	0.282432	0.282408	0.282501	0.282448	0.282461	0.282435	0.28248	0.282417	0.282347	0.282336	0.282338	0.282372	0.282379
$\varepsilon_{\text{Hf}}(t)$	-8.49	-9.42	-5.87	-7.93	-7.4	-8.35	-6.74	-8.85	-11.26	-11.48	-11.37	-10.15	-9.86
T_{DM1}/Ma	1156	1178	1065	1141	1124	1153	1092	1177	1274	1302	1291	1255	1229
T_{CDM}/Ma	1745	1800	1589	1709	1678	1739	1640	1775	2061	1930	1949	1947	1870

注：$\varepsilon_{\text{Hf}}(t) = \left\{ \left[(^{176}\text{Hf}/^{177}\text{Hf})_S - (^{176}\text{Lu}/^{177}\text{Hf})_S \times (e^{\lambda t} - 1) \right] / \left[(^{176}\text{Hf}/^{177}\text{Hf})_{\text{CHUR}} - (^{176}\text{Lu}/^{177}\text{Hf})_{\text{CHUR}} \times (e^{\lambda t} - 1) \right] - 1 \right\} \times 10000$。该值表示样品偏离球粒陨石的程度

$T_{\text{DM}} = 1/\lambda \times \ln\left\{ 1 + \left[(^{176}\text{Hf}/^{177}\text{Hf})_S - (^{176}\text{Hf}/^{177}\text{Hf})_{\text{DM}} \right] / \left[(^{176}\text{Lu}/^{177}\text{Hf})_S - (^{176}\text{Lu}/^{177}\text{Hf})_{\text{DM}} \right] \right\}$。该值表示样品单阶段演化模式年龄

$T_{\text{CDM}} = 1/\lambda \times \ln\left\{ 1 + \left[(^{176}\text{Hf}/^{177}\text{Hf})_{S,t} - (^{176}\text{Hf}/^{177}\text{Hf})_{\text{DM},t} \right] / \left[(^{176}\text{Lu}/^{177}\text{Hf})_C - (^{176}\text{Lu}/^{177}\text{Hf})_{\text{DM}} \right] \right\} + t_c$。该值表示样品平均地壳模式年龄

现今球粒陨石和亏损地幔的$^{176}\text{Hf}/^{177}\text{Hf}$、$^{176}\text{Lu}/^{177}\text{Hf}$分别为0.282772和0.0332、0.28325和0.0384，

$\lambda = 1.867 \times 10^{-11}\text{a}^{-1}$，$(^{176}\text{Lu}/^{177}\text{Hf})_C = 0.015$，t为锆石的结晶年龄。s为标准差

4.1.5 花岗岩 Nd – Sr 同位素特征

样品的 Nd – Sr 同位素组成见表 4 – 4，宝山两个样品的 I_{Sr} 为 0.7090、0.71100，略大于 0.7045，$\varepsilon_{Nd}(t)$ 分别为 – 8.01 和 – 8.20，从 $\varepsilon_{Nd}(t)$ – I_{Sr} 图解[图 4 – 7(a)]可以看出投点落于右下侧，指示岩浆应来自陆源沉积物的部分熔融。结合 Hf 模式年龄反映主要是中元古代地壳熔融形成。在 $\varepsilon_{Nd}(t)$ – I_{Sr} 图解中，宝山花岗岩投入第四象限与千里山燕山期花岗岩一致（毛景文，1995），均位于中元古代地壳演化线范围内，与扬子地块中生代花岗岩的投点区域一致（沈渭州等，1999）。

表 4 – 4 宝山矿区岩浆岩 Sr – Nd 同位素组成及参数

样品号	$w(Rb)/(\mu g \cdot g^{-1})$	$w(Sr)/(\mu g \cdot g^{-1})$	$n(^{87}Rb)/n(^{86}Sr)$	$n(^{87}Sr)/n(^{86}Sr) <2\delta>$
6.29 – 14 – 1	206.4520	479.8138	1.2450	0.70971 < 48 >
917	153.5794	119.2163	3.7276	0.718777 < 6 >
919	210.7127	139.3214	4.3762	0.720287 < 6 >

样品号	$Sm(\mu g \cdot g^{-1})$	$Nd(\mu g \cdot g^{-1})$	$^{147}Sm/^{144}Nd$	$^{143}Nd/^{144}Nd <2\delta>$
6.29 – 14 – 1	53.2811	8.8823	0.1008	0.512491 < 2 >
917	7.1006	24.2652	0.1769	0.512206 < 5 >
919	4.6628	15.2524	0.1848	0.512204 < 11 >

样品号	$(^{87}Sr/^{86}Sr)_i$	$\varepsilon_{Sr}(0)$	$\varepsilon_{Sr}(t)$	$\varepsilon_{Nd}(0)$
6.29 – 14 – 1	0.706949	73.95	34.76	– 2.87
917	0.710017	202.65	78.31	– 8.43
919	0.709056	224.09	64.67	– 8.47

样品号	$\varepsilon_{Nd}(t)$	$f_{Sm/Nd}$	$T_{DM}(Ma)$	$(^{143}Nd/^{144}Nd)_i$
6.29 – 14 – 1	– 0.96	– 0.49	890	0.512437
917	– 8.01	– 0.10	3872	0.512425
919	– 8.20	– 0.06	4924	0.512406

注：宝山花岗闪长斑岩：917 锆石年龄 165 Ma，919 锆石年龄 180.5 Ma，宝山煌斑岩 629 – 14 锆石年龄 156 Ma。

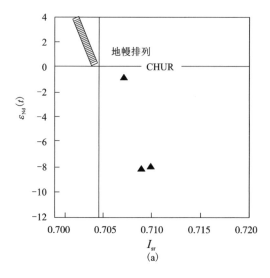

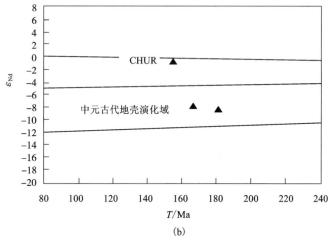

图 4-7 宝山花岗岩类及煌斑岩的 $\varepsilon_{Nd}(t) - I_{Sr}$ 图(a) 和 $\varepsilon_{Nd} - T$ 图(b)

(图中上方点为煌斑岩,下方两点为花岗闪长斑岩)

4.1.6 构造环境和岩石成因分析

在 Rb - (Y + Nb) 和 Nb - Y 构造环境判别图解(Pearce. J . A. 等, 1984)(图 4 -8)中样品投点显示宝山岩体为碰撞环境下的产物,在花岗闪长岩的 Sr/Y - Y 和 $(La/Yb)_N - Yb_N$ 判别图解中(图略),样品点也投入经典岛弧区域,反映了挤压环境。但是有研究认为扬子板块与华夏板块的全面焊接拼合是在中三叠世,所以印支运动后,华南地区已经由海洋环境转变为大陆环境(殷鸿福等, 1999)。165 ~

180 Ma 间，华夏板块与扬子板块已经完成拼贴，不具备岛弧形成环境。该区 224 Ma 前后地壳有局部拉张，产生岩浆底侵形成层状辉长岩（郭锋等，1997）。220～180 Ma 处于相对平静期，目前没有发现该时间段有大规模的岩浆活动记录。180 Ma 以来地壳显示重新活跃的迹象，湘南花岗闪长岩侵入活动多发生在 172 Ma ± 5 Ma（王岳军等，2001b），150 Ma 前后湘南出现局部火山喷发活动，显示地壳活动又到了剧烈期。

岩石样品的 Zr 含量小于 200 $\mu g \cdot g^{-1}$，在花岗岩的 SiO_2 – Zr 图解中测试样品均投入 I 型花岗岩区。研究表明，温度升高过程中，石榴子石、铝硅酸盐和斜长石相对稳定，而黑云母和钛铁矿等含钛矿物相对易分解，使进入融体的 Ti 相对增多，因此 Al_2O_3/TiO_2 比值的大小可以反映部分熔融温度的高低。Sylvester（1998）的研究表明，当 Al_2O_3/TiO_2 大于 100 时，其源区熔融温度小于 875℃；Al_2O_3/TiO_2 小于 100 时，熔融温度大于 875℃。宝山样品的 Al_2O_3/TiO_2 小于 100，因此推测其源区熔融温度大于 875℃，可能反映熔融源区较深。

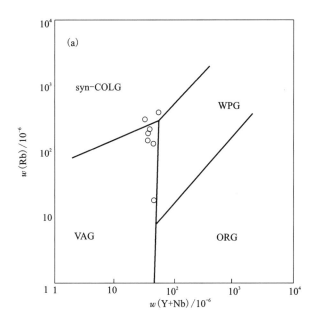

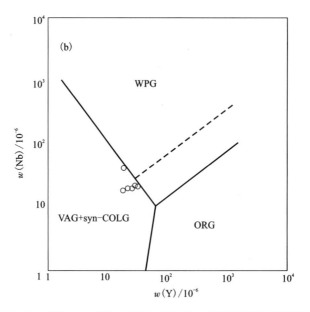

图 4 - 8　w(Rb) - w(Y + Nb)(a)和 Nb - Y(b)构造环境判别图

据文献(Pearce J. A. 等, 1984) VAG:火山弧花岗岩, syn - COLG:
同碰撞花岗岩, WPG:板内花岗岩, ORG:大洋脊花岗岩

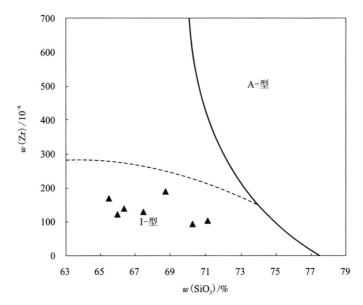

图 4 - 9　花岗岩的 w(SiO₂) - w(Zr)图解

(据 Collins, 1982)

在 $w(Rb)/w(Ba) - w(Rb)/w(Sr)$ 图解中[图 4 - 10(a)]，宝山样品都投入贫黏土源区，黄沙坪和铜山岭样品落入富黏土岩源区。指示其岩浆源区物质主要为页岩类岩石，在 $w(CaO)/w(TFe_2O_3 + MgO + TiO_2) - w(CaO + TFe_2O_3 + MgO + TiO_2)$ 图解[图 4 - 10(b)]上，宝山和铜山岭花岗闪长岩落在杂砂岩岩石部分熔融形成的岩浆与玄武岩浆在低压条件下岩浆混合的演化线 LP 之间，指示其源岩主要为上地壳物质，但混有幔源基性物质。而黄沙坪样品落在长英质泥质和杂砂岩的源区。

在 $w(TFeO + MgO + TiO_2) - w(SiO_2)$ 关系图中宝山和铜山岭样品投点落在玄武岩混合区，黄沙坪投点落在副片麻岩熔融曲线的右上方[图 4 - 10(c)]，指示其源岩可能为杂砂岩。

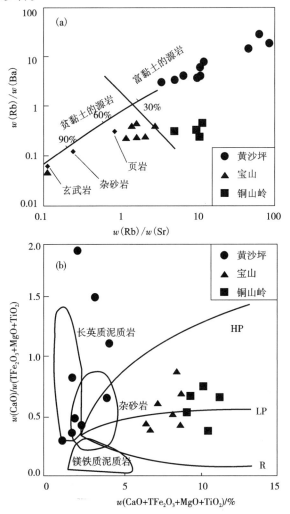

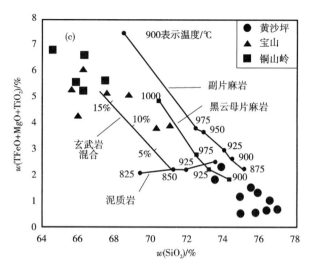

图 4 - 10 $w(Rb)/w(Ba) - w(Rb)/w(Sr)(a)$ 和 $w(Cao)/w(TFe_2O_3 + MgO + TiO_2) - $
$w(CaO + TFe_2O_3 + MgO + TiO_2)(b)$ 及 $w(TFeO + MgO + TiO_2) - w(SiO_2)(c)$ 图解

(a)底图据 Sylvester(1998);(b)底图据 Patino Douce(1999)略修改;HP. 实线代表高压条件下泥质岩熔体和玄武质岩浆混合的演化线;LP.实线代表低压条件下泥质岩熔体和玄武质岩浆混合的演化线;R.断线代表泥质岩中熔体 - 残余体混合线;(c)底图据 Sylvester(1998)略修改。

宝山花岗闪长斑岩和水口山、铜山岭花岗闪长岩具有一致的岩石地球化学特征且均为铜铅锌矿床,与黄沙坪、柿竹园花岗岩及成矿系列有显著差异。两类花岗岩的熔融源区物质组成也有差异,花岗闪长岩类岩体为基性岩熔融,另一类酸性程度高的花岗岩(黄沙坪)则为变杂砂岩熔融形成。宝山岩体的成岩年龄前人测试分别为 173 Ma ± 和 160 Ma ±(王岳军,等,2001a;伍光英,等,2005),并分别确定成岩时代为中侏罗世燕山早期二、三阶段。

本书完成的锆石年龄测试结果同时包含了上述文献中出现的年龄值,所以根据本书的研究揭示宝山岩浆岩侵入活动有多次,既有 180 Ma 左右的似斑状花岗闪长岩,也有 165 Ma 左右的花岗闪长斑岩。前文已分析本区在中生代为陆相板内环境,锆石 Hf 同位素示踪结果显示来源于古老地壳,区域上 220 Ma 前后地壳的局部拉张造成印支期幔源岩浆的底侵,对下地壳起了预热作用,而在 180 Ma 前后,区域构造体制表现为伸展体制,印支期造山运动碰撞增厚的下地壳发生熔融形成花岗闪长岩,本书研究显示宝山花岗闪长斑岩(165 Ma)的 $\varepsilon_{Hf}(t)$ 值为 -5.87 ~ -9.42,应是两种岩浆混合作用的结果(Griffin etal., 2002;Bolhar R 等,2008);同时花岗闪长斑岩中存在暗色闪长质包体,谢银财(2013b)通过地球化学模拟得出花岗闪长质岩浆由 20% ~30% 的富集地幔物质和 70% ~80% 的地壳物质组成,而暗色包体则有更多地幔组分的贡献,这是幔源和壳源两种岩浆混合的证据,说明岩浆源区物质的熔融可能与幔源岩浆向地壳底侵有关,深部地幔不但提供了热源,还提供了少量物质来源。

4.1.7 小结

1)宝山矿区出露的花岗闪长岩脉为多次侵入的产物,既有 180 Ma 左右的基质呈细粒结构的似斑状花岗闪长岩,也有 165 Ma 左右侵入的基质呈隐晶质的花岗闪长斑岩,显示晚期岩浆侵入深度更浅。两类岩石现处于同一标高,岩石结构的差异恰是反映了 180 Ma 以来地壳开始伸展隆升,两种岩体间 20 Ma 左右的时间间隔及结构差异说明了早期岩浆侵位后,其所在区发生了抬升。

2)花岗闪长斑岩的 Hf 同位素特征显示锆石来源于古老地壳,其地壳平均模式年龄为 1709～1951 Ma,岩石地球化学图解判别指示岩石形成于碰撞环境,可能与东部大洋板块的俯冲碰撞传递的应力有关,导致早期增厚的中下地壳发生熔融,岩浆沿有利的构造部位上升到浅部形成各期浅成岩脉(体)。

3)本次研究所获得的两期岩脉年龄 180 Ma 和 165 Ma 与前人所获得的两期成岩年龄相近,说明宝山矿区成岩成矿时间跨越 20 Ma 左右,在此期间,深部岩浆的持续多期活动带来了丰富的成矿物质,最终形成宝山铜钼铅锌银多金属矿床。

4.2 宝山矿区煌斑岩的地球化学特征及地质意义

煌斑岩的分类一直存在争议,Rock 将煌斑岩分成钙碱性煌斑岩、碱性煌斑岩、超镁铁煌斑岩、钾镁煌斑岩和金伯利岩(Rock N M S, 1987;Rock N M S, 1991)。路凤香等则在此基础上,将煌斑岩细分出八个亚类,但不包括金伯利岩(路凤香等, 1991;李献华等, 1995)。一般根据斑晶矿物还可将煌斑岩划分为云母煌斑岩、闪石煌斑岩和辉石煌斑岩。大多数煌斑岩在化学成分上属钙碱系列,以富钾、镁为特征,类似于钾玄岩类;少数煌斑岩,如闪煌岩和沸煌岩,属碱性系列,钠和挥发分富集,类似于碱性玄武岩、碧玄岩和霞石岩。

20 世纪 90 年代以来,许多研究认为煌斑岩与成矿作用有关,其中特别是 Rock 强调煌斑岩在中温热液金矿成矿作用中的重要性,认为金来自这些共生的煌斑岩(Rock N M S 等, 1988a;Rock N M S, 1988b),国内众多学者也论述了煌斑岩与金、锑等热液矿床的时空成因联系,煌斑岩来源于地幔,是深断裂构造作用的产物,而在深断裂构造活动区也正好是形成热液矿床的有利地段。因此,两者在空间上往往密切共生,显示某种亲缘关系(季海章等, 1992;黄智龙等, 1996a;朱桂田等, 1996)。湖南省内许多地区发现有煌斑岩(吴良士等, 2000;谢桂青等, 2001b;贾大成等, 2002;滕智猷等, 2007;林玮鹏等, 2009),其中锡矿山矿区煌斑岩的研究最为深入,锡矿山煌斑岩的 K – Ar 法同位素年龄(测试矿物为黑云母和钾长石)集中在 118～128 Ma,平均为 124 Ma。

　　宝山铜铅锌矿床是湘南坪宝矿带北段重要的矿床之一，矿区岩脉十分发育，前人对酸性脉岩如花岗闪长斑岩，以及呈岩筒产出的花岗闪长质隐爆角砾岩进行过研究，但基性脉岩研究未有报道，本书基于井下观察取样，对煌斑岩地球化学特征及地质意义进行了探讨。

4.2.1　样品制备与测试分析

图4－11　煌斑岩野外产状、标本及显微照片

(a)煌斑岩脉，－110中段150线南产状30/85，上盘为梓门桥组白云岩；(b)手标本，含花岗岩捕虏体；(c)单斜辉石斑晶聚合体，电子探针片，(＋)；(d)629－14，煌斑岩，煌斑结构，角闪石斑晶(＋)；(e)629－14，煌斑岩，煌斑结构，黑云母斑晶(－)；(f)薄片中见长石斑晶(＋)。

锆石分析测试和主量元素、微量和稀土元素分析说明同 4.1.3 节。电子探针分析在中南大学教育部重点实验室完成。

4.2.2 煌斑岩岩石地球化学特征

1) 煌斑岩岩石化学特征

本次研究分析了 7 个样品,其中一个样品 16 – 2,因碳酸盐脉发育,烧失量太高,不参加岩石命名投图和微量元素配分作图,但稀土元素分析结果可用。

从表 4 – 5 可以看出,本区煌斑岩 w(SiO$_2$) 含量为 50.23% ~ 51.29%,w(Na$_2$O + K$_2$O) 为 4.65% ~ 5.63%,w(K$_2$O)/w(Na$_2$O) 为 1.89 ~ 7.77,表明本区煌斑岩为一种富碱、高钾、中等 Ti 含量的基性脉岩。里特曼组合指数 σ 为 2.23 ~ 3.68,属于亚碱性岩系;在 w(Na$_2$O + K$_2$O) – w(SiO$_2$) 图上[图 4 – 12(a)],所有样品落在 Rock(1987)圈定的钙碱性煌斑岩范围内;在 w(SiO$_2$) – w(Nb)/w(Y) 判别图上[图 4 – 12(b)],样品均落入碱性玄武岩范围,结合路凤香(1991)提出的分类方案,本区煌斑岩为碱性玄武岩系列钾质钙碱性煌斑岩,与邻区锡矿山矿区煌斑岩类型相同(吴良士等,2000;谢桂青等,2001b)。

依据常量元素数据计算了标准矿物组成,主要矿物有石英(6.35% ~ 22.94%)、长石、辉石等,其中石英含量较多,与镜下观察到的石英斑晶现象相吻合,本区煌斑岩为 SiO$_2$ 过饱和煌斑岩。标准矿物中钾长石含量最高(22.38% ~ 25.72%),辉石以紫苏辉石为主(15.8% ~ 18.07%)。

表 4 – 5 宝山煌斑岩的主量元素组成(%)

编号	14 – 2	14 – 3	16 – 2b	16 – 3	14 – 1	16 – 2	16 – 4
SiO$_2$	50.33	51.23	50.42	50.72	51.29	35.27	50.44
TiO$_2$	1.13	1.10	1.23	1.23	1.16	1.16	1.17
Al$_2$O$_3$	14.96	14.65	16.20	15.91	15.25	14.34	15.61
Fe$_2$O$_3$	3.01	2.94	3.44	2.81	3.30	9.24	2.84
FeO	4.40	4.35	4.20	3.97	4.15	0.32	4.00
MnO	0.17	0.17	0.15	0.22	0.17	0.64	0.21
MgO	4.97	5.07	4.38	4.46	4.51	0.32	4.03
CaO	8.40	8.92	5.96	6.44	7.15	18.65	6.84
Na$_2$O	1.83	1.95	1.05	0.53	0.89	0.06	0.63
K$_2$O	3.76	3.68	4.07	4.12	3.77	0.12	4.13
P$_2$O$_5$	0.52	0.51	0.58	0.58	0.50	0.55	0.51

续表 4 - 5

编号	14 - 2	14 - 3	16 - 2b	16 - 3	14 - 1	16 - 2	16 - 4
CO_2	3.13	2.58	4.05	4.05	3.45	14.32	4.54
H_2O^+	3.13	2.56	3.96	4.73	4.16	4.91	4.54
烧失量	5.80	4.66	7.91	8.39	7.23	19.14	9.47
总量	99.74	99.71	99.69	99.77	99.75	99.90	99.49
$Na_2O + K_2O$	5.59	5.63	5.12	4.65	4.66	0.18	4.76
K_2O/Na_2O	2.05	1.89	3.88	7.77	4.24	2.00	6.56
σ_{43}	3.68	3.45	2.95	2.31	2.23	-0.01	2.48

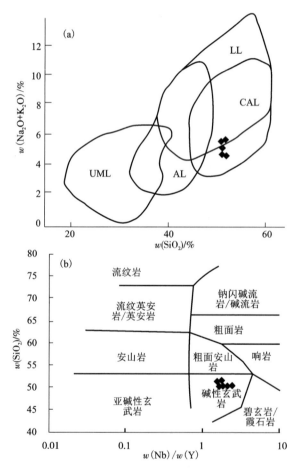

图 4 - 12　煌斑岩的 $w(Na_2O + K_2O)$ — $w(SiO_2)$ 图(a) 和 $w(SiO_2)$

—$w(Nb)/w(Y)$ 图(b)(Winchester J A 等, 1977)

UML—超镁铁煌斑岩；LL—钾镁煌斑岩；CAL—钙碱性煌斑岩

2）煌斑岩斑晶的矿物化学特征

本书研究对煌斑岩的斑晶成分斜长石、单斜辉石及黑云母进行了电子探针成分分析（表4-6）：化学成分显示单斜辉石的 TiO_2 大于1%，为含钛次透辉石。长石为拉-中长石，反映斑晶为岩浆结晶而不是捕获晶。黑云母含 Mg 高，为镁黑云母。

表4-6 煌斑岩斑晶单斜辉石化学成分（%）及晶体化学组成

点号	3-1a5	3-1a3	4-7a4	4-7a3	4-7a1	4-7a2	3-1a11	3-1a12
SiO_2	49.12	48.65	47.57	46.60	47.07	47.49	50.11	47.21
Al_2O_3	6.17	6.64	6.87	7.32	7.81	7.80	4.71	7.63
TiO_2	1.07	1.22	1.44	1.49	1.73	1.64	0.89	1.59
Cr_2O_3	0.05	0.00	0.08	0.07	0.18	0.11	0.03	0.29
FeO	6.43	6.62	6.76	7.48	6.76	7.16	6.21	6.57
MnO	0.11	0.17	0.12	0.18	0.15	0.17	0.14	0.15
MgO	13.29	13.18	12.75	12.47	12.26	12.35	13.73	12.92
CaO	22.68	22.41	22.53	22.08	22.48	22.24	22.16	22.50
Na_2O	0.29	0.28	0.29	0.34	0.32	0.28	0.26	0.28
K_2O	0.02	0.00	0.02	0.01	0.01	0.00	0.00	0.00
总计	99.22	99.16	98.44	98.03	98.76	99.23	98.24	99.13
原子（离子）数								
Si	1.83	1.82	1.80	1.78	1.77	1.78	1.88	1.77
Al（Ⅳ）	0.17	0.18	0.20	0.22	0.23	0.22	0.12	0.23
Al（Ⅵ）	0.11	0.11	0.10	0.10	0.12	0.13	0.09	0.11
Ti	0.03	0.03	0.04	0.04	0.05	0.05	0.03	0.04
Cr	0.00	0.00	0.00	0.00	0.01	0.00	0.00	0.01
Fe^{3+}	0.03	0.03	0.05	0.09	0.04	0.03	0.00	0.06
Fe^{2+}	0.17	0.18	0.16	0.15	0.17	0.20	0.20	0.14
Mn	0.00	0.01	0.00	0.01	0.00	0.01	0.00	0.00
Mg	0.74	0.73	0.72	0.71	0.69	0.69	0.77	0.72
Ca	0.91	0.90	0.91	0.90	0.91	0.89	0.89	0.90
Na	0.02	0.02	0.02	0.02	0.02	0.02	0.02	0.02
K	0.00	0.00	0.00	0.00	0.00	0.00	0.00	0.00

续表 4 - 6

Wo	48.48	48.16	48.83	48.02	49.41	48.71	47.46	48.71
En	39.54	39.41	38.46	37.74	37.50	37.65	40.91	38.91
Fs	10.88	11.36	11.59	12.92	11.82	12.52	10.63	11.30
Ac	1.10	1.08	1.12	1.32	1.27	1.11	1.01	1.08

表 4 - 7 续煌斑岩斑晶斜长石及黑云母化学成分(%)及晶体化学组成

点号	3 - 2a2	3 - 2a3	4 - 2a	点号	3 - 3a1	4 - 5a	4 - 3a	4 - 6a4	3 - 3a5
SiO_2	55.01	59.23	58.38	SiO_2	35.33	35.68	36.04	36.21	34.69
Al_2O_3	27.64	24.93	26.28	Al_2O_3	13.06	12.97	12.93	13.05	12.82
TiO_2	0.00	0.00	0.00	TiO_2	4.68	4.75	4.50	4.63	4.56
Cr_2O_3	0.07	0.02	0.02	Cr_2O_3	0.01	0.01	0.00	0.03	0.02
FeO	0.20	0.22	0.00	FeO	23.05	22.89	22.63	22.38	22.74
MnO	0.03	0.04	0.02	MnO	0.47	0.54	0.43	0.35	0.53
MgO	0.02	0.01	0.01	MgO	8.43	8.77	8.89	9.30	9.38
CaO	9.82	7.18	8.77	CaO	0.00	0.00	0.00	0.00	0.00
Na_2O	4.47	5.86	5.27	Na_2O	0.28	0.28	0.27	0.26	0.32
K_2O	0.36	0.70	0.43	K_2O	9.10	9.29	9.23	9.37	9.23
总计	97.60	98.19	99.19	总计	94.41	95.18	94.92	95.57	94.30
斜长石原子(离子)数				黑云母原子(离子)数					
Si	2.53	2.69	2.62	Si	2.79	2.80	2.82	2.81	2.75
Al	1.50	1.33	1.39	AlⅣ	1.21	1.20	1.18	1.19	1.20
Ca	0.48	0.35	0.42	AlⅥ	0.01	0.00	0.02	0.01	0.00
Na	0.40	0.52	0.46	Ti	0.28	0.28	0.27	0.27	0.27
K	0.02	0.04	0.02	Fe^{3+}	0.20	0.19	0.20	0.20	0.13
Ba	0.00	0.00	0.00	Fe^{2+}	1.32	1.31	1.28	1.26	1.38
An	53.60	38.54	46.59	Mn	0.03	0.04	0.03	0.02	0.04
Ab	44.08	56.97	50.70	Mg	0.99	1.02	1.04	1.08	1.11
Or	2.32	4.49	2.71	Ca	0.00	0.00	0.00	0.00	0.00
				Na	0.04	0.04	0.04	0.04	0.05
				K	0.92	0.93	0.92	0.93	0.94

续表 4 - 7

			总计	7.80	7.81	7.80	7.80	7.87
			MF	0.39	0.40	0.41	0.42	0.42
			$Al\,\text{Ⅵ} + Fe^{3+} + Ti$	0.49	0.47	0.49	0.48	0.41
			$Fe^{2+} + Mn$	1.36	1.35	1.31	1.28	1.41
			$Ti/(Mg + Fe + Ti + Mn)$	0.10	0.10	0.09	0.10	0.09
			$Al/(Al + Mg + Fe + Ti + Mn + Si)$	0.18	0.18	0.17	0.17	0.17

表 4 - 8　宝山煌斑岩的微量元素含量/$(\mu g \cdot g^{-1})$

编号	629 - 14 - 2	629 - 14 - 3	16 - 2b	16 - 5	629 - 14 - 1	16 - 2	16 - 3	云煌岩(1)
Sc	26.20	24.30	26.10	27.00	16.72	26.90	20.99	16.00
V	179.00	171.00	194.00	191.00	185.80	182.80	173.70	165.00
Cr	55.60	52.30	59.30	52.60	58.45	44.33	55.42	360.00
Co	22.10	21.50	18.80	19.30	20.32	25.75	20.81	37.00
Ni	12.20	12.10	11.50	9.62	19.15	12.49	11.79	200.00
Cu	21.60	18.90	23.40	19.10	22.27	20.13	20.98	50.00
Zn	164.00	146.00	204.00	140.00	189.60	1012.70	221.45	120.00
Rb	190.00	194.00	197.00	256.00	236.39	7.08	202.60	193.00
Ba	930.00	921.00	959.00	934.00	893.70	18.10	960.60	1800.00
Th	18.50	16.40	19.00	17.60	17.86	16.85	16.73	26.00
U	5.61	5.23	5.93	5.45	5.62	10.76	5.96	6.00
Ta	3.98	3.25	3.51	3.42	3.02	2.99	2.77	19.00
Nb	44.60	39.20	44.80	43.70	41.67	48.78	50.24	1.30
Sr	454.00	561.00	306.00	275.00	307.00	46.80	225.00	950.00
Zr	180.00	170.00	207.00	202.00	193.40	187.20	186.30	300.00
Hf	4.90	4.49	5.41	5.23	5.00	4.60	4.50	11.00
Zr/Ba	0.19	0.18	0.22	0.22	0.22	10.34	0.19	0.17

注：(1)据 Rock(1990)。

3)过渡元素特征

本区煌斑岩的过渡元素含量(表4－7)与 Rock 统计的全球云斜煌斑岩过渡元素含量相比较，前者具有较高的 Zn 含量，本区煌斑岩的 $w(Sc)$ 含量为 16.72～27.00 $\mu g/g$，$w(Cr)$ 含量为 52.30～59.30 $\mu g/g$，$w(Co)$ 含量为 18.80～25.75 $\mu g/g$，$w(Ni)$ 含量为 9.62～19.15 $\mu g/g$，除 Sc 在 Rock(1990)统计的原生岩浆标准之内(Sc：15～30 $\mu g/g$，Cr：200～500 $\mu g/g$，Co：25～80 $\mu g/g$，Ni：90～700 $\mu g/g$)，其他元素 Cr、Co、Ni 含量均较低。宝山煌斑岩的过渡族元素显示出强烈分离的形式(图4－13)，与 Jagoutz(1979)估算的原始地幔相比，本区煌斑岩相对富集 Ti、Mn 和 Zn，明显亏损 Cr、Co 和 Ni，这与许多幔源基性超基性岩渡元素含量特征一致。

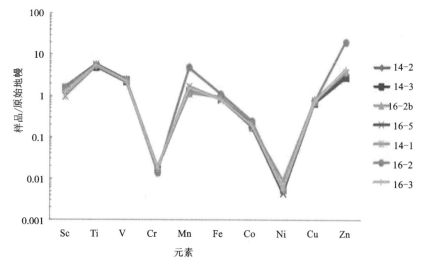

图4－13 煌斑岩的过渡元素配分曲线(原始地幔标准化值据 Jagoutz E 等, 1979)

4)稀土元素及微量元素特征

煌斑岩以 LREE 强烈富集为特征，轻重稀土分馏较为显著，$La_N/Yb_N = 18.83$～23.94，$w(LREE)/w(HREE) = 13.53$～16.48，δ_{Eu} 在 0.80～0.87 变化(表4－8，表4－9)。在球粒陨石标准化配分曲线中[图4－14(a)]，所有样品都表现为 LREE 强烈富集、HREE 亏损的右倾型特征，且所有的样品都具有弱的负 Eu 异常，暗示在成岩过程中可能存在不明显的斜长石分离结晶作用。煌斑岩的稀土元素特征表明本区煌斑岩岩浆可能来源于相对富集稀土元素的地幔。

表 4 – 9 宝山煌斑岩的稀土元素含量/(μg·g⁻¹)

项目/样号	629 – 14 – 2	629 – 14 – 3	16 – 2b	16 – 5	14 – 1	16 – 2	16 – 3
La	77.90	72.60	77.10	76.80	73.27	74.28	70.39
Ce	145.00	137.00	141.00	143.00	139.30	125.80	125.60
Pr	15.80	15.00	14.90	15.40	15.50	14.24	14.50
Nd	56.40	53.00	51.80	54.50	54.37	50.67	52.32
Sm	9.69	9.13	8.47	9.10	8.76	8.44	8.39
Eu	2.44	2.37	2.04	2.22	2.29	2.20	2.04
Gd	7.74	7.26	6.48	7.40	6.95	6.60	6.40
Tb	1.11	1.07	0.96	1.07	1.03	1.05	0.96
Dy	5.15	4.88	4.34	4.96	4.85	5.23	4.56
Ho	0.99	0.92	0.81	0.95	0.91	0.97	0.81
Er	2.82	2.69	2.39	2.82	2.27	2.83	2.29
Tm	0.44	0.43	0.37	0.45	0.31	0.46	0.35
Yb	2.75	2.53	2.31	2.70	2.24	2.83	2.25
Lu	0.34	0.33	0.30	0.35	0.33	0.41	0.33
Y	26.50	25.00	21.90	25.80	24.70	25.81	22.23
ΣREE	328.57	309.21	313.26	321.72	312.37	296.00	291.19
LREE	307.23	289.10	295.31	301.02	293.49	275.62	273.24
HREE	21.34	20.11	17.95	20.70	18.89	20.37	17.95
LREE/HREE	14.40	14.38	16.45	14.54	15.54	13.53	15.22
La_N/Yb_N	20.32	20.58	23.94	20.40	23.43	18.83	22.45
$\delta(Eu)$	0.83	0.86	0.81	0.80	0.87	0.87	0.82
$\delta(Ce)$	0.96	0.96	0.96	0.96	0.96	0.89	0.91

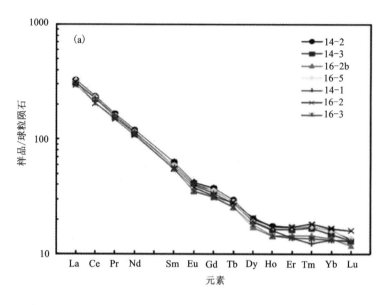

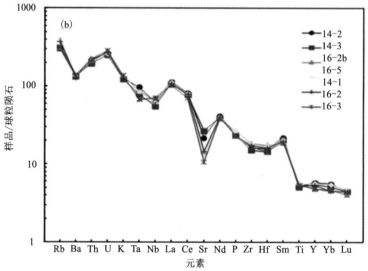

图 4 – 14 宝山矿区的稀土元素配分图解(a)和微量元素蛛网图(b)

标准化值转引自文献[347](Sun S S 等, 1989), 绘制程序引自文献[102](路远发, 2004)

在原始地幔标准化地球化学蛛网图[图 4 – 14(b)]中, 样品表现为 Th 强烈富集并伴有 Ce 弱富集和 K、Sr 和 Ba 相对亏损的特征。具有钙碱性岛弧玄武岩分布模式(赵振华, 1997; 刘燊等, 2005)。另外, LILE 和 LREE 相对 HFSE 富集的特征可以从 $w(Ba)/w(Nb)$ 和 $w(La)/w(Nb)$ 相关图(图 4 – 15)中明显表现, 煌斑岩

的 $w(\text{Ba})/w(\text{Nb})$ 和 $w(\text{La})/w(\text{Nb})$ 比值与大陆地壳平均组成相同,而高于 N-MORB、OIB 的相应比值,暗示了大陆物质(花岗质岩石、麻粒岩、沉积物等)在煌斑岩岩浆生成中起了重要作用(刘燊等,2005)。由于化学蚀变作用,16-2 样品的 K、Rb、Sr、Ba 含量减少较多。$w(\text{Zr})/w(\text{Ba})$ 比值多数小于 0.2,反映为岩石圈地幔源区,部分比值大于 0.2,反映存在软流圈组分,是岩石圈与软流圈相互作用的表现。

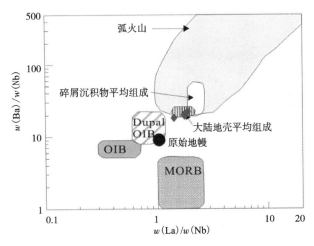

图 4-15 宝山煌斑岩的 $w(\text{Ba})/w(\text{Nb})$—$w(\text{La})/w(\text{Nb})$ 相关图解(据刘燊等,2005)

4.2.3 煌斑岩的锆石 U-Pb 年代学及 Hf 同位素特征

1)锆石 U-Pb 同位素特征

用于 U-Pb 测年的锆石为长柱状和短柱状(图 4-16),多数具核幔结构,并均具有韵律环带,用于测试的锆石 Th/U 值较高(0.22~1.27)(表 4-9),表明为岩浆成因。测点选择在晶体两端,所测 12 颗锆石的分析结果均落于 U-Pb 谐和线上或其附近,$^{206}\text{Pb}/^{238}\text{U}$ 加权平均年龄为 156.0 Ma±2.0 Ma(1σ,MSWD=2.9)[图 4-17(a)],代表了锆石的结晶年龄。

其中 44 μm 圆表示铪同位素测试点,锆石上方数字代表 Hf(t)值;30 μm 圆表示 U-Pb 年龄分析点,图像下面数字为 $^{206}\text{Pb}/^{238}\text{U}$ 年龄;分析点号位于锆石上方;线比例尺长度为 100 μm。

2)锆石 Hf 同位素特征

锆石 Hf 同位素测定点为 U-Pb 测试的同位点,并是年龄谐和性好的点,样品中锆石(10 个点)的 $^{176}\text{Yb}/^{177}\text{Hf}$ 和 $^{176}\text{Lu}/^{177}\text{Hf}$ 值变化范围较大,分别为 0.015109~0.046884 和 0.000549~0.001665(表 4-10);初始 $^{176}\text{Hf}/^{177}\text{Hf}$ 值和 $\varepsilon_{\text{Hf}}(t)$ 值分

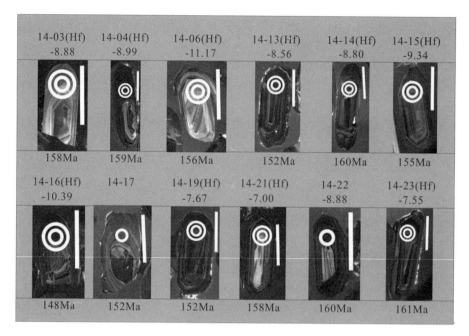

图 4 - 16　锆石阴极发光(CL)图像

别为 0. 282360 ~ 0. 282476(表 4 - 12)和 - 6. 99 ~ - 11. 17(表 4 - 12),模式年龄为 1092 ~ 1243 Ma,平均为 1167 Ma;平均地壳模式年龄为 1763 Ma。与矿区北部花岗闪长斑岩年龄一致($t = 165.3 \pm 3.3$ Ma, $\varepsilon_{Hf}(t) = -5.87 ~ -9.42$)(全铁军,2012),在 $\varepsilon_{Hf}(t) - t$ 图解上[图 4 - 17(b)]投点位于球粒陨石和下地壳演化线之间。

3)煌斑岩的 Nd - Sr 同位素

根据表 4 -4,图 4 - 7,显示($^{87}Sr/^{86}Sr$)$_i = 0.7069$, $\varepsilon_{Nd}(t) = -0.96$,反映其成因为地幔来源且受到了年轻地壳的混染。

表4-10　宝山煌斑岩中锆石U-Pb同位素组成及年龄

样号	组成/10^{-6}				$^{207}Pb/^{206}Pb$				$^{206}Pb/^{238}U$	
	Pb*	Th	U	Th/U	比值	1σ	年龄/Ma	1σ	比值	1σ
629-14-03	16.01	276	544	0.51	0.04897	0.00229	146.3	105.96	0.02477	0.00047
629-14-04	35.98	486	1242	0.39	0.04927	0.00173	160.8	80.04	0.02491	0.00044
629-14-06	21.91	204	809	0.25	0.04784	0.00184	90.6	89.73	0.02449	0.00044
629-14-13	39.60	342	1465	0.23	0.04916	0.00169	155.7	78.34	0.02386	0.00041
629-14-14	32.03	273	1132	0.24	0.05165	0.00187	269.8	80.74	0.02504	0.00044
629-14-15	39.08	341	1409	0.24	0.04966	0.00172	179.3	78.89	0.02437	0.00042
629-14-16	8.66	306	264	1.16	0.04865	0.00261	131	121.75	0.02325	0.00044
629-14-17	22.99	128	335	0.38	0.05094	0.00319	238	138.14	0.02383	0.0005
629-14-19	53.73	693	1905	0.36	0.05014	0.00169	201.6	76.38	0.02391	0.00041
629-14-21	29.10	1043	823	1.27	0.04947	0.00191	170.4	87.65	0.0248	0.00043
629-14-22	13.08	434	363	1.2	0.05078	0.00233	230.9	102.59	0.02508	0.00046
629-14-23	33.90	270	1211	0.22	0.05062	0.00179	223.4	79.82	0.02531	0.00043

样号	$^{206}Pb/^{238}U$		$^{207}Pb/^{235}U$			$^{208}Pb/^{232}Th$			
	年龄/Ma	1σ	比值	1σ	年龄/Ma	比值	1σ	年龄/Ma	1σ
629-14-03	157.7	2.94	0.16727	0.00654	157	0.00839	0.0002	168.9	4.07
629-14-04	158.6	2.75	0.16926	0.00421	158.8	0.00857	0.00016	172.4	3.22
629-14-06	155.9	2.75	0.1616	0.00472	152.1	0.00841	0.00019	169.3	3.9
629-14-13	152	2.58	0.16179	0.00375	152.3	0.00792	0.00015	159.5	3.07

续表 4-10

样号	206Pb/238U		207Pb/235U				208Pb/232Th			
	年龄/Ma	1σ	比值	1σ	年龄/Ma	1σ	比值	1σ	年龄/Ma	1σ
629-14-14	159.5	2.74	0.17841	0.00458	166.7	3.95	0.00881	0.00018	177.4	3.64
629-14-15	155.2	2.64	0.16694	0.00395	156.8	3.43	0.00825	0.00016	166	3.23
629-14-16	148.2	2.79	0.15601	0.00729	147.2	6.41	0.00719	0.00015	144.9	3.02
629-14-17	151.8	3.12	0.16741	0.0094	157.2	8.18	0.00784	0.00029	157.8	5.78
629-14-19	152.3	2.56	0.16533	0.00363	155.4	3.16	0.00762	0.00013	153.5	2.64
629-14-21	157.9	2.72	0.16916	0.00483	158.7	4.2	0.00734	0.00012	147.7	2.49
629-14-22	159.7	2.88	0.17559	0.00658	164.3	5.69	0.00781	0.00015	157.3	2.97
629-14-23	161.1	2.72	0.17662	0.00427	165.1	3.68	0.00887	0.00018	178.5	3.54

注：Pb * 为全铅，σ 为均方差。

表 4-11 宝山煌斑岩中锆石 Hf 同位素组成

样品编号	176Hf/177Hf	2s	176Yb/177Hf	2s	176Lu/177Hf	2s
629-14-03	0.282427	0.000014	0.039681	0.000118	0.001300	0.000004
629-14-04	0.282424	0.000013	0.046884	0.000151	0.001665	0.000004
629-14-06	0.282361	0.000009	0.015109	0.000043	0.000549	0.000001
629-14-13	0.282439	0.000010	0.033503	0.000047	0.001323	0.000002
629-14-14	0.282428	0.000011	0.035014	0.000189	0.001280	0.000006
629-14-15	0.282415	0.000011	0.030695	0.000053	0.001159	0.000001
629-14-16	0.282389	0.000011	0.028152	0.000113	0.000987	0.000004

续表 4 – 11

样品编号	$^{176}\mathrm{Hf}/^{177}\mathrm{Hf}$	$2s$	$^{176}\mathrm{Yb}/^{177}\mathrm{Hf}$	$2s$	$^{176}\mathrm{Lu}/^{177}\mathrm{Hf}$	$2s$
629 – 14 – 19	0.282464	0.000008	0.035100	0.000069	0.001327	0.000002
629 – 14 – 21	0.282479	0.000011	0.027465	0.000261	0.000973	0.000009
629 – 14 – 23	0.282461	0.000009	0.018404	0.000071	0.000795	0.000003

样品编号	t/Ma	$\varepsilon_{\mathrm{Hf}}(0)$	$f_{\mathrm{Lu/Hf}}$	$(^{176}\mathrm{Hf}/^{177}\mathrm{Hf})_i$	$\varepsilon_{\mathrm{Hf}}(t)$	$T_{\mathrm{DM1}}/\mathrm{Ma}$	$T_{\mathrm{DMC}}/\mathrm{Ma}$
629 – 14 – 03	158	– 12.21	– 0.96	0.282423	– 8.89	1176	1767
629 – 14 – 04	159	– 12.29	– 0.95	0.282419	– 8.99	1191	1774
629 – 14 – 06	156	– 14.53	– 0.98	0.28236	– 11.17	1243	1909
629 – 14 – 13	152	– 11.76	– 0.96	0.282436	– 8.56	1158	1743
629 – 14 – 14	160	– 12.17	– 0.96	0.282424	– 8.81	1173	1764
629 – 14 – 15	155	– 12.62	– 0.97	0.282412	– 9.34	1187	1794
629 – 14 – 16	148	– 13.55	– 0.97	0.282386	– 10.39	1219	1854
629 – 14 – 19	152	– 10.88	– 0.96	0.282461	– 7.67	1123	1687
629 – 14 – 21	158	– 10.36	– 0.97	0.282476	– 6.99	1092	1649
629 – 14 – 23	161	– 11.00	– 0.98	0.282459	– 7.55	1112	1686

注：$\varepsilon_{\mathrm{Hf}}(t)$ 表示样品偏离球粒陨石的程度；T_{DMC} 表示样品单阶段演化模式年龄；T_{DMC} 表示平均地壳模式年龄；现今球粒陨石和亏损地幔的 $^{176}\mathrm{Hf}/^{177}\mathrm{Hf}$ 和 $^{176}\mathrm{Lu}/^{177}\mathrm{Hf}$ 分别为 0.282772 和 0.0332 及 0.28325 和 0.0384；$(^{176}\mathrm{Lu}/^{177}\mathrm{Hf})_{\mathrm{C}} = 0.015$；$t$ 为锆石的结晶年龄；s 为标准差。

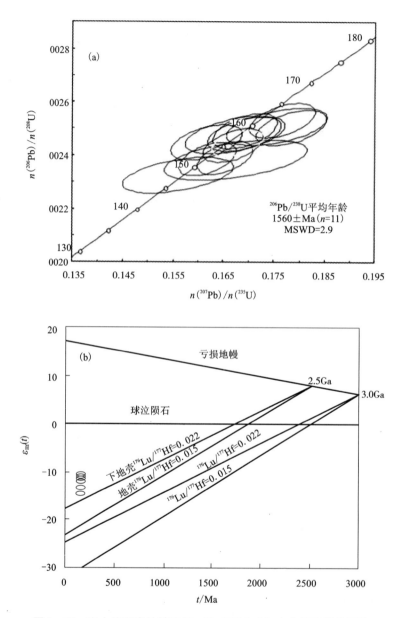

图 4 - 17 宝山煌斑岩的锆石 U - Pb 年龄(a) 和宝山煌斑岩锆石铪
同位素 $\varepsilon_{Hf}(t)$ —t 图解(b)

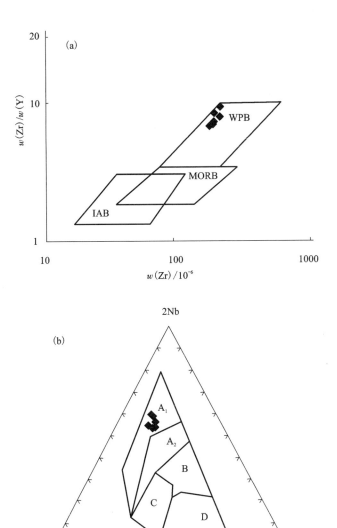

图 4 - 18　宝山煌斑岩构造判别图

其中：Zr/Y—Zr 图(a)据 Pearce and Nony(Pearce J A 等，1979)．(b)据 Mesehede(Meschede M，1986)．A，B 和 C 分别代表 WPB、IAB 和 MORB；Nb - Zr - Y 图 $A_1 + A_2$—板内碱性玄武岩；$A_2 + C$—板内拉斑玄武岩；B - P 型 MORB；D - N 型 MORB；C + D—火山弧玄武岩．

4.2.4 煌斑岩形成构造环境和岩石成因

Nb、Ti、Y 为高场强元素，它们受到后期作用影响不大，故常用来判断岩浆岩的构造环境。在 Zr/Y – Y 图解[图 4 – 18(a)]和 2Nb – Zr/4 – Y 图解[图 4 – 18(b)]中样品点投在大陆板内环境，本区 Nb/Y 和 Ti/Y 比值为 0.44 ~ 0.64，255 ~ 336，均略低于锡矿山煌斑岩(谢桂青，2001b)，在 Ti/100 – Zr – 3Y 图(图略)中也投入板内环境。这与岩石微量元素具有的岛弧玄武岩特性不一致，暗示在岩浆形成前发生过地壳物质的俯冲。宝山矿区处于湘桂拗陷带，区域上位于扬子板块和华夏板块相交接的过渡地区，地表为晚古生代地层覆盖区，印支运动使得晚古生代盖层发生褶皱，在随后的燕山期早期因古太平洋板块持续快速低角度俯冲作用(Zhou X M 等，2000)，可能诱发了湘南深部岩石圈上地幔的热扰动(谢桂青，2001a)。华南中生代受到板块构造体制和板内体制的联合制约，这是华南地表发育挤压逆冲推覆构造、而深部地壳却发生重熔形成花岗岩的根本原因。由于区域性伸展活动及断裂的深切作用，使得富集地幔减压熔融形成中基性岩浆，宝山矿区的煌斑岩可能是这期基性岩浆活动的产物。

关于煌斑岩的成因，目前主要存在三种不同的模式：一是富集地幔部分熔融模式(Rock N M S 等，1988a；黄智龙等，1996b)；二是基性岩浆陆壳混染模式(翟淳，1981)；三是幔源 + 陆壳混染模式(谢桂青等，2001a)。

宝山煌斑岩微量元素、稀土元素以相对均一或变化不大为特征，表明岩浆上升过程中地壳混染作用不大。本区煌斑岩的 $w(Nb)/w(Ta)$ 为 11.2 ~ 18.4，平均比值为 13.86，略低于原始地幔的值(17.5 ± 2.0)；$w(Zr)/w(Hf)$ 值 36.73 ~ 41.40，平均比值为 38.89，接近原始地幔的值(36.27 ± 2.0)；同时这两个值都远大于陆壳的相应值(11 和 33)(Taylor S R 等，1985)；这些表明本区煌斑岩受到大比例的地壳混染的可能性不大(Weaver B L，1991；赵振华等，1998)。煌斑岩的元素地球化学特征主要反映了其源区的性质。煌斑岩为钙碱性系列，从图 4 – 4 可以看出，样品具有较明显的 Nb、Ta 亏损和较低的 Nb/La 比值(0.54 ~ 0.71)，Nb、Ta 亏损是板块俯冲环境中喷发岩浆的典型特征，这些表明其是不可能直接由软流圈部分熔融产生的(Miller C 等，1999)，其源区可能因受到俯冲作用的影响，混合了部分地壳物质。

4.2.5 小结

(1)宝山煌斑岩主要矿物成分为辉石、长石和云母，标准矿物含石英，为 SiO_2 过饱和煌斑岩，岩石化学成分显示组合指数 $\sigma = 2.23 ~ 3.68$，结合 SiO_2 – Nb/Y 图解、TAS 图解、SiO_2 – K_2O 图解，认为本区煌斑岩属于碱性系列钾质钙碱性煌斑岩。

（2）本区煌斑岩稀土元素具有总量高，无明显负铈异常，配分模式呈轻稀土富集的强烈右倾型特征。在微量元素蛛网图中，以富集高场强元素，Nb、Ta 亏损和 Ti 不亏损，Th 强富集和 Ce 弱富集为特征，具有岛弧钙碱性玄武岩微量元素分配模式，反映地幔源区有俯冲组分特点；煌斑岩浆可能为富含 REE 和高场强元素的俯冲带流体交代过的富集地幔部分熔融所产生的岩浆。

（3）煌斑岩中锆石特征显示为岩浆锆石，其 U－Pb 谐和年龄为 156 Ma ± 2 Ma，与矿区花岗斑岩的年龄接近，Hf 同位素特征显示 $\varepsilon_{Hf}(t)$ 值为 － 6.99 ～ －11.17，反映有古老地壳的混染。

（4）煌斑岩的构造环境判别图解显示具有板内构造环境特点，微量元素配分型式又具有岛弧钙碱性玄武岩的微量元素分配型式，表明宝山煌斑岩的地幔源区为受早期俯冲地壳物质交代的富集地幔。煌斑岩的形成是在华南陆内燕山早期板内裂谷伸展的区域背景下沿深大断裂侵位形成的。

4.3 狮子岭隐爆角砾岩体的岩石矿物学及锆石 U－Pb－Hf 同位素特征

对宝山矿区南部尾砂库附近的狮子岭产出隐爆角砾岩体，岩体中的角砾与基质岩石的特征大致相近，均为高钾钙碱性准铝质花岗质岩石（伍光英，2005）。本次在补充测年的基础上，对隐爆角砾岩的角砾和基质中的锆石补充了 Hf 同位素研究。

4.3.1 角砾岩岩石矿物学特征

岩体位于矿区西南的狮子岭，平面上为圆形山包，岩性主要是花岗闪长质隐爆角砾岩，岩石呈灰－灰黑色、灰绿色，角砾结构，角砾大小不等，熔岩胶结，岩屑成分中主要为花岗闪长斑岩岩屑，少量为花岗斑岩岩屑，这两种岩石在岩体四周都有出露，其结构、构造及矿物成分都十分相似；外源岩屑主要有围岩砂岩岩屑如砂岩、灰岩岩屑。晶屑由粗大长石、石英、黑云母晶体等组成，它们多具裂纹，有的呈碎斑状，一般呈尖棱角状、熔蚀状，有的呈弓形、弧形及凹面多角形，黑云母解理扭曲，具隐爆角砾岩的特征。岩体外围未发现与火山岩有关的火山机构，显示该岩体并非火山角砾岩，而是隐爆（侵入）角砾岩。镜下特征显示角砾中含有早期花岗斑岩的角砾［似斑状结构，类似于早期（919 样品）花岗闪长斑岩］，角砾岩的胶结物为玻璃质，隐晶质结构［类似于晚期（917 样品）花岗闪长斑岩］。隐爆角砾岩的标本照片及显微照片如图 4－19 所示。

图 4 - 19　隐爆角砾岩标本及显微镜下特征

(a)隐爆角砾岩中的斑岩角砾；(b)隐爆角砾岩，含各种晶屑及岩屑，晶屑结构；(c)镜下特征：隐爆角砾岩中的角砾，自源岩屑，斑状结构，基质隐晶质 - 细粒结构；(d)隐爆角砾岩，花岗斑岩岩屑角砾(左)，细粒结构，右侧显示胶结物为玻璃质熔岩。

4.3.2　角砾及基质中锆石 U - Pb 年代学及 Hf 同位素特征

本次 U - Pb 测年锆石均为具有韵律环带的锆石，显示为岩浆结晶形成。锆石的 Th/U 值较高(0.13 ~ 0.33)，表明为典型的岩浆成因。少数具核幔结构。锆石外形有长柱状和短柱状(图 4 - 20)。多数测点选择在晶体两端，少部分测点在柱体中部，剔除谐和度小于 90% 的测点，选择的锆石分析点均位于 U - Pb 谐和线上或其附近，^{206}Pb/^{238}U 加权平均年龄分别为：角砾锆石(SH1)158.1 Ma ± 1.2 Ma (1σ，MSWD = 1.2)，基质锆石(SH2)158.0 Ma ± 1.5 Ma (1σ，MSWD = 0.79)(表 4 - 5)，两者年龄一致，说明角砾主要为自源角砾，代表了该期岩浆浅成侵入的时代。

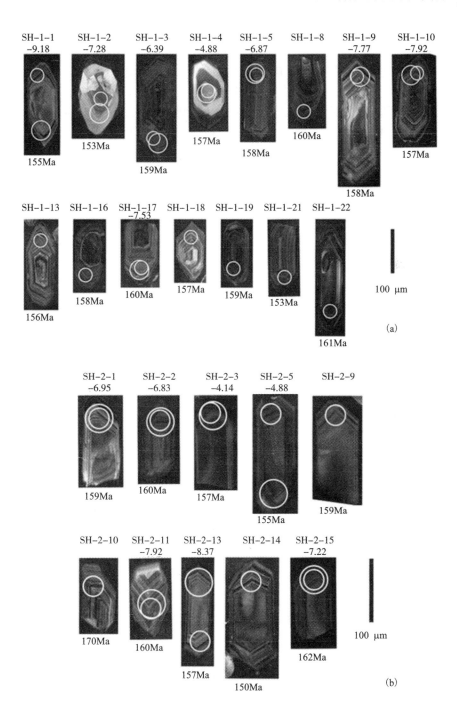

图 4-20 锆石阴极发光(CL)图像

其中图 4-20(a)是岩体样品角砾中锆石的 CL 图像；图 4-20(b)为岩体样品基质中锆石的 CL 图像。44 μm 圆表示铪同位素测试点，锆石上方数字代表 $\varepsilon_{Hf}(t)$ 值；30 μm 圆表示 U-Pb 年龄分析点，图像下面数字为 $^{206}Pb/^{238}U$ 年龄；分析点号位于锆石上方；线比例尺长度为 100 μm。

锆石 Hf 同位素测定点选在锆石 U-Pb 测试的同位点。角砾样品中锆石（9 个点）的 $^{176}Yb/^{177}Hf$ 和 $^{176}Lu/^{177}Hf$ 值变化范围较大，分别为 0.017071~0.036445 和 0.000466~0.001966（表 4-12）；初始 $^{176}Hf/^{177}Hf$ 值和 $\varepsilon_{Hf}(t)$ 值分别为 0.282416~0.282537 和 -4.88~-9.18（表 4-13），模式年龄为 1002~1175 Ma，平均为 1092 Ma；平均地壳模式年龄为 1660 Ma。

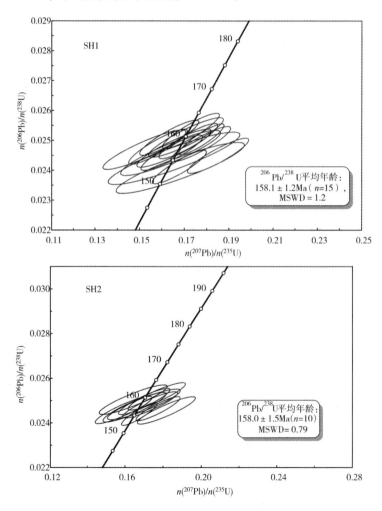

图 4-21　宝山隐爆角砾岩的锆石 U-Pb 年龄图解

表 4 - 12　宝山隐爆角砾岩锆石 U - Pb 同位素组成及年龄

样品	Pb*/($\mu g \cdot g^{-1}$)	Th/($\mu g \cdot g^{-1}$)	U/($\mu g \cdot g^{-1}$)	$n(Th)/n(U)$	$n(^{207}Pb)/n(^{206}Pb)$ 比值	1s	$n(^{207}Pb)/n(^{235}U)$ 比值	1s	$n(^{206}Pb)/n(^{238}U)$ 比值	1s	$n(^{208}Pb)/n(^{232}Th)$ 比值	1s	$n(^{207}Pb)/n(^{206}Pb)$ 年龄	1s	$n(^{207}Pb)/n(^{235}U)$ 年龄	1s	$n(^{206}Pb)/n(^{238}U)$ 年龄	1s	$n(^{208}Pb)/n(^{232}Th)$ 年龄	1s
SH-1-01	1.26	8.71	47.25	0.18	0.04916	0.00373	0.16544	0.01207	0.0244	0.00036	0.00822	0.00027	155.2	168.8	155.5	10.5	155.4	2.3	165.4	5.3
SH-1-02	1.36	11.54	50.96	0.23	0.0506	0.0037	0.16821	0.01176	0.02408	0.00035	0.00783	0.00023	224.3	160.6	157.9	10.2	153.4	2.2	157.6	4.5
SH-1-03	5.19	35.71	194.58	0.18	0.04987	0.00182	0.17181	0.00536	0.02498	0.00024	0.00818	0.00014	189.1	82.7	161.0	4.7	159.0	1.5	164.8	2.7
SH-1-04	2.02	18.38	73.85	0.25	0.04834	0.00287	0.16388	0.00914	0.02458	0.00031	0.00757	0.00017	116.0	134.2	154.1	8.0	156.5	1.9	152.5	3.5
SH-1-05	4.53	38.17	165.36	0.23	0.0462	0.0018	0.15822	0.0536	0.02479	0.0024	0.00774	0.00012	11.9	90.8	149.1	4.7	157.9	1.5	155.9	2.5
SH-1-08	4.27	23.86	164.44	0.15	0.04719	0.0018	0.16328	0.0539	0.02509	0.0024	0.00812	0.00016	58.3	88.8	153.6	4.7	159.7	1.5	163.5	3.1
SH-1-09	3.11	19.06	117.57	0.16	0.04848	0.0022	0.16539	0.00678	0.02474	0.00026	0.00809	0.00017	122.7	103.5	155.4	5.9	157.5	1.7	162.9	3.5
SH-1-10	3.96	21.33	155.21	0.14	0.04848	0.0019	0.16444	0.00564	0.02459	0.0024	0.00834	0.00017	123.0	90.0	154.6	4.9	156.6	1.5	167.9	3.4
SH-1-13	4.44	42.54	157.76	0.27	0.05483	0.00196	0.18518	0.00562	0.02449	0.0024	0.00805	0.00011	405.1	77.6	172.5	4.8	156.0	1.5	162.1	2.3
SH-1-16	4.38	39.84	156.63	0.25	0.05169	0.00188	0.17736	0.00549	0.02488	0.0024	0.00783	0.00012	271.7	81.2	165.8	4.7	158.4	1.5	157.6	2.3
SH-1-17	2.82	16.22	107.39	0.15	0.04934	0.0022	0.17081	0.00683	0.0251	0.0027	0.00826	0.00018	164.1	100.8	160.1	5.9	159.8	1.7	166.4	3.7
SH-1-18	2.43	17.17	93.34	0.18	0.04467	0.0024	0.15214	0.00759	0.02469	0.0027	0.0074	0.00017	0.1	52.3	143.8	6.7	157.3	1.7	149.1	3.4
SH-1-19	7.98	90.69	272.29	0.33	0.05145	0.00154	0.17765	0.00414	0.02504	0.00021	0.00782	0.00008	261.1	67.3	166.0	3.6	159.4	1.4	157.5	1.7
SH-1-21	4.66	45.13	172.98	0.26	0.05048	0.00177	0.16784	0.00492	0.02411	0.00023	0.00771	0.00011	217.2	79.2	157.5	4.3	153.6	1.4	155.3	2.2
SH-1-22	5.12	39.26	190.53	0.21	0.04953	0.00176	0.17297	0.00519	0.02532	0.0024	0.008	0.00012	173.1	81.1	162.0	4.5	161.2	1.5	161.0	2.5
SH-2-01	2.78	20.12	104.58	0.19	0.04758	0.00232	0.1643	0.00732	0.02504	0.00027	0.00835	0.00017	77.6	112.5	154.5	6.4	159.4	1.7	168.1	3.4
SH-2-02	4.11	31.86	150.88	0.21	0.05086	0.00203	0.17665	0.00616	0.02519	0.00025	0.00818	0.00014	234.3	89.6	165.2	5.3	160.4	1.6	164.7	2.8
SH-2-03	3.47	39.97	121.02	0.33	0.04844	0.00221	0.16499	0.00678	0.0247	0.00027	0.00773	0.00012	120.6	104.0	155.1	5.9	157.3	1.7	155.6	2.4
SH-2-05	8.42	48.59	347.46	0.14	0.04979	0.00148	0.16754	0.00385	0.0244	0.00021	0.00774	0.00011	185.1	67.9	157.3	3.4	155.4	1.3	155.8	2.3
SH-2-09	2.59	13.95	105.02	0.13	0.04963	0.00249	0.16989	0.00783	0.02483	0.00028	0.00745	0.0002	177.5	113.1	159.3	6.8	158.1	1.8	150.0	1.8
SH-2-10	3.38	26.12	130.01	0.20	0.05365	0.00212	0.18174	0.00622	0.02456	0.00025	0.00777	0.00014	356.3	86.4	169.6	5.3	156.4	1.6	156.4	1.6
SH-2-11	4.67	33.33	179.23	0.19	0.04941	0.00187	0.17011	0.00554	0.02496	0.00024	0.00808	0.00013	167.4	73.2	159.5	4.8	158.9	1.5	162.7	1.5
SH-2-13	5.60	43.07	216.53	0.20	0.0522	0.00172	0.17739	0.00473	0.02464	0.00022	0.00753	0.00011	294.0	86.3	165.8	4.1	156.9	1.4	151.7	2.2
SH-2-14	2.60	17.37	98.46	0.18	0.04699	0.00203	0.15928	0.0614	0.02458	0.00025	0.00747	0.00015	48.5	100.6	150.0	5.4	156.5	1.6	150.4	1.6
SH-2-15	3.59	24.7	139.77	0.18	0.0506	0.00199	0.17314	0.00592	0.02481	0.00024	0.00755	0.00014	222.7	88.7	162.1	5.1	158.0	1.5	152.0	1.5

表 4-13 宝山隐爆角砾岩中锆石 Hf 同位素组成

样品编号	$n(^{176}\mathrm{Hf})$ $/n(^{177}\mathrm{Hf})$	2s	$n(^{176}\mathrm{Yb})$ $/n(^{177}\mathrm{Hf})$	2s	$n(^{176}\mathrm{Lu})$ $/n(^{177}\mathrm{Hf})$	2s
SH-1-01	0.282419	0.000025	0.035053	0.000483	0.000927	0.000009
SH-1-02	0.282474	0.000025	0.036445	0.000415	0.001051	0.000006
SH-1-03	0.282495	0.000022	0.020217	0.000363	0.000578	0.000007
SH-1-04	0.282539	0.000031	0.027999	0.000672	0.000731	0.000019
SH-1-05	0.282481	0.000026	0.020663	0.000138	0.000559	0.000002
SH-1-08	0.282456	0.000021	0.027759	0.000270	0.000766	0.000007
SH-1-09	0.282452	0.000015	0.022066	0.000127	0.000661	0.000005
SH-1-10	0.282483	0.000015	0.029740	0.000245	0.000779	0.000008
SH-1-13	0.282464	0.000016	0.017071	0.000089	0.000466	0.000002
SH-2-01	0.282479	0.000016	0.034035	0.000137	0.000960	0.000004
SH-2-02	0.282482	0.000013	0.026833	0.000309	0.000763	0.000007
SH-2-03	0.282563	0.000016	0.071102	0.000569	0.001966	0.000010
SH-2-05	0.282470	0.000013	0.037722	0.000473	0.001275	0.000019
SH-2-09	0.282451	0.000011	0.023055	0.000103	0.000654	0.000002
SH-2-10	0.282433	0.000011	0.031177	0.000365	0.000871	0.000012
SH-2-11	0.282471	0.000013	0.024887	0.000156	0.000725	0.000004
SH-2-13	0.282456	0.000014	0.028461	0.000214	0.000846	0.000005

	t/Ma	$\varepsilon_{\mathrm{Hf}}(0)$	$f_{\mathrm{Lu/Hf}}$	$(^{176}\mathrm{Hf}/^{177}\mathrm{Hf})_i$	$\varepsilon_{\mathrm{Hf}}(t)$	$T_{\mathrm{DM1}}/\mathrm{Ma}$	$T_{\mathrm{DMC}}/\mathrm{Ma}$
SH-1-01	155	-12.49	-0.97	0.282416	-9.18	1175	1784
SH-1-02	153	-10.54	-0.97	0.282471	-7.28	1101	1663
SH-1-03	159	-9.81	-0.98	0.282493	-6.39	1059	1611
SH-1-04	157	-8.24	-0.98	0.282537	-4.88	1002	1514
SH-1-05	158	-10.28	-0.98	0.28248	-6.87	1077	1641
SH-1-08	160	-11.19	-0.98	0.282453	-7.77	1119	1699
SH-1-09	158	-11.30	-0.98	0.28245	-7.92	1120	1706
SH-1-10	157	-10.22	-0.98	0.282481	-6.87	1081	1639
SH-1-13	156	-10.91	-0.99	0.282462	-7.53	1099	1681
SH-2-01	159	-10.34	-0.97	0.282477	-6.95	1091	1647
SH-2-02	160	-10.27	-0.98	0.282479	-6.83	1082	1640
SH-2-03	157	-7.38	-0.94	0.282557	-4.14	1000	1468

续表 4 - 13

SH - 2 - 05	155	- 10.68	- 0.96	0.282466	- 7.40	1114	1672
SH - 2 - 09	159	- 11.35	- 0.98	0.282449	- 7.92	1122	1708
SH - 2 - 10	170	- 11.99	- 0.97	0.282430	- 8.37	1154	1744
SH - 2 - 11	160	- 10.64	- 0.98	0.282469	- 7.22	1096	1664
SH - 2 - 13	157	- 11.18	- 0.97	0.282453	- 7.83	1121	1700

　　注：$\varepsilon_{Hf}(t)$ 表示样品偏离球粒陨石的程度；T_{DM1} 表示样品单阶段演化模式年龄；T_{CDM} 表示平均地壳模式年龄；现今球粒陨石和亏损地幔的 $^{176}Hf/^{177}Hf$ 和 $^{176}Lu/^{177}Hf$ 分别为 0.282772 和 0.0332 及 0.28325 和 0.0384；$(^{176}Lu/^{177}Hf)_C = 0.015$；$t$ 为锆石的结晶年龄；s 为标准差。

　　基质样品中锆石（8 个点）的 $^{176}Yb/^{177}Hf$ 和 $^{176}Lu/^{177}Hf$ 值范围分别为 0.023015 ~ 0.071102 和 0.000654 ~ 0.001966（表 4 - 6）；初始 $^{176}Lu/^{177}Hf$ 值和 $\varepsilon_{Hf}(t)$ 值分别为 0.282430 ~ 0.282481 和 - 4.14 ~ - 8.37，模式年龄为 1000 ~ 1122 Ma，平均为 1098 Ma；平均地壳模式年龄为 1655 Ma（表 4 - 12）。

　　在 $\varepsilon_{Hf}(t) - t$ 图解中（图 4 - 22），锆石点投在 2.5 Ga 下地壳演化线附近 $n(^{176}Lu)/n(^{177}Hf) = 0.022$，$f_{Lu/Hf} = -0.34$），表明岩石源区为古老下地壳（杨进辉等，2007；凤永刚等，2009）。

　　综合上述，隐爆角砾岩的成岩时代及源区特征与矿区深部晚期成矿期花岗闪长斑岩体时代一致，说明为同一期岩浆活动的产物。

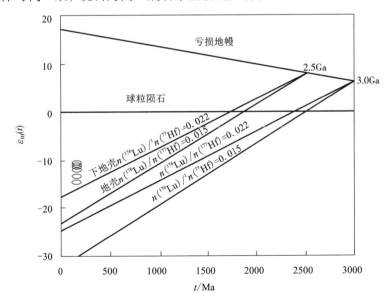

图 4 - 22　宝山隐爆角砾岩体锆石铪同位素 $\varepsilon_{Hf}(t) - t$ 图解

4.4　本章讨论与结论

　　宝山矿区岩石类型多样，中酸性的花岗闪长岩为 I 型花岗岩，依据岩石地球化学资料分析源区岩石为基性岩，也有研究探讨了花岗闪长岩中闪长质包体的成因，认为花岗闪长斑岩是基性岩浆侵入与长英质岩浆混合形成的（谢银财，2013b）。无论是源区基性岩的重熔还是新生幔源基性岩浆的注入，暗色包体的存在却是直接反映了基性岩浆的底侵作用是存在的，闪长质包体是基性岩浆与长英质岩浆混合的结果。结合基性煌斑岩的研究，本区认为宝山（坪宝）地区存在地幔热点（地幔柱）的岩浆作用，煌斑岩是地幔柱（热点）加热岩石圈地幔熔融的结果，并有部分基性岩浆注入酸性岩浆池，所以含有闪长质包体的花岗闪长岩是地幔柱（热点）存在的间接表现。

5 黄沙坪矿区花岗岩地质地球化学特征

黄沙坪铅锌矿中的 301#岩带成矿作用优于 304#岩带,已探明矿体均集中分布于 301#岩体接触带及周边围岩裂隙中,成因上属于浅成中高温接触交代矽卡岩型矿床叠加中低温热液充填铅锌矿床(钟正春,1996;李石锦,1997;黄革非,1999;李建中等,2005)。目前矿山围绕西部 304 岩体上下盘接触带开展了铜矿找矿工作,据最新钻孔资料,除 KZ0901 与 KZ1601 见有厚富铜矿体外,KZ1201 孔也发现 6.5 m 花斑状铜锌矿体,而且在已完工的 7 个钻孔中均发现 304#岩体中多处见有浸染状 – 细脉状铜钼矿化(汪林峰等,2011)。

黄沙坪 301 岩体 U – Pb 年龄为 161.6 Ma ± 1.1 Ma(姚军明等,2005),304#花斑岩全岩铷锶等时线年龄为 138 Ma(钟正春,1996)。301#岩体和 304#岩体在岩石学特征方面有差异,含矿性也有差异,目前 304#岩体研究相对薄弱,因此进一步了解和剖析两个岩带的成岩成矿差异对于在理论上和实际上都具有现实意义。

5.1 花岗岩岩石矿物学特征

黄沙坪矿床成矿岩体在近地表为 51#、52#岩体,均为喷出相石英斑岩,深部演变为 301#岩带(主要含矿岩体),及 304#岩带(矿化相对弱)。在 – 56 中段 5 线可以看到花斑岩中有早期细粒花岗岩的角砾,显示该地段为隐蔽爆破中心。主要特征描述如下:

(1)英安斑岩(ξπ):灰白色,块状构造,斑状结构,斑晶约占 15%。以自形钾长石、斜长石为主,一般 2 ~ 3 mm;基质霏细结构,成分为长英质[图 5 – 1(a)、图 5 – 1(b)]。

(2)石英斑岩(λπ):灰白 – 浅红 – 暗肉色,块状构造,上部发育流纹条带状构造,少斑结构,斑晶主要由石英(6%)、长石(4%)组成[图 5 – 1(c)、图 5 – 1(d)];基质为霏细结构、微粒嵌晶结构,由长石、石英组成[图 5 – 1(e)]。

(3)花斑岩(ξπ304 岩带):灰 – 深灰色,局部钾长石化,呈浅红 – 肉红色,花斑结构,斑晶含量为 8% ~ 15%,主要斑晶为钾长石(50% ~ 60%)、石英(35% ~ 40%)及少量斜长石;基质为微文象结构和细粒嵌生结构,呈花斑状。该岩体是 304#铜铅锌成矿带的成矿母岩[图 5 – 1(f) ~ (j)]。

(4)花岗斑岩(γπ301#岩带):301#岩带按其岩石特征可分为边缘相和内部

相，边缘相岩石为浅灰 – 砖红色，斑状结构，斑晶含量约 20% ，以石英为主，次为钾长石，少量斜长石；基质以石英为主，呈显微花岗结构。内部相岩石为灰白 – 浅红色，斑状结构或聚斑结构，斑晶含量为 25% ~43% ，斑晶以钾长石、石英为主，基质为细粒花岗结构［图 5 – 1(k)、图 5 – 1(l)］。

本书研究的样品均为坑道内采集，石英斑岩采自 165 中段北石门一的 51# 岩体，花斑岩采自 – 56 中段 5 线至 9 线的 304 – 1# 岩体。花岗斑岩采自 56 中段 117 线的 301 – 2# 岩体。

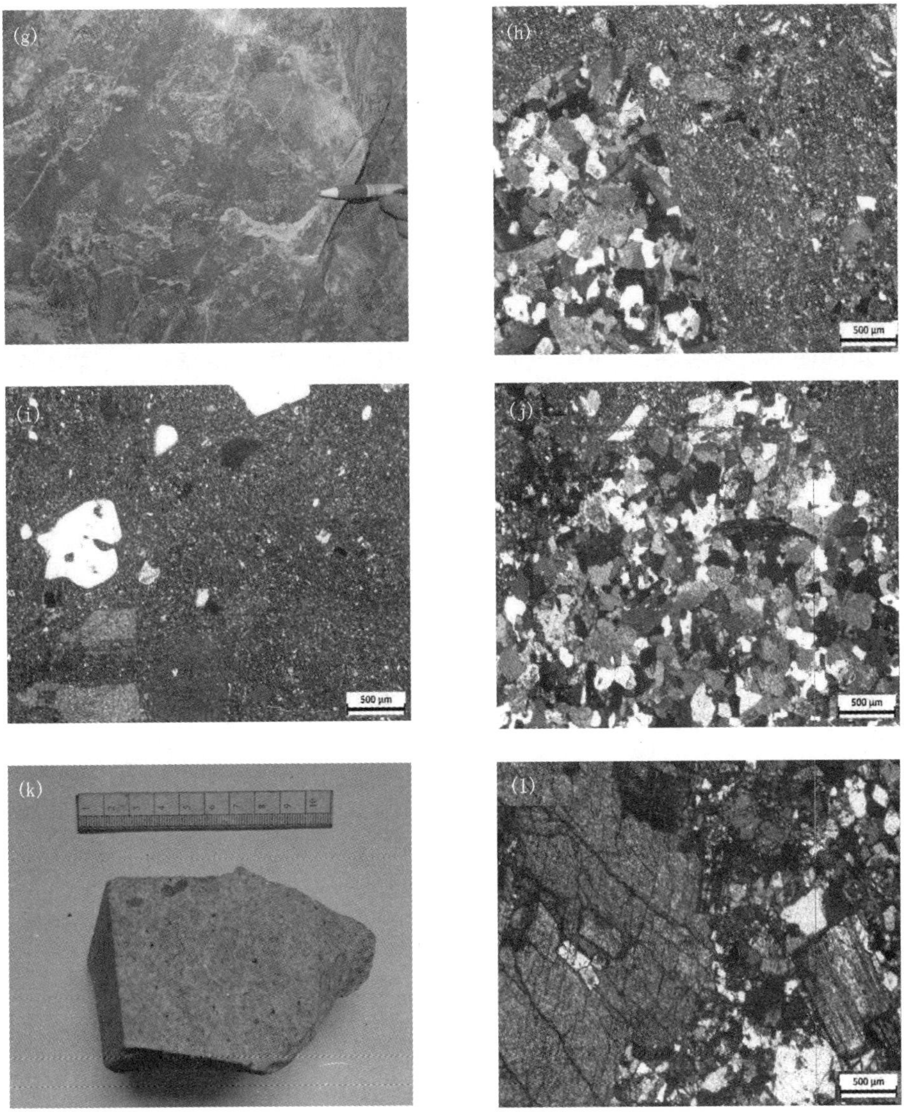

图 5-1　岩体标本照片及显微照片

（a）英安斑岩标本，钾化，20 中段，54#岩体；（b）正交显微镜下，主要矿物为石英和钾长石；（c）9.25-8 石英斑岩，节理发育，采自 56 中段 117 线和 16 线交叉处，52#岩体；（d）石英斑岩中，石英斑晶遭受溶蚀；（e）爆破角砾岩，51#石英斑岩中的隐爆角砾，见黄铜铅锌矿化，165 中段北石门；（f）304#花岗岩，致密块状，隐晶质结构；（g）304-1#花斑岩中的隐爆角砾，为细粒花岗岩-56 中段 05 线；（h）923-9，-56 中段，5 线，304#岩体花斑岩中角砾（照片左侧）为细粒花岗岩，正交；（i）923-6，-56 中段，5 线，304#岩体花斑岩，基质为隐晶质，斑状结构，斑晶以长石和石英为主，不含暗色矿物，正交；（j）923-6，-56 中段，5 线，304#岩体花斑岩，角砾为细粒花岗岩，正交；（k）301#花岗斑岩，斑状结构，基质细粒结构；（l）9.25-30 花岗岩，301-1#岩体中心，斑状结构，基质等粒结构，矿物组合：钾长石+斜长石+石英+黑云母。

本次研究的样品均为坑道内采集,石英斑岩采自 165 中段北石门一的 $51^{\#}$ 岩体,花斑岩采自 -56 中段 5 线至 9 线的 $304-1^{\#}$ 岩体。花岗斑岩采自 56 中段 117 线的 $301-2^{\#}$ 岩体。样品制备与常规分析测试分析说明同 4.1.3,测试结果见表 5-1。

5.2 花岗岩主量及微量元素特征

5.2.1 主量元素特征

黄沙坪矿区各类斑岩 SiO_2 含量为 73.49% ~ 76.49% (表 5-1),岩石全碱 ($ALK = Na_2O + K_2O$) 含量为 7.95% ~ 8.84%,里特曼指数 [$w(K_2O + Na_2O)^2/w(SiO_2-43)$] 为 0.23 ~ 0.27,在 $w(SiO_2) - w(K_2O + Na_2O)$ 图解上 [图 5-2(a)],投入花岗岩区域,$w(SiO_2) - w(K_2O)$ 图解上 [图 5-2(b)],投入高钾钙碱性到钾玄岩区域。A/CNK 值为 0.86 ~ 1.85,为过铝 - 弱过铝质花岗岩。在花岗岩成因 $w(K_2O) - w(Na_2O)$ 判别图解 [图 5-3(a)] 上,投入 A 型花岗岩区域,与千里山、骑田岭等花岗岩一致(赵振华等,2000;柏道远等,2005)。依据 A 型花岗岩的亚类分类方案(Eby,1992),黄沙坪花岗岩投入 A1 亚类区,可能代表热点、地幔柱或非造山环境中的裂谷环境 [图 5-3(b)]。

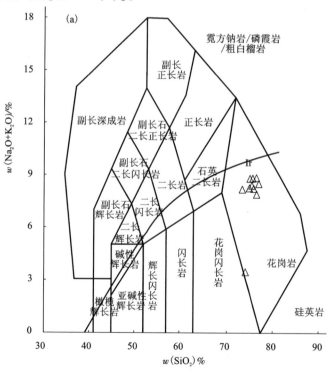

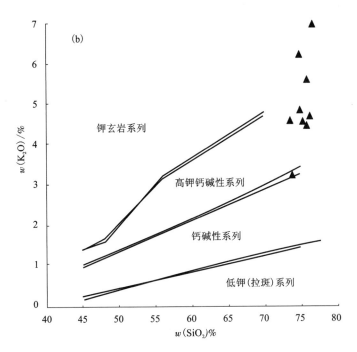

图 5-2　岩石分类的 $w(SiO_2)-w(Na_2O+K_2O)$ 图解(a)和 $w(SiO_2)-w(K_2O)$ 图解(b)

(据 Middlemost, 1985、1994; Peccerillo, 1976)

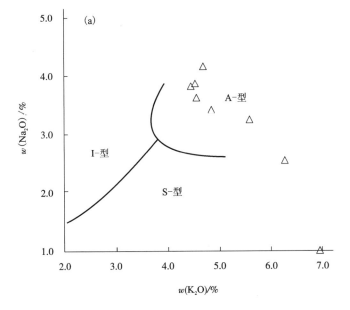

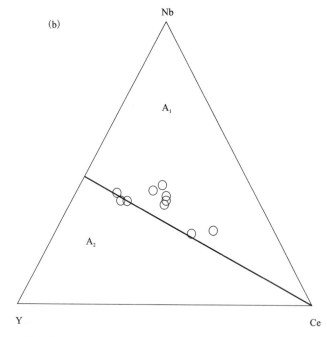

图 5 - 3　花岗岩分类的 $w(K_2O) - w(Na_2O)$ 判别图解(a)(据 Collins et al.,
1982)和 Nb - Y - Ce 判别图解(b)(据 Eby, 1992)

表 5-1 黄沙坪花岗岩的主量元素(%)和微量元素($\mu g \cdot g^{-1}$)

样品号	9.23-1	9.23-4	9.23-6	9.23-7	9.23-10	9.23-14	9.23-23	9.25-19	9.25-26	9.25-30
岩性	石英斑岩	石英斑岩	花斑岩	花斑岩	花斑岩	花斑岩	花斑岩	花岗斑岩	花岗斑岩	花岗斑岩
SiO_2	76.89	73.84	74.87	75.74	73.49	74.93	76.49	76.33	75.86	75.43
TiO_2	0.09	0.08	0.13	0.05	0.19	0.05	0.09	0.02	0.02	0.02
Al_2O_3	12.48	12.83	12.43	12.63	12.91	12.16	12.84	12.86	12.98	13.09
Fe_2O_3	0.13	0.88	0.11	0.09	0.17	0.16	0.41	0.06	0.12	0.06
FeO	0.33	0.65	0.75	0.37	1.03	0.22	0.10	0.50	1.20	1.25
MnO	0.01	0.02	0.02	0.01	0.03	0.02	0.01	0.02	0.05	0.04
MgO	0.23	0.87	0.27	0.15	0.55	0.20	0.50	0.15	0.07	0.23
CaO	0.27	1.69	2.00	1.33	2.29	1.74	0.39	0.67	0.76	0.68
Na_2O	0.27	0.26	3.43	3.26	3.64	2.54	1.00	4.17	3.83	3.87
K_2O	8.29	3.18	4.82	5.57	4.55	6.24	6.95	4.67	4.44	4.52
P_2O_5	0.01	0.01	0.01	0.01	0.03	0.01	0.01	0.01	0.01	0.01
CO_2	0.04	1.75	0.55	0.33	0.55	1.09	0.04	0.09	0.04	0.04
H_2O	0.81	3.08	0.47	0.34	0.45	0.54	1.06	0.35	0.50	0.65
总量	99.85	99.14	99.86	99.88	99.88	99.90	99.89	99.90	99.88	99.89
$K_2O + Na_2O$	8.29	3.18	4.82	5.57	4.55	6.24	6.95	4.67	4.44	4.52
Al_2O_3 / TiO_2	138.67	160.38	95.62	252.60	67.95	243.20	142.67	643.00	649.00	654.50
A/CNK	1.26	1.85	0.86	0.91	0.86	0.86	1.30	0.98	1.04	1.05
TFe_2O_3	0.50	1.60	0.94	0.50	1.31	0.40	0.52	0.62	1.45	1.45

续表 5-1

样品号	岩性	C	σ	A/MF	C/MF	La	Ce	Pr	Nd	Sm	Eu	Gd	Tb	Dy	Ho	Er	Tm	Yb	Lu
9.23-1	石英斑岩	2.71	0.25	10.26	0.40	12.90	30.40	4.29	17.40	5.36	0.13	5.22	1.10	7.31	1.48	4.32	0.74	5.15	0.69
9.23-4	石英斑岩	9.78	0.11	3.02	0.72	33.30	68.60	8.65	32.70	7.22	0.33	6.03	1.00	5.08	0.96	2.88	0.48	3.40	0.47
9.23-6	花斑岩		0.26	6.58	1.93	21.50	47.00	6.31	25.40	7.35	0.15	6.84	1.33	8.43	1.67	4.79	0.83	5.80	0.79
9.23-7	花斑岩		0.27	12.39	2.37	21.80	53.90	6.82	27.00	8.22	0.11	7.54	1.56	9.91	2.00	5.75	0.97	6.74	0.89
9.23-10	花斑岩		0.27	4.20	1.36	19.80	44.30	5.86	23.30	7.12	0.28	5.89	1.25	7.77	1.59	4.48	0.77	5.29	0.72
9.23-14	花斑岩	0.62	0.27	11.89	3.09	18.70	43.00	6.09	25.20	7.66	0.06	7.51	1.42	8.92	1.79	5.23	0.90	6.28	0.88
9.23-23	花斑岩	3.12	0.24	6.65	0.37	42.80	102.00	14.00	53.20	13.10	0.15	11.90	2.09	12.30	2.39	6.71	1.06	6.90	0.85
9.25-19	花岗斑岩		0.27	11.03	1.05	13.70	34.20	5.49	24.60	11.00	0.03	11.40	2.54	18.30	3.74	10.80	2.05	14.10	1.93
9.25-26	花岗斑岩	0.61	0.25	6.38	0.68	18.70	46.00	7.01	30.30	12.40	0.03	12.20	2.83	20.20	4.13	12.00	2.30	16.10	2.20
9.25-30	花岗斑岩	0.72	0.26	5.38	0.51	20.00	50.40	7.47	30.90	12.50	0.03	12.40	2.83	19.50	3.89	11.60	2.14	14.90	2.03

续表 5-1

样品号	9.23-1	9.23-4	9.23-6	9.23-7	9.23-10	9.23-14	9.23-23	9.25-19	9.25-26	9.25-30
岩性	石英斑岩	石英斑岩	花斑岩	花斑岩	花斑岩	花斑岩	花斑岩	花岗斑岩	花岗斑岩	花岗斑岩
Y	41.20	27.10	46.50	54.00	45.70	48.70	64.10	119.00	134.00	129.00
总量(含Y)	138.00	198.00	185.00	207.00	174.00	182.00	333.00	273.00	320.00	320.00
ΣREE	96.48	171.03	138.20	153.23	128.44	133.66	269.11	153.72	186.31	190.58
LREE	70.47	150.74	107.70	117.88	100.69	100.74	224.97	88.90	114.35	121.24
HREE	26.01	20.29	30.49	35.35	27.76	32.92	44.14	64.82	71.95	69.34
LREE/HREE	2.71	7.43	3.53	3.33	3.63	3.06	5.10	1.37	1.59	1.75
La_N/Yb_N	1.62	6.34	2.39	2.09	2.42	1.93	4.01	0.63	0.75	0.87
δEu	0.07	0.16	0.06	0.04	0.13	0.03	0.04	0.01	0.01	0.01
δCe	0.91	0.90	0.90	0.99	0.92	0.90	0.93	0.88	0.90	0.92
Rb	541.00	212.00	289.00	442.00	305.00	506.00	395.00	538.00	1097.00	1018.00
Ba	86.20	52.40	81.80	54.80	93.90	118.00	91.70	35.60	57.60	36.20
Th	37.60	37.90	42.30	52.60	39.80	40.80	36.70	20.30	30.50	28.60
U	23.70	11.80	16.80	22.30	15.50	21.00	19.70	28.70	33.60	30.40
K	68789.00	26387.00	39996.00	46219.00	37755.00	51779.00	57670.00	38751.00	36843.00	37506.00
Nb	48.00	34.90	54.50	65.90	49.40	67.20	58.00	98.50	106.00	104.00
La	12.90	33.30	21.50	21.80	19.80	18.70	42.80	13.70	18.70	20.00
Ce	30.40	68.60	47.00	53.90	44.30	43.00	102.00	34.20	46.00	50.40
Sr	50.10	21.10	57.70	37.70	91.60	46.10	60.40	11.80	12.90	16.10

续表 5-1

样品号	9.23-1	9.23-4	9.23-6	9.23-7	9.23-10	9.23-14	9.23-23	9.25-19	9.25-26	9.25-30
岩性	石英斑岩	石英斑岩	花斑岩	花斑岩	花斑岩	花斑岩	花斑岩	花岗斑岩	花岗斑岩	花岗斑岩
Nd	17.40	32.70	25.40	27.00	23.30	25.20	53.20	24.60	30.30	30.90
P	43.66	43.66	43.66	43.66	130.99	43.66	43.66	43.66	43.66	43.66
Zr	105.00	117.00	109.00	108.00	136.00	106.00	124.00	94.10	110.00	106.00
Hf	4.00	4.40	4.10	4.10	5.00	4.00	4.60	4.00	4.00	4.70
Sm	5.36	7.22	7.35	8.22	7.12	7.66	13.10	11.00	12.40	12.50
Ti	771.40	685.70	1114.00	428.60	1629.00	428.60	771.40	171.40	171.40	171.40
Y	41.20	27.10	46.50	54.00	45.70	48.70	64.10	119.00	134.00	129.00
Yb	5.15	3.40	5.80	6.74	5.29	6.28	6.90	14.10	16.10	14.90
Ta	5.87	4.38	6.08	8.26	5.40	7.43	6.78	15.80	18.30	16.80
Rb/Sr	10.80	10.05	5.01	11.72	3.33	10.98	6.54	45.59	85.04	63.23
Zr/Hf	26.25	26.59	26.59	26.34	27.20	26.50	26.96	23.53	27.50	22.55
K/Rb	127.15	124.47	138.39	104.57	123.79	102.33	146.00	72.03	33.59	36.84
K/Ba	798.02	503.57	488.95	843.41	402.08	438.81	628.90	1088.51	639.64	1036.08
Sr/Eu	400.80	63.17	392.52	339.64	325.98	720.31	397.37	421.43	390.91	555.17
Rb/Ba	6.28	4.05	3.53	8.07	3.25	4.29	4.31	15.11	19.05	28.12

注：A/CNK = Al/(Ca + Na + K)（分子摩尔比），C 为刚玉分子数。

5.2.2 稀土元素及微量元素特征

分析结果见表5-2,三类斑岩的稀土元素总量从石英斑岩→花斑岩-花岗斑岩增高,LREE/HREE 比值降低,曲线变平,符合一般复式花岗岩的稀土演化特征(李宏卫等,2010),反映三者的侵入先后顺序,前人研究也认为矿区岩浆岩侵入顺序由早到晚为英安斑岩→石英斑岩、花斑岩→细粒、微粒花岗岩→花岗斑岩(钟正春,1996)。304#岩体稀土总量略低于301#岩体,黄沙坪岩体的稀土元素分布模式曲线,都呈明显的"V"字形,配分模式为"海鸥型"[图5-4(a)],稀土具有明显的 Eu 负异常,δ_{Eu}平均为0.056,这种强烈亏损 Eu 的花岗质熔体显然是经历了斜长石的高程度分离结晶作用后的残留熔体。岩体稀土配分型式具有罕见的四分组效应(tetrad effect),该效应是岩浆-流体间的反应所致,但是关于热液流体是岩浆期后流体还是外来流体,仅根据现有的元素和同位素证据,尚无法对此明确区分。岩浆-流体间的反应不是一定产生四分组效应,因为自然界中水-岩反应是个相当普遍的现象,非高度演化的岩石即便遭受过热液蚀变也不会出现稀土元素的四分组效应。千里山岩体及其组成矿物如成岩矿物(钾长石、黑云母等)和富稀土副矿物(黄玉、独居石等)均有四分组效应,它们是由已经产生四分组效应的熔体结晶而来,而不可能是由岩浆期后的水-岩反应形成,该特征具有鲜明的岩浆属性(赵振华等,1999)。近年来的研究表明,四分组效应仅见于高度演化的火成岩中,且富 H_2O、CO_2、Li、B、Cl、F 等元素,主要为与热液发生有强烈相互作用的晚期岩浆分异物,包括高度演化的淡色花岗岩、伟晶岩和矿化的花岗岩等(赵振华等,1999;Jahn et al.,2001;薛怀民等,2009)。

微量元素显示总体上大离子亲石元素 Rb、Th、U、Nb、Ta、Nd、Sm 富集,贫Ba、Sr、P、Ti[图5-4(b)],$w(Sr)/w(Y) = 0.096 \sim 2.004$,可能是后期流体使Nb、Ta 富集(姚军明等,2005),P、Ti 亏损,可能受到了磷灰石、钛铁矿的分离结晶作用影响。通常稀土元素的四分组效应往往伴有其他一些微量元素的明显变异行为,Bau(1996)称之为 non-CHARAC 行为,意指岩浆体系中元素的行为不受电荷和半径控制。这些特点在黄沙坪花岗岩中同样出现,表现为:K/Rb 比值普遍较低,除个别样品中为100~140,大部分小于75,而一般花岗岩类的 K/Rb 比大于150;K/Ba 比值高(402~1088),而一般大陆岩石的 K/Ba 比值小于50;Zr/Hf 比低,仅为23.53~27.20,而大多数大陆岩石的 Zr/Hf 比值集中于38±2。此外 Sr/Eu 大于200、δ_{Eu}小于0.1 也是四分组花岗岩常见的特征。

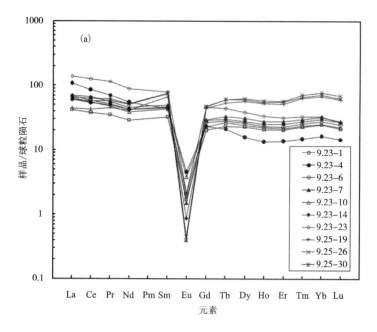

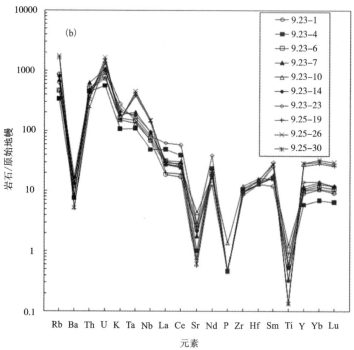

图 5-4 黄沙坪花岗岩稀土配分曲线(a)及微量元素蛛网图(b)

(球粒陨石数值据 Boynton, 1984; 原始地幔数值据 McDonough et al., 1995; 绘制程序据路远发, 2004)

5.3　锆石 U – Pb 年代学及 Hf 同位素特征

5.3.1　锆石 U – Pb 同位素年代学

　　本次 U – Pb 测年锆石均为具有韵律环带的锆石，Th/U 值较高（2.35～3.82），显示为岩浆结晶成因。锆石 CL 图像较暗，具有黑色环边，有些颗粒整体较暗，原因是 U、Th 含量较高放射性强烈所造成，锆石的黑色环边可能是岩浆结晶后期与高温热液相互作用的产物（薛怀民等，2009），这与前述稀土元素四分组效应所得出的结论一致。锆石外形有长柱状和短柱状（923 – 11 – 03，923 – 11 – 07，923 – 11 – 11，923 – 11 – 12，923 – 11 – 05）（图 5 – 5）。多数测点选择在晶体两端，少部分测点在柱体中部（923 – 11 – 18，923 – 11 – 19），所测 11 颗锆石的分析点均位于 U – Pb 谐和线上或其附近，$^{206}Pb/^{238}U$ 加权平均年龄为 179.9 Ma ± 1.3 Ma（$n = 11$，MSWD = 1.9）（图 5 – 6），代表了其产出的花岗斑岩的结晶年龄。

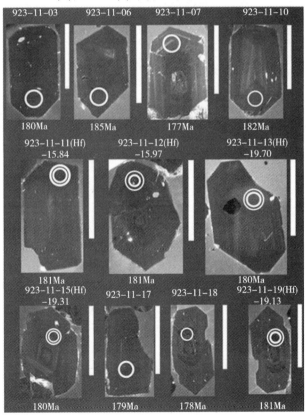

图 5 – 5　锆石阴极发光（CL）图像

表 5 - 2 黄沙坪 304# 岩体锆石 U - Pb 同位素组成及年龄

点号	$w/(\mu g \cdot g^{-1})$				同位素比值[$n(A)/n(B)$]			同位素年龄/Ma		
	Pb	Th	U	Th/U	$^{207}Pb/^{206}Pb \pm 1\sigma$	$^{207}Pb/^{235}U \pm 1\sigma$	$^{206}Pb/^{238}U \pm 1\sigma$	$^{207}Pb/^{206}Pb \pm 1\sigma$	$^{207}Pb/^{235}U \pm 1\sigma$	$^{206}Pb/^{238}U \pm 1\sigma$
923 - 11 - 03	263	1877	5842	0.32	0.0514 ± 0.00054	0.20044 ± 0.00262	0.02828 ± 0.00029	259 ± 14	185 ± 2	180 ± 2
923 - 11 - 06	214	1369	5168	0.26	0.04965 ± 0.00068	0.20011 ± 0.00342	0.02917 ± 0.00036	179 ± 19	185 ± 3	185 ± 2
923 - 11 - 07	572	4321	11968	0.36	0.05302 ± 0.00067	0.20384 ± 0.00268	0.02783 ± 0.00022	330 ± 16	188 ± 2	177 ± 1
923 - 11 - 10	204	1418	4558	0.31	0.04976 ± 0.00056	0.19677 ± 0.00311	0.02865 ± 0.00032	184 ± 18	182 ± 2	182 ± 2
923 - 11 - 11	291	2094	6115	0.34	0.04940 ± 0.00046	0.19410 ± 0.00251	0.02850 ± 0.00025	167 ± 15	180 ± 2	181 ± 2
923 - 11 - 12	314	2267	6768	0.33	0.04926 ± 0.0041	0.19313 ± 0.00256	0.02842 ± 0.00022	160 ± 17	179 ± 2	181 ± 1
923 - 11 - 13	272	2072	5541	0.37	0.04872 ± 0.00039	0.19066 ± 0.00253	0.02832 ± 0.00018	134 ± 19	177 ± 2	180 ± 1
923 - 11 - 15	386	3065	7894	0.39	0.05089 ± 0.00043	0.19911 ± 0.00246	0.02832 ± 0.00021	236 ± 15	184 ± 2	180 ± 1
923 - 11 - 17	381	3368	7840	0.43	0.04922 ± 0.00036	0.19203 ± 0.00258	0.02818 ± 0.00024	158 ± 16	178 ± 2	179 ± 2
923 - 11 - 18	358	2925	7853	0.37	0.0508 ± 0.00043	0.19629 ± 0.00279	0.02804 ± 0.00034	232 ± 15	182 ± 2	178 ± 2
923 - 11 - 19	336	2680	7726	0.35	0.04991 ± 0.0044	0.19539 ± 0.00258	0.02845 ± 0.00033	191 ± 14	181 ± 2	181 ± 2

表 5 - 3 黄沙坪 304# 岩体的铪同位素组成

点号	$n(^{176}Hf)/n(^{177}Hf) \pm 2\sigma$	$n(^{176}Yb)/n(^{177}Hf) \pm 2\sigma$	$n(^{176}Lu)/n(^{177}Hf) \pm 2\sigma$	T/Ma	$\varepsilon_{Hf}(0)$	$f_{Lu/Hf}$	$n(^{176}Hf)/n(^{177}Hf)_i$	$\varepsilon_{Hf}(t)$	T_{DM1}/Ma	T_{CDM}/Ma
923 - 11 - 01	0.282200 ± 0.000019	0.075913 ± 0.000444	0.002898 ± 0.000015	183	-20.24	-0.91	0.282622	-16.57	1561	2267
923 - 11 - 02	0.282141 ± 0.000021	0.078769 ± 0.000532	0.002944 ± 0.000016	180	-22.31	-0.91	0.282736	-18.72	1650	2398
923 - 11 - 11	0.282221 ± 0.000019	0.071267 ± 0.000428	0.002714 ± 0.000015	181	-19.49	-0.92	0.2827	-15.84	1522	2220
923 - 11 - 12	0.282218 ± 0.000022	0.075203 ± 0.000619	0.002893 ± 0.000023	181	-19.60	-0.91	0.282722	-15.97	1534	2228
923 - 11 - 13	0.282115 ± 0.000019	0.088547 ± 0.000485	0.003442 ± 0.000020	180	-23.24	-0.90	0.282774	-19.70	1711	2459
923 - 11 - 15	0.282127 ± 0.000015	0.099985 ± 0.000386	0.003746 ± 0.000014	180	-22.83	-0.89	0.282757	-19.31	1708	2435
923 - 11 - 19	0.282129 ± 0.000015	0.078594 ± 0.000403	0.002984 ± 0.000015	181	-22.73	-0.91	0.28271	-19.13	1669	2423

注：$\varepsilon_{Hf}(t)$ 表示样品偏离球粒陨石的程度；T_{DM1} 表示样品单阶段演化模式年龄；T_{DMC} 表示平均地壳模式年龄；现今球粒陨石和亏损地幔的 $^{176}Hf/^{177}Hf$ 和 $^{176}Lu/^{177}Hf$ 分别为 0.282772 及 0.28325、0.0332 和 0.0384；$(^{176}Lu/^{177}Hf)_c = 0.015$，$t$ 为锆石的结晶年龄；s 为标准差。

44 μm 圆表示铪同位素测试点，锆石上方数字代表 $\varepsilon_{Hf}(t)$ 值；30 μm 圆表示 U-Pb 年龄分析点，图像下面数字为 $^{206}Pb/^{238}U$ 年龄；分析点号位于锆石上方；线比例尺长度为 100 μm。

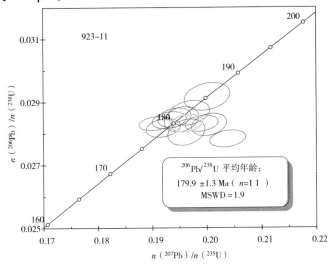

图 5-6　黄沙坪 304# 岩体锆石 U-Pb 年龄图解

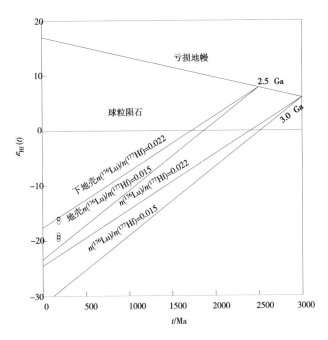

图 5-7　黄沙坪 304# 岩体锆石的 $\varepsilon_{Hf}(t)-t$ 图解

5.3.2 锆石铪同位素特征

锆石 Hf 同位素测定点为 U – Pb 年龄谐和性好的同位点。样品中锆石的 $n(^{176}Y)/n(^{177}Hf)$ 和 $n(^{176}Lu)/n(^{177}Hf)$ 值变化范围较大，分别为 0.071267 ~ 0.099985 和 0.002714 ~ 0.003746（表 4 – 3）；初始 $n(^{176}Hf)/n(^{177}Hf)$ 值和 $\varepsilon_{Hf}(t)$ 值分别为 0.282622 ~ 0.282774（图 5 – 7）和 – 15.84 ~ – 19.70（图 5 – 7）。

Hf 模式年龄显示单阶段模式年龄 T_{DM1} 为 1522 ~ 1711 Ma，平均为 1622 Ma；地壳模式年龄为 2220 ~ 2459 Ma，平均地壳模式年龄为 2347 Ma。而平均地壳模式年龄较大，反映有古老地壳物质加入，主要是新太古代的至古元古代地壳物质，比宝山花岗闪长岩的 Hf 模式年龄更老（全铁军等，2012）。在 $\varepsilon_{Hf}(t) - t$ 图解中（图 5 – 7），锆石点投在 2.5 Ga 下地壳演化线附近 $n(^{176}Lu)/n(^{177}Hf)$ = 0.022，$f_{Lu/Hf}$ = – 0.34），表明岩石源区为古老下地壳（杨进辉等，2007；凤永刚等，2009；张菲菲等，2011）。

5.4 构造环境和岩石成因分析

在 Nb – Y 和 Yb – Ta 构造环境判别图解［图 5 – 8(a)(b)］中样品投点显示黄沙坪岩体为板内环境，与前述 A1 亚类花岗岩所处非造山环境一致，反映为板内非造山环境中局部拉张形成。前人曾将黄沙坪花岗岩判定为 S 型花岗岩（2005）。

黄沙坪花岗岩全部样品的 $w(Al_2O_3)/w(TiO_2)$ 比值大于 100，指示其部分熔融温度主体低于 875℃，可能反映熔融源区较宝山岩体源区要浅。源区岩石组成为杂砂岩。

黄沙坪与邻近宝山矿区在燕山期皆处于陆内环境，构造背景的差异是否有更深层次的含义，值得进一步探讨，有研究指出大洋板块的俯冲碰撞可以引起地壳深部和浅部的应力差异（Ellis，1996；傅文敏，1997），可能是导致坪宝地区花岗岩形成构造环境差异的根本原因。

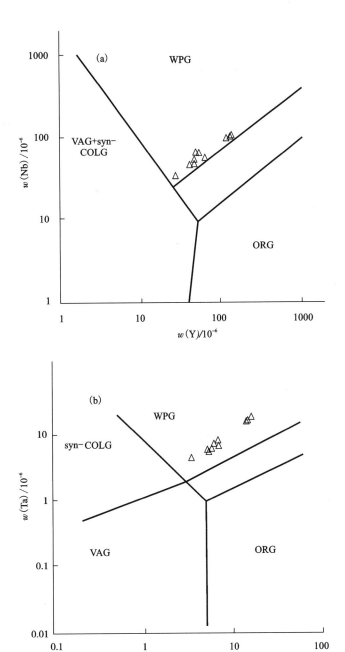

图 5 - 8　$w(Nb) - w(Y)(a)$ 和 $w(Yb) - w(Ta)(b)$ 构造环境判别图解(据 Pearce et al. , 1984)

VAG—火山弧花岗岩, syn - COLG—同碰撞花岗岩, WPG—板内花岗岩, ORG—大洋脊花岗岩

5.5 几点讨论

郴州－临武断裂带以东近年来厘定了一系列与成矿有关的 A 型花岗岩，如千里山、骑田岭、金鸡岭等（赵振华等，2000；柏道远等，2005；付建明等，2005），这些花岗岩在以前都一直被定为 S 型花岗岩，是地壳重熔成因，现在被定义为强过铝的碱性花岗岩（即 A 型，但与闽浙沿海的 A 型晶洞花岗岩有区别），黄沙坪岩体根据元素的组合特点判别其源区为变质砂岩，可以认为是与千里山、骑田岭一致的 A 型花岗岩。本区 304# 岩体研究结果显示以下特征：

（1）黄沙坪矿区 304# 岩体属于高钾钙碱性至碱性系列浅成岩体，与千里山、骑田岭、金鸡岭岩体具有相似的岩石地球化学特征，属于强过铝系列 A 型花岗岩。稀土元素具有特征的四分组效应，是岩浆演化晚期熔体与流体相互作用的结果。

（2）304# 岩体花斑岩的锆石 U－Pb 同位素测试显示其放射性元素 Th、U 含量高，可能与岩浆晚期流体交代有关。U－Pb 谐和年龄为 179.9 Ma ± 1.3 Ma（MSWD = 1.9），属于燕山早期第一阶段，早于 301# 花岗斑岩的成岩时代。显示黄沙坪岩体群是燕山早期多阶段岩浆活动的产物。

（3）花斑岩的 Hf 同位素特征显示锆石来源于古老地壳，平均地壳模式年龄为 2347 Ma，反映源区物质有新太古代至古元古代地壳物质。推测成岩模式是中下地壳古老的变质砂岩部分熔融形成酸性岩浆经高度演化于燕山早期沿断裂浅成侵位形成。早期侵入的岩浆为晚期大规模成矿开启了序幕，奠定了成矿物质基础，特别是其中铜成矿元素有可能形成有工业价值的独立斑岩型矿床（体）。

5.6 坪宝地区花岗岩形成环境

坪宝地区花岗岩的岩石地球化学特征所反映的成岩构造环境分别显示为同碰撞（宝山）和板内（黄沙坪）环境，锆石 U－Pb 年龄显示同为燕山早期；印支运动之后，两区应该经历了共同的地质演化，引起构造环境判别差异的原因可能有两点：第一点可能是花岗岩的源区化学组成差异引起；第二点是两者在燕山期所遭受的构造应力确有差异，以下证据可以佐证：从两矿区岩体形态可以看出，黄沙坪岩体呈岩枝状，坑道中可见张性正断层，岩体形态完整且演化充分，硫同位素组成变化范围宽，显示黄沙坪花岗岩成岩成矿作用是在张性环境中形成和演化的；比较而言，在坪宝地区构造纲要图上（图 3－2）可以看出宝山处于南北向构造线向北东偏转的弧形构造的转折端，处于相对挤压的应力场中，在岩体形态上花岗闪长斑岩多呈岩脉产出，空间连续性差，断层多为压扭性断层，矿石硫同位素和铅同位素组成均显示单一的成矿作用特点。总体上湘南地区在燕山期的形成构造背景为板内伸展环境,该认识也是后续第 6 章提出板内三叉断裂构造模型的基础。

自作者 2012 年首次发表了黄沙坪花岗岩的 Hf 同位素研究以来,陆续又有文献报道了黄沙坪矿区几个斑岩体的年代学及 Hf 同位素特征,如艾昊(2013)的研究显示花岗斑岩和花斑岩及石英斑岩的成岩年龄接近,为 150. 1 ~ 150. 20 Ma,$\varepsilon_{Hf}(t)$ 值介于 -7.3 ~ -3.5,两阶段模式年龄 t_{DM2} 为 1263 ~ 1470 Ma,石英斑岩稍早,年龄为 155. 3 Ma ± 0. 7 Ma,$\varepsilon_{Hf}(t)$ 值为 -8.7 ~ -11.3,t_{DM2} 为 1556 ~ 1697 Ma;原亚斌(2014)报道英安斑岩、花岗斑岩和石英斑岩的侵位年龄分别为 158. 5 Ma ± 0. 9 Ma、155. 2 Ma ± 0. 4 Ma、160. 8 Ma ± 1. 0 Ma,锆石的 $\varepsilon_{Hf}(t)$ 值为 -7.6 ~ -3.2,Hf 同位素两阶段模式年龄为 1400 ~ 1700 Ma,均表明该区花岗质岩浆主要源自中元古代的古老基底部分熔融,并在二长花岗斑岩(花岗斑岩)锆石中发现古元古代 - 新太古代的继承锆石核,继承锆石的 Hf 同位素与本书数据一致,反映确实有新太古代的地壳物质参与了燕山期岩浆岩的形成。

6 铜山岭矿田花岗岩地质地球化学特征

铜山岭矿田是湘东南地区 Cu、Pb、Zn、Au、Ag 矿化集中区之一，其中的铜铅锌多金属矿床主要与铜山岭花岗闪长岩有关，钨多金属矿床与土岭花岗斑岩有关；铜山岭岩体与水口山、宝山岩体均为花岗闪长岩类，前人对水口山、宝山岩体作过详细的研究(喻亨祥等，1997；胡志坚等，2005；伍光英等，2005；杨国高等，1998；全铁军等，2012)，但对铜山岭岩体的研究主要集中在Ⅰ号岩体上，其岩体的形成时代仍存在很大争论(谭克仁等，1983；湖南省地质矿产局，1988；王岳军等，2001；章荣清等，2010)，铜山岭岩体的年龄值黑云母 K - Ar 法为 174 Ma和 169 Ma、全岩 Rb - Sr 等时线法为 173 Ma、锆石 U - Pb 法年龄为 158 Ma(湖南省地质矿产局，1988)；Ⅰ号花岗闪长岩体的年龄锆石 U - Pb 法为 181.5 Ma ± 8.8 Ma(王岳军等，2001)、锆石 La - ICPMS 法为 149 ± 4 Ma(章荣清等，2010)、Ⅱ号花岗闪长岩体的年龄锆石 U - Pb 法为 177.1 Ma ± 1.6 Ma(王岳军等，2001)；但一直没有铜山岭岩体的铪(Hf)同位素特征的报道。

本书从花岗岩岩石学、地球化学、LA - ICPMS 锆石 U - Pb 法定年以及 Hf 同位素等方面，系统地研究了铜山岭Ⅰ号、Ⅲ号岩体的地球化学特征和形成时代，探讨岩石成因和源区。锆石测试样品制备与岩石常规分析测试分析说明同 4.1.3 节。

6.1 铜山岭花岗闪长岩体地质地球化学特征

6.1.1 地质概况

铜山岭位于湘南地区西部(图 6 - 1)，湘南区内出露地层岩性为古生界灰岩、碎屑岩；构造 - 岩浆活动强烈，花岗岩体、花岗闪长质小岩体成带状分布，由北而南展布的宝山、铜山岭地区是带内中生代花岗闪长质小岩体的代表，其中铜山岭岩体呈岩株状产出，岩体地表产状倾向围岩，倾角在北部和北东部较陡，岩体往深部有增大趋势。围岩为早泥盆世及晚石炭世地层，接触面呈舒缓波状，倾角30°~80°。岩体侵入的碳酸盐岩普遍具大理岩化、矽卡岩化变质作用，以大理岩化为主，蚀变带宽200~1000 m。岩体由近东西向分布的Ⅰ、Ⅱ、Ⅲ三个岩体组成，总面积12 km²。其中Ⅰ号岩体最大，也是铜山岭主要的岩体(图 6 -2)。

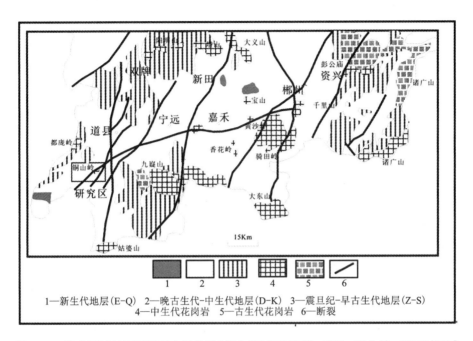

图 6-1 湘南区域地质图及研究区位置 [据文献(章荣清等, 2010; 谭文敏, 2010)修改]

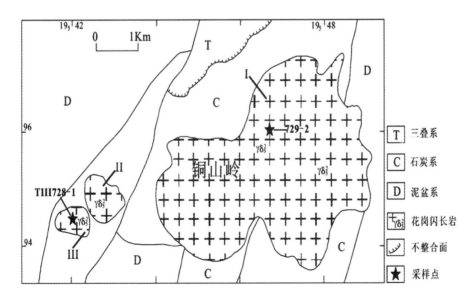

图 6-2 铜山岭岩体地质略图 [据魏道芳等(2007)修改]

6.1.2 花岗闪长岩岩石矿物学特征

铜山岭 I 号岩体岩性主要为角闪石黑云母花岗闪长岩组成，出露面积占岩体总面积的 90%，II、III 号岩体出露面积小，岩性主要为角闪石黑云母花岗闪长岩。本次研究的样品采于 I 号和 III 号岩体(图 6-1)，为黑云母花岗闪长岩。

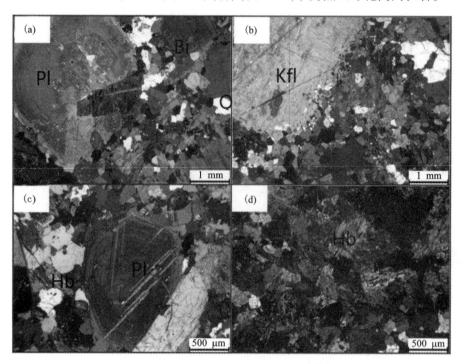

图 6-3 铜山岭岩体两期花岗闪长岩的镜下特征

(a)中长石环带结构，基质为花岗结构，样号 T29-3，(+)；(b)粗粒钾长石斑晶，基质花岗结构，样号 T29-3，(+)(c)中长石的环带结构，样号 T28 III-1，(+)；(d)长柱状角闪石，样号 T72 III-1，(+)。

T729-3 花岗闪长岩：块状构造，似斑状结构、环带结构。斑晶：钾长石、斜长石；基质：石英、斜长石、黑云母、钾长石、白云母。矿物成分(%)为：石英(30)、斜长石(32)、钾长石(25)、黑云母(12)；、白云母(微量)、绿泥石(微量)、及不透明矿物(1)；蚀变：绢云母化、碳酸盐化、绿泥石化。

T III 728-1 花岗闪长岩：块状构造，似斑状结构、环带结构。斑晶：钾长石、斜长石；基质：石英、斜长石、角闪石、黑云母、钾长石。矿物成分(%)为：钾长石(47)、斜长石(21)、石英(19)、黑云母(3)，角闪石：9(多数蚀变为绿泥石、绿帘石)、及不透明矿物(1)；副矿物：磷灰石(微量)；蚀变：绿泥石化、绿帘石化、绢云母化、碳酸盐化。

总体上，与 T728 – 1 相比，T729 – 3 基质中石英和黑云母的粒径要粗些，长石的粒径相当。

6.1.3 花岗闪长岩岩石地球化学特征

1）岩石化学特征

样品的全岩常量元素、稀土和微量元素分析结果见表 6 – 1。

在 $w(K_2O + Na_2O) - w(SiO_2)$ 图解中［图 6 – 4(a)］，岩石均投入花岗闪长岩区域，从 $w(SiO_2) - w(K_2O)$ 图解［图 6 – 4(b)］看出岩石属于高钾钙碱性系列，$w(K_2O)/w(Na_2O) = 1.28 \sim 1.40$，$SiO_2$ 含量为 64.50% ~ 66.68%。A/CNK 值为 0.91 ~ 1.09，A/NK 值为 1.58 ~ 1.87，在 A/CNK – A/NK 图解［图 6 – 5(a)］中岩石投在准铝质 – 弱过铝质区域内；在 $w(SiO_2) - w(Zr)$ 花岗岩类型判别图解［图 6 – 5(b)］中，显示该区花岗岩类主要为 I 型花岗岩，总体表现为准铝质弱过铝质高钾钙碱性岩石系列特征。花岗闪长岩表现为 Al_2O_3、MgO、CaO、Fe_2O_3、TiO_2、P_2O_5 与 SiO_2 呈明显的负相关（表 6 – 1）。

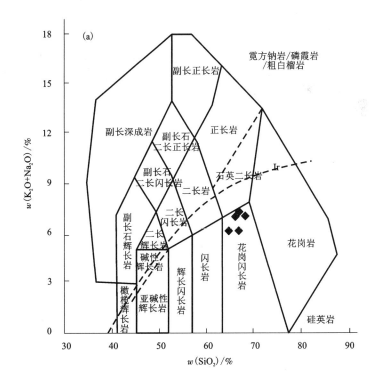

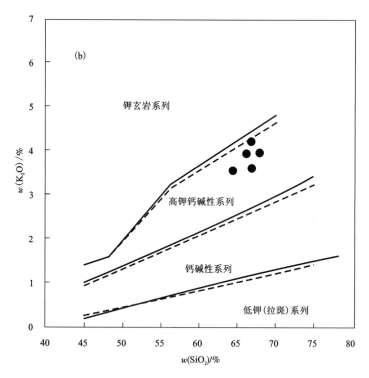

图6-4 岩石分类的 $w(Na_2O + K_2O) - w(SiO_2)$ 图(a)和 $w(SiO_2) - w(K_2O)$ 图解(b)

(底图据文献(Middlemost EAK, 1994；Peccerillo R 等, 1976)，绘制程序据文献(路远发, 2004)

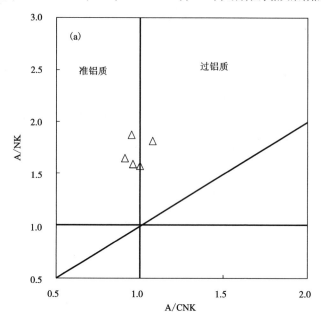

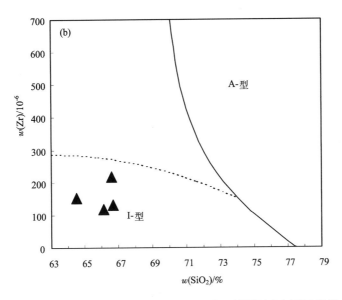

图 6-5 A/CNK - A/NK 图解(a)和 $w(SiO_2) - w(Zr)$ 图(b)(底图据 Collins,1982)

表 6-1 铜山岭花岗闪长岩的常量元素(%)和微量元素($\mu g \cdot g^{-1}$)

岩性	花岗闪长岩	花岗闪长岩	花岗闪长岩	花岗闪长岩	花岗闪长岩
项目/样号	TⅢ728-1	T729-2	D137 平均	TSX 平均	TSL
SiO_2	64.50	66.61	66.68	66.15	67.89
TiO_2	0.60	0.43	0.49	0.46	0.43
Al_2O_3	15.32	15.50	14.78	15.52	14.82
FeO^*	4.36	3.43	4.65	3.25	3.85
MnO	0.07	0.07	0.10	0.05	0.08
MgO	1.90	1.25	1.59	1.75	1.28
CaO	4.34	3.40	2.98	4.20	3.06
Na_2O	2.64	3.12	2.58	3.10	3.09
K_2O	3.54	4.20	3.60	3.96	3.97
P_2O_5	0.23	0.17	0.21	0.17	0.17
H_2O^+	1.70	1.19	2.38	1.36	0.81
总结	99.78	99.78	99.98	99.95	99.46
A/CNK	0.95	0.98	1.09	0.91	0.99

续表 6 − 1

岩性	花岗闪长岩	花岗闪长岩	花岗闪长岩	花岗闪长岩	花岗闪长岩
项目/样号	TⅢ728 − 1	T729 − 2	D137 平均	TSX 平均	TSL
A/NK	1.87	1.60	1.81	1.65	1.58
K_2O/Na_2O	1.34	1.35	1.40	1.28	1.28
TFe_2O_3	4.84	3.81	5.17	3.61	4.28

岩性	花岗闪长岩	花岗闪长岩	花岗闪长岩	花岗闪长岩
项目/样号	TⅢ728 − 1	T729 − 2	D137 平均	TSX 平均
La	35.68	31.86	26.34	31.51
Ce	66.47	57.77	52.10	58.94
Pr	7.92	6.77	6.26	7.03
Nd	29.58	24.83	23.39	25.05
Sm	5.81	4.63	4.56	4.91
Eu	1.31	1.28	1.08	1.18
Gd	5.19	3.85	3.90	4.36
Tb	0.75	0.55	0.63	0.63
Dy	4.24	3.05	3.60	3.82
Ho	0.81	0.57	0.70	0.77
Er	2.30	1.64	2.04	2.30
Tm	0.37	0.25	0.32	0.34
Yb	2.49	1.70	2.08	2.28
Lu	0.37	0.25	0.31	0.34
Y	24.54	16.61	21.15	21.54
REE	163.26	139.00	127.34	143.45
LREE	146.76	127.14	113.74	128.61
HREE	16.49	11.86	13.60	14.84
LREE/HREE	8.90	10.72	8.37	8.67
δEu	0.72	0.90	0.77	0.76
δCe	0.90	0.89	0.93	0.90
Yb_N	13.10	8.93	10.95	11.97
$(La/Yb)_N$	8.51	11.15	7.52	8.22
Rb	153.00	191.20	169.52	174.43

续表 6 - 1

岩性	花岗闪长岩	花岗闪长岩	花岗闪长岩	花岗闪长岩
项目/样号	T III 728 - 1	T729 - 2	D137 平均	TSX 平均
Ba	802.90	911.90	654.84	613.75
Th	17.67	13.39	15.20	16.70
U	5.10	3.75	5.10	5.76
Ta	2.11	1.58	1.78	1.70
Nb	15.66	16.28	17.35	16.54
Sr	399.40	401.90	292.94	306.23
Zr	153.30	217.40	132.62	117.88
Hf	4.88	6.06	4.62	3.96
Th/U	3.46	3.57	2.98	2.90
Nb/Ta	7.42	10.30	9.75	9.73
Zr/Hf	31.41	35.87	28.71	29.77
Rb/Sr	0.38	0.48	0.58	0.57
Rb/Ba	0.19	0.21	0.26	0.28

注：$FeO^* = FeO + 0.9Fe_2O_3$，D137 平均引用魏道芳等(2007)，TSX 平均引用王岳军等(2001)，TSL 引用湖南有色地质勘查局二零六队(1990)。

2) 稀土元素及微量元素特征

据表 6 - 1 可知，稀土元素总量在 $127 \times 10^{-6} \sim 163 \times 10^{-6}$，LREE/HREE = 2.79 ~ 10.72，La_N/Yb_N = 3.06 - 11.15，δEu = 0.72 - 0.90，δCe = 0.89 - 0.93，曲线右倾，轻稀土富集，轻重稀土分馏较强烈[图 6 - 6(a)]，Ⅲ号岩体铕负异常大于 I 号岩体。

据图 6 - 6(b)可知，微量元素显示总体上大离子亲石元素 Rb、Th、U、La 富集，贫 Ba、Nb、Sr。Ba 的亏损与结晶晚期碱性长石分离密切相关，Sr 的亏损和 Eu 弱负异常表明岩浆演化过程中斜长石分离结晶作用明显。Nb、Ta 亏损，与具岛弧特征的钾质岩石成分相似。Nb、Ta 负异常表明其源区可能受到了古俯冲组分的影响。

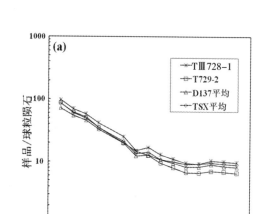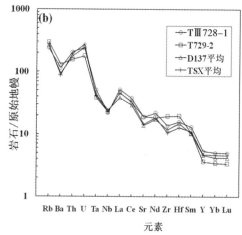

图 6-6 铜山岭岩体的稀土元素配分图解(a)和微量元素蛛网图(b)标准化值转引自文献
(Boynton W V, 1984; McDonough W F 等, 1995), 绘制程序引自文献(路远发, 2004)

6.1.4 花岗闪长岩锆石 U-Pb 年代学及 Hf 同位素特征

1)锆石 U-Pb 同位素特征

本书 U-Pb 测年锆石均为具有韵律环带的锆石,显示为岩浆结晶形成。TⅢ728-1号样的锆石少数具核-幔结构,为长柱状和短柱状[图6-7(a)],$w(Th)/w(U)$值较高(0.15~0.42),表明为典型的岩浆成因(唐勇等,2012)。多数测点选择在晶体两端,所测 10 颗锆石的分析点均位于 U-Pb 谐和线上或其附近,$n(^{206}Pb)/n(^{238}U)$加权平均年龄为 148.30 Ma ± 0.35 Ma(1σ,MSWD = 1.5)[图6-8(a)],代表了Ⅲ号花岗闪长岩体的结晶年龄。

T729-2 号样品的锆石为长柱状和短柱状,CL 图像均为灰白色,Th/U 值较高(0.15~0.39)(表6-2),表明为典型的岩浆成因。测点位置多数选择在柱状晶体的两端[图6-7(b)],所测 10 颗锆石的分析点均位于 U-Pb 谐和线上或其附近,$n(^{206}Pb)/n(^{238}U)$加权平均年龄为 166.64 Ma ± 0.40 Ma(1σ,MSWD = 2.7)[图6-8(b)],代表了 I 号花岗闪长岩体的结晶年龄。

由上述锆石 U-Pb 谐和年龄可知,铜山岭 I、Ⅲ号岩体属于燕山早期中晚阶段岩浆活动的产物。

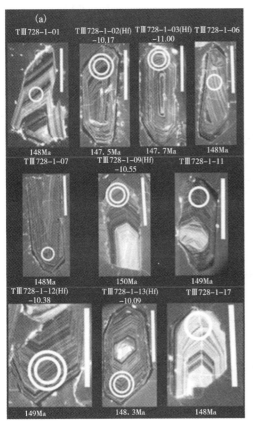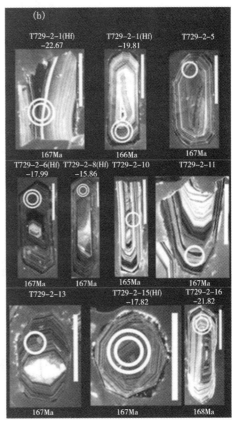

图 6 - 7　锆石阴极发光(CL)图像

注：(a)是岩体样品 TⅢ728 - 1 的 CL 图像，(b)是岩体样品 T729 - 2 的 CL 图像。44 μm 圆(大圆圈)表示铪同位素测试点，锆石上方数字代表 $\varepsilon_{Hf}(t)$ 值；30 μm 圆(小圆圈)表示 U - Pb 年龄分析点，图像下面数字为 $^{206}Pb/^{238}U$ 年龄；分析点号位于锆石上方；线比例尺长度为 100 μm。

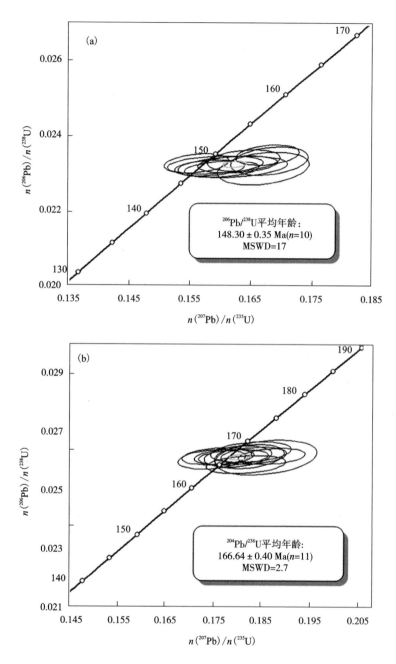

图 6 - 8 铜山岭岩体的锆石 U - Pb 年龄

注：(a)是岩体样品 TⅢ728 - 1 的锆石 U - Pb 谐和年龄图，(b)是岩体样品 T729 - 2 的锆
石 U - Pb 谐和年龄图。

2)锆石 Hf 同位素特征

锆石 Hf 同位素测定点为 U – Pb 测点的同位点，并为年龄谐和性好的点。锆石 $n(^{176}Lu)/n(^{177}Hf)$ 均小于 0.002，说明锆石形成后只有较少量的放射成因 Hf 的积累，因而可以用初始 $^{176}Hf/^{177}Hf$ 比值代表锆石形成时的 $^{176}Hf/^{177}Hf$ 比值（吴福元等，2007b）。

T927 – 2 样品中锆石（6 个点）的 $n(^{176}Yb)/n(^{177}Hf)$ 和 $n(^{176}Lu)/n(^{177}Hf)$ 值变化范围较大，分别为 0.025373 ~ 0.046300 和 0.001074 ~ 0.001866（表 6 – 3）；初始 $n(^{176}Hf)/n(^{177}Hf)$ 值和 $\varepsilon_{Hf}(t)$ 值分别为 0.282033 ~ 0.282223 和 – 15.86 ~ – 22.67（图 6 – 9），单阶段模式年龄为 1454 ~ 1755 Ma，平均为 1603 Ma；两阶段模式年龄 2220 ~ 2647 Ma，平均为 2437 Ma；平均地壳模式年龄为 2464 Ma。

TⅢ728 – 1 样品中（5 个点）的 $n(^{176}Yb)/n(^{177}Hf)$ 和 $n(^{176}Lu)/n(^{177}Hf)$ 值变化范围较大，分别为 0.022103 ~ 0.029529 和 0.000957 ~ 0.001266（表 6 – 3）；初始 $n(^{176}Hf)/n(^{177}Hf)$ 值和 $\varepsilon_{Hf}(t)$ 值分别为 0.282372 ~ 0.282397 和 – 10.09 ~ – 11.00（图 6 – 9），单阶段模式年龄为 1206 ~ 1246 Ma，平均为 1225 Ma；两阶段模式年龄为 1841 ~ 1898 Ma，平均为 1863 Ma；平均地壳模式年龄为 1857 Ma（表 6 – 2）。

T729 – 2 和 TⅢ728 – 1 分别是铜山岭岩体中的 Ⅰ 号岩体和 Ⅲ 号岩体，单阶段模式年龄显示源区地壳年龄为 1454 ~ 1755 Ma 和 1206 ~ 1246 Ma，两阶段模式年龄分别为 2220 ~ 2647 Ma 和 1841 ~ 1898 Ma。铜山岭 Ⅰ、Ⅲ 号岩体的单阶段模式年龄和他们的两阶段模式年龄差别明显，可能是在地壳演化的不同阶段，岩浆源区属性有所差异。

Ⅰ 号岩体的 $\varepsilon_{Hf}(t)$ 值集中在 – 15 ~ – 25，Ⅲ 号岩体的 $\varepsilon_{Hf}(t)$ 值集中在 – 10（图 6 – 9），反映有古老地壳物质的加入，主要是中 – 古元古界和太古宙地壳物质，是后期岩浆岩形成的物源。结合锆石 Hf 同位素两阶段模式年龄（1.8 ~ 1.9 Ga，2.2 ~ 2.6 Ga）和 $\varepsilon_{Hf}(t)$ 值为负值，认为 Ⅰ 号岩体是古元古界 – 太古宙地壳岩石熔融产生，Ⅲ 号岩体是中元古界地壳熔融产生。

Ⅰ 号岩体（T729 – 2）样品的 $\varepsilon_{Hf}(t)$ 变化范围较大，有 6.8 左右的差值，由于锆石 Hf 同位素比值不会随部分熔融或分离结晶而变化，因此说明源区的 Hf 同位素不均一，这种不均一性可以归结为更具放射成因 Hf 的幔源和较少放射成因 Hf 的壳源这两种端元之间的相互作用（Griffin et al.，2002；Bolhar R et al.，2008），即幔源和壳源两种不同性质岩浆的混合作用的结果，由此可知 Ⅰ 号岩体可能是由新生幔源岩浆诱发古老地壳物质重熔并与壳源熔体混合形成的。而 Ⅲ 号岩体（TⅢ728 – 1）样品的 $\varepsilon_{Hf}(t)$ 变化范围很小，说明源区的同位素较均一，进一步说明其可能只有单一的地壳源区。

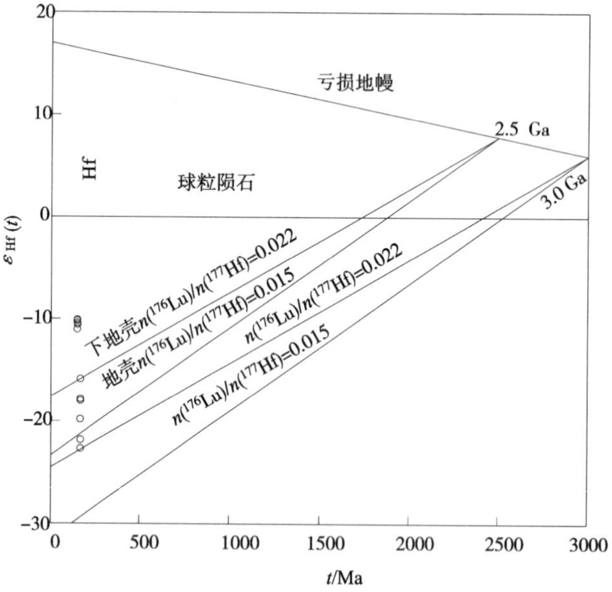

图 6 - 9　铜山岭岩体锆石铪同位素 $\varepsilon_{Hf}(t) - t$ 图解

6.1.5　花岗岩产出的构造背景及其成因分析

　　铜山岭岩体是湘东南花岗闪长质侵入岩带的重要组成部分(与宝山、水口山为相同岩石系列),岩石类型主要为花岗闪长岩。在微量元素原始地幔标准化图解上表现出 Nb、Ta 总体相对亏损,是典型的壳源型花岗岩。微量元素 $w(Nb)/w(Ta)$ 值为 $7.42 \sim 10.30$,平均值为 9.30,明显低于后太古宙大陆地壳的平均值 11(Taylor S R 等,1985;Green T H,1995),显示出壳源成因的特征。$w(Zr)/w(Hf)$ 值为 $28.71 \sim 35.87$,平均值为 31.44,低于地幔平均值 36.5(Taylor S R 等,1985);$w(Th)/w(U)$ 值为 $2.90 \sim 3.57$,平均值为 2.90,高于地壳平均值 2.80(Taylor S R 等,1985),说明有幔源物质参与了花岗闪长岩的成岩作用。

表6-2 铜山岭岩体锆石U-Pb同位素组成及年龄

样品号	组成/(μg·g⁻¹)				同位素比值[$n(A)/n(B)$]			同位素年龄/Ma		
	Pb	Th	U	Th/U	$^{207}Pb/^{206}Pb \pm 1\sigma$	$^{207}Pb/^{235}U \pm 1\sigma$	$^{206}Pb/^{238}U \pm 1\sigma$	$^{207}Pb/^{206}Pb \pm 1\sigma$	$^{207}Pb/^{235}U \pm 1\sigma$	$^{206}Pb/^{238}U \pm 1\sigma$
TⅢ728-1-01	53.2	341	1255	0.27	0.04965 ± 0.00167	0.15916 ± 0.00523	0.02325 ± 0.00016	179 ± 80	150 ± 5	148 ± 1
TⅢ728-1-02	79.1	473	2197	0.22	0.05022 ± 0.00083	0.16022 ± 0.00404	0.02314 ± 0.00014	205 ± 48	151 ± 4	148 ± 1
TⅢ728-1-03	54.4	307	1645	0.19	0.04960 ± 0.00092	0.15819 ± 0.00380	0.02317 ± 0.00014	176 ± 45	149 ± 3	148 ± 1
TⅢ728-1-06	53.7	255	1689	0.15	0.05231 ± 0.00168	0.16701 ± 0.00495	0.02316 ± 0.00029	299 ± 75	157 ± 4	148 ± 2
TⅢ728-1-07	47.9	286	1379	0.21	0.04869 ± 0.00100	0.15602 ± 0.00353	0.02329 ± 0.00017	133 ± 39	147 ± 3	148 ± 1
TⅢ728-1-09	48.7	249	1550	0.16	0.05168 ± 0.00089	0.16771 ± 0.00340	0.02352 ± 0.00018	271 ± 32	157 ± 3	150 ± 1
TⅢ728-1-11	53.7	296	1640	0.18	0.05202 ± 0.00103	0.16803 ± 0.00419	0.02336 ± 0.00025	286 ± 38	158 ± 4	149 ± 2
TⅢ728-1-12	44.8	228	1419	0.16	0.05068 ± 0.00096	0.16381 ± 0.00392	0.02337 ± 0.00019	226 ± 40	154 ± 3	149 ± 1
TⅢ728-1-13	45.4	250	1434	0.17	0.05054 ± 0.00111	0.16279 ± 0.00431	0.02327 ± 0.00015	220 ± 49	153 ± 4	148 ± 1
TⅢ728-1-17	30.9	249	591	0.42	0.05064 ± 0.00190	0.16199 ± 0.00594	0.02320 ± 0.00019	225 ± 89	152 ± 5	148 ± 1
T729-2-01	47.8	231	1372	0.17	0.04995 ± 0.00093	0.18253 ± 0.00477	0.02621 ± 0.00027	192 ± 41	170 ± 4	167 ± 2
T729-2-03	52.4	376	1208	0.31	0.04832 ± 0.00106	0.17476 ± 0.00463	0.02611 ± 0.00022	115 ± 47	164 ± 4	166 ± 1
T729-2-04	40.8	302	765	0.39	0.05120 ± 0.00151	0.18598 ± 0.00695	0.02618 ± 0.00039	250 ± 58	173 ± 6	167 ± 2
T729-2-05	69.9	392	1790	0.22	0.04959 ± 0.00087	0.18023 ± 0.00460	0.02621 ± 0.00024	176 ± 42	168 ± 4	167 ± 2
T729-2-06	64.0	346	1785	0.19	0.04850 ± 0.00095	0.17581 ± 0.00478	0.02621 ± 0.00019	124 ± 50	164 ± 4	167 ± 1
T729-2-08	70.1	381	1951	0.20	0.04915 ± 0.00093	0.17926 ± 0.00479	0.02618 ± 0.00017	155 ± 50	167 ± 4	167 ± 1
T729-2-10	57.4	287	1490	0.19	0.05085 ± 0.00158	0.18183 ± 0.00546	0.02594 ± 0.00020	234 ± 73	170 ± 5	165 ± 1
T729-2-11	72.9	369	1931	0.19	0.05178 ± 0.00131	0.18721 ± 0.00455	0.02622 ± 0.00018	276 ± 59	174 ± 4	167 ± 1
T729-2-13	65.0	329	1793	0.18	0.05071 ± 0.00129	0.18348 ± 0.00448	0.02624 ± 0.00019	228 ± 60	171 ± 4	167 ± 1
T729-2-15	54.6	291	1695	0.17	0.04876 ± 0.00102	0.17738 ± 0.00409	0.02619 ± 0.00017	136 ± 42	166 ± 4	167 ± 1
T729-2-16	49.3	351	1129	0.31	0.05032 ± 0.00148	0.18290 ± 0.00552	0.02636 ± 0.00023	210 ± 54	171 ± 5	168 ± 1

表 6-3 铜山岭岩体的铪同位素组成

项目/样号	T729-2-01	T729-2-03	T729-2-06	T729-2-08	T729-2-15	T729-2-16	TIII728-1-13	TIII728-1-12	TIII728-1-09	TIII728-1-03	TIII728-1-02
$n(^{176}\text{Hf})/n(^{177}\text{Hf})$	0.282033	0.282113	0.282164	0.282223	0.282169	0.282056	0.282397	0.282389	0.282384	0.282372	0.282396
2σ	0.000018	0.000018	0.000017	0.000018	0.000019	0.000017	0.000016	0.000015	0.000015	0.000017	0.000013
$n(^{176}\text{Yb})/n(^{177}\text{Hf})$	0.046300	0.033338	0.028639	0.025373	0.031975	0.037889	0.022103	0.027677	0.028741	0.026073	0.029529
2σ	0.000231	0.000124	0.000105	0.000234	0.000354	0.000509	0.000188	0.000161	0.000027	0.000026	0.000058
$n(^{176}\text{Lu})/n(^{177}\text{Hf})$	0.001866	0.001387	0.001200	0.001074	0.001413	0.001526	0.000957	0.001187	0.001187	0.001108	0.001266
2σ	0.000009	0.000006	0.000004	0.000008	0.000017	0.000021	0.000008	0.000006	0.000001	0.000001	0.000002
t	167	166	167	167	167	168	148.3	149	150	147.7	147.5
$\varepsilon_{(0)\text{Hf}}$	-26.12	-23.30	-21.51	-19.41	-21.32	-25.34	-13.24	-13.53	-13.72	-14.13	-13.28
$f_{(\text{Lu/Hf})}$	-0.94	-0.96	-0.96	-0.97	-0.96	-0.95	-0.97	-0.96	-0.96	-0.97	-0.96
$\varepsilon_{(t)\text{Hf}}$	-22.67	-19.81	-17.99	-15.86	-17.82	-21.82	-10.09	-10.38	-10.55	-11.00	-10.17
T_{DM1}	1754.8	1620.3	1541.8	1453.5	1543.0	1707.5	1205.8	1224.8	1232.1	1245.8	1217.4
T_{DM2}	2646.7	2466.9	2353.1	2219.7	2342.5	2594.6	1841.0	1860.2	1871.3	1898.2	1845.8
$n(^{176}\text{Hf})/n(^{177}\text{Hf})_{\text{S},t}$	0.282027	0.282109	0.282160	0.282220	0.282165	0.282051	0.282395	0.282386	0.282381	0.282369	0.282393
$n(^{176}\text{Hf})/n(^{177}\text{Hf})_{\text{DM},t}$	0.283130	0.283131	0.283130	0.283130	0.283130	0.283129	0.283144	0.283143	0.283142	0.283144	0.283144
t_{CDM}	2633.2	2455.4	2342.9	2210.9	2332.6	2581.6	1835.2	1854.4	1865.4	1891.9	1840.0

注：$\varepsilon_{\text{Hf}}(t)=\{[(^{176}\text{Hf}/^{177}\text{Hf})_S-(^{176}\text{Lu}/^{177}\text{Hf})_S\times(e^{\lambda t}-1)]/[(^{176}\text{Hf}/^{177}\text{Hf})_{\text{CHUR},0}-(^{176}\text{Lu}/^{177}\text{Hf})_{\text{CHUR}}\times(e^{\lambda t}-1)]-1\}\times10000$，该值表示偏离球粒陨石的程度；$T_{\text{DM1}}=1/\lambda\times\ln|1+[(^{176}\text{Hf}/^{177}\text{Hf})_S-(^{176}\text{Hf}/^{177}\text{Hf})_{\text{DM}}]/[(^{176}\text{Lu}/^{177}\text{Hf})_S-(^{176}\text{Lu}/^{177}\text{Hf})_{\text{DM}}]|$，该值表示样品单阶段演化模式年龄；$T_{\text{DM2}}=T_{\text{DM1}}-(T_{\text{DM1}}-t)(f_{cc}-f_s)/(f_{cc}-f_{\text{DM}})$，该值表示样品两阶段演化模式年龄；$T_{\text{CDM}}=1/\lambda\times\ln|1+[(^{176}\text{Hf}/^{177}\text{Hf})_{s,t}-(^{176}\text{Hf}/^{177}\text{Hf})_c]/[(^{176}\text{Lu}/^{177}\text{Hf})_{s,t}-(^{176}\text{Lu}/^{177}\text{Hf})_{\text{DM},t}]|+t$，该值表示平均地壳模式年龄和亏损地幔的$^{176}\text{Hf}/^{177}\text{Hf}$、$^{176}\text{Lu}/^{177}\text{Hf}$比值分别为0.282772和0.0332、0.28325和0.0384，$\lambda=1.867\times10^{-11}a^{-1}$，$(^{176}\text{Lu}/^{177}\text{Hf})_c=0.015$，$t$为锆石的结晶年龄。$\sigma$为标准差。

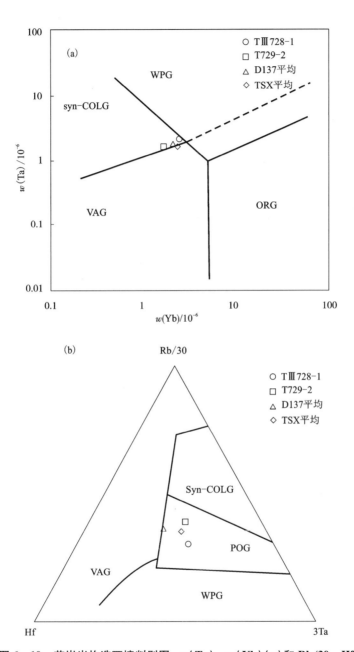

图 6 - 10 花岗岩构造环境判别图：$w(\mathrm{Ta}) - w(\mathrm{Yb})$（a）和 Rb/30 - Hf
- 3Ta（b）（底图分别据 Pearce, Taylor S R 等, 1985）

VAG—火山弧；syn - COLG—同碰撞；WPG—板内；ORG—大洋脊；POG—后碰撞

依据花岗岩的构造环境判别图解(Green T H, 1995; Pearce J A 等, 1984; Harris Harris N B W 等, 1986), 在 Ta-Yb 图解[图 6-10(a)]中样品落入火山弧-同碰撞大地构造背景区, 反映为挤压环境。但事实上自 J_2(印支运动后)开始的古太平洋板块对欧亚大陆板块的消减作用, 使华南地壳整体上处于弧后伸展应力环境(徐夕生, 2008); 165~180 Ma 间, 华夏板块与扬子板块已经完成拼贴, 它们的结合部位已经不具备岛弧形成环境, 而是碰撞后伸展环境。碰撞后形成的岩浆源岩常含有幔源派生的新生地壳成分, 因而具有地幔和新生地壳的双重特征(Harris Harris N B W 等, 1986)。在 Rb/30-Hf-3Ta 中[图 6-10(b)], 铜山岭岩体处在后碰撞背景区, 确切反映了燕山早期晚阶段的板内张性构造环境。

湖南骑田岭、砂子岭、铜山岭, 广西花山、姑婆山花岗岩中含大量的镁铁质微粒包体, 它是长英质岩浆与幔源镁铁质岩浆相互作用的产物, 岩体的岩浆混合现象(作用)普遍(朱金初等, 1989; 朱金初等, 2003)。这种大范围岩浆混合作用的原因可能就是玄武岩浆底侵作用的结果(王德滋等, 2004)。已有研究表明产于同一构造岩浆岩带中的道县辉长岩包体(郭锋等, 1997b)和火山岩及基性岩脉(李献华, 1990)在同位素及微量元素地球化学上具板内环境和软流圈来源特征, 反映早中生代(约 224 Ma)湘南即已存在幔源物质在中下地壳的底侵、岩石圈减薄和软流圈物质的上涌, 同时本书的 Hf 同位素特征也证明本区花岗闪长岩的源区有地幔物质的添加。微量元素 $w(Nb)/w(Ta)$ (7.42~10.30)、$w(Zr)/w(Hf)$ (28.71~35.87)、$w(Th)/w(U)$ (2.90~3.57)值也显示混熔岩浆以壳源组分为主(张龙升等, 2012)。铜山岭准铝质-弱过铝质高钾钙碱性花岗闪长岩可能是幔、壳岩浆混熔以后, 不断演化而形成的 I 型花岗岩。

本书研究显示 I 号和Ⅲ号岩体年龄分别为 166 Ma 和 149 Ma, 锆石 Hf 同位素特征也不一样, 再结合上述构造环境分析, 揭示铜山岭 I 号和Ⅲ号岩体是不同时段在不同构造体制下由不同源区熔融的岩浆侵入形成的。I 号岩体是以古老地壳物质熔融为主体的壳源岩浆与幔源岩浆高度混合的产物, 在 166 Ma 时侵入地壳; Ⅲ岩体的形成, 是在 150 Ma 前后板内张性背景下由早期碰撞增厚的下地壳发生熔融而形成的。

6.1.6 讨论与小结

(1)铜山岭岩体为准铝质-弱过铝质高钾钙碱性花岗闪长岩, 多数投入 I 型花岗岩区, 岩石轻重稀土元素分异作用明显, 铕弱负异常; 微量元素显示总体上大离子亲石元素 Rb、Th、U、La 富集, 贫 Ba、Nb、Sr。微量元素比值特征显示岩浆源区为壳-幔混源性质。

(2)铜山岭黑云母花岗闪长岩锆石 U-Pb 同位素测试结果显示其放射性元素含量高, U-Pb 谐和年龄分别为 166.6 Ma ± 0.40 Ma(MSWD=1.5)和 148.3 Ma ±

0.35 Ma(MSWD＝2.7),属于燕山早期中－晚阶段的产物。

（3）花岗闪长岩的锆石 Hf 同位素特征显示 Ⅰ、Ⅲ 号岩体的平均地壳模式年龄分别为 2426 Ma 和 1857 Ma,反映源区物质有早期地壳物质的贡献。

（4）Ⅰ 号岩体是以古老地壳物质熔融为主体的壳源岩浆与幔源岩浆高度混合的产物,形成时代为 166 Ma;Ⅲ 岩体的形成,是由于 150 Ma 前后,板内张性构造背景下由早期碰撞增厚的下地壳发生熔融而形成的。

（5）结合坪宝地区花岗岩成岩构造环境的研究认为,在燕山早期,湘南地区整体上为板内伸展构造体制,大规模花岗岩的形成应是在总体伸展背景下由具有不同组成的源区物质减压熔融的结果,岩石地球化学特征的差异是源区岩石组成差异的反映。

6.2 魏家(土岭)钨矿花岗斑岩地质地球化学特征

距离铜山岭北东约 15 km 的道县祥林铺镇魏家钨矿区近年来新发现埋藏于地表以下 500 m 的矿体,为厚大隐伏层间矽卡岩型钨多金属矿体,估算钨资源量(333＋334)达 26 万 t(邹礼卿,2011),作者对岩体也进行了初步研究,锆石样品制备与岩石常规分析测试分析说明同 4.1.3 节。

6.2.1 矿床地质特征

矿区位于南岭纬向构造带中段北侧,处于九嶷山隆起与都庞岭隆起之间,双牌—沱江复式向斜中,铜山岭矿田北东向成矿带北东端。出露地层为泥盆系中统至二叠系的一套浅海相碳酸盐岩夹海陆交互相的碎屑岩建造。岩性为砂岩、灰岩、白云岩、泥质灰岩、粉砂岩、硅质岩、页岩等,呈不整合覆盖于褶皱基底之上。断陷山涧盆地中零星分布有中生代侏罗系红色碎屑沉积,与下伏地层呈不整合或断层接触。矿区发育燕山晚期花岗斑岩—石英斑岩脉群,岩群总体上呈近东西向分布,年龄为 116～119 Ma(张湘炳,1986),单个岩体出露于南北(北北东)向构造带与东西向构造带交汇部位。其中花岗斑岩和石英斑岩与成矿的关系密切。岩体集中出露于矿区中西部土岭一带,大小近 20 余处,以土岭岩体为主(图 6－11),其出露面积约 0.6 km²,土岭花岗斑岩主体在平面上呈不规则近东西向延长状,并且斜切围岩,其接触面倾向岩体,由东向西呈缓倾斜,多有岩枝贯入围岩(湘南地质勘察院,2008)。

矿区花岗斑岩与碳酸盐岩接触带分布有矽卡岩型白钨矿床,矿体呈似层状、大透镜状,矿体总体走向近南北,总体倾向西,平均倾角18°,具有分支复合现象。主要蚀变有:矽卡岩化、大理岩化、绿泥石化、碳酸盐化、萤石化、硅化、绢云母化等;其中矽卡岩化是矿区最主要的蚀变类型,与钨铜铅锌矿化关系密切

（有色一总队，2013）。

6.2.2 花岗斑岩岩石地球化学特征

1）岩石矿物学特征

花岗斑岩呈灰白色，具斑状结构，基质具微—细粒花岗结构（图6-12），斑晶含量25%~35%，粒径0.2~4 mm，由长石、石英、黑云母组成，石英斑晶含量10%~20%，自形晶，部分受溶蚀；长石斑晶为钾长石和斜长石，含量10%~15%，大多发生泥化蚀变；少量黑云母斑晶（1%~3%）。基质含量65%~75%，粒径0.01~1 mm，由石英、碱性长石、酸性斜长石、黑云母等组成。

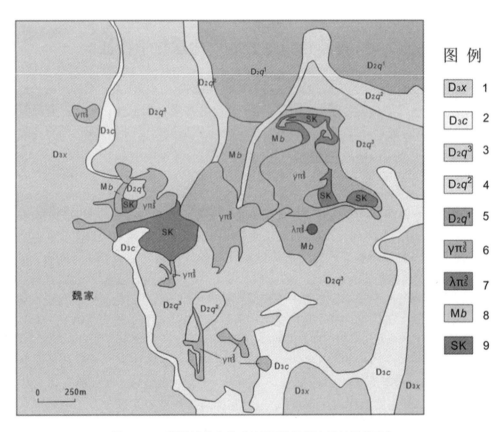

图6-11　祥林铺魏家钨矿地质图[据杨冲（2012）修改]

1—上泥盆统锡矿山组；2—上泥盆统长龙界组；3—中泥盆统棋梓桥组上段；4—中泥盆统棋梓桥组中段；
5—中泥盆统棋梓桥组下段；6—花岗斑岩；7—石英斑岩；8—大理岩；9—矽卡岩

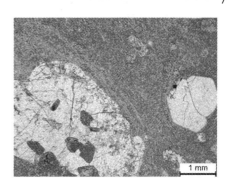

图 6 - 12 花岗斑岩手标本中长石及石英斑晶(左);镜下长石斑晶泥化蚀变,基质细粒
至隐晶质结构(右)

2)岩石化学特征

表 6 - 5 数据显示花岗斑岩属偏酸性富钾铝过饱和系列,具富钾贫钠钙的特点。花岗斑岩的 $w(Al_2O_3) > w(K_2O + Na_2O + CaO)$,$w(K_2O) > w(Na_2O)$;$\delta$ 值为 1.41 ~ 2.59,属钙碱性系列;DI 值为 84.64 ~ 89.93,显示分异程度较高。在 $K_2O - Na_2O$ 判别图解中投入 S 型花岗岩区域[图 6 - 13(a)]。

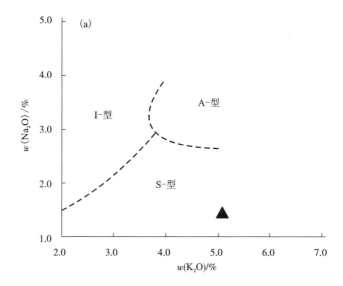

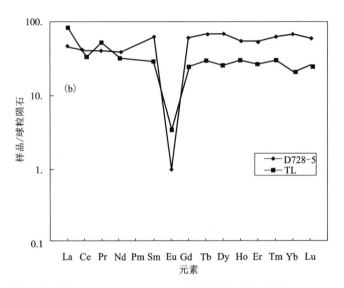

图 6 – 13 花岗岩分类的 $w(K_2O) - w(Na_2O)$ 判别图解(a)(底图据 **Collins et al, 1982**)
和土岭花岗斑岩稀土配分曲线(b)(球粒陨石数值据 **Boynton, 1984；**)

3)地球化学特征
(1)稀土元素地球化学特征
花岗斑岩稀土元素含量见表 6 – 5。$\sum$REE 为 116.80 ~ 166.32 μg/g，δCe 为
0.52 ~ 0.98，$(La/Yb)_N = 0.72 ~ 4.01$，轻重稀土分馏不显著；配分模式为"海鸥
型"，都呈明显的"V"字形[图 6 – 13(b)]，稀土具有明显的 Eu 负异常，$\delta_{Eu} =$
0.02 ~ 0.11，这可能与长石的分离结晶有关，稀土元素特征与黄沙坪花岗岩较为
一致[图 5 –4(a)]，岩体稀土配分型式具有罕见的四分组效应(tetrad effect)，该
效应是岩浆 – 流体间的反应所致。

表 6 – 5 土岭花岗斑岩的常量元素(%)和微量元素组成(μg·g⁻¹)

岩性	项目/样号	SiO_2	TiO_2	Al_2O_3	FeO	Fe_2O_3	MnO	MgO	CaO
花岗斑岩	D728 – 5	73.2	0.02	13.4	0.55	0.3	0.05	1.14	0.81
花岗斑岩	TL	73.25	0.08	12.95	1.74	2.23	0.56	0.17	1.12
岩性	项目/样号	Na_2O	K_2O	P_2O_5	H_2O^+	Total	A/CNK	A/NK	K_2O/Na_2O
花岗斑岩	D728 – 5	0.56	8.31	0.01	1.32	98.35	1.38	1.51	14.84
花岗斑岩	TL	1.43	5.12	0.04	1.32	100.01	1.69	1.98	3.58

续表 6 – 5

岩性	项目/样号	DI	A/MF	C/MF	δ43	La	Ce	Pr	Nd
花岗斑岩	D728 – 5	89.93	3.34	0.37	2.59	14.64	34.47	5.08	22.93
花岗斑岩	TL	84.64	2.23	0.35	1.41	26.00	28.00	6.40	19.50

岩性	项目/样号	Sm	Eu	Gd	Tb	Dy	Ho	Er	Tm
花岗斑岩	D728 – 5	12.44	0.07	16.47	3.34	22.32	4.12	11.75	2.05
花岗斑岩	TL	6.00	0.23	6.60	1.45	8.40	2.20	5.60	0.95

岩性	项目/样号	Yb	Lu	Y	ΣREE	La_N/Yb_N	δEu	δCe
花岗斑岩	D728 – 5	14.68	1.97	142.70	166.32	1.17	0.72	0.02	0.98
花岗斑岩	TL	4.65	0.82	51.50	116.80	2.81	4.01	0.11	0.52

岩性	项目/样号	Rb	Ba	Th	U	Ta	Nb	Sr	Zr
花岗斑岩	D728 – 5	1499	195	18.3	17.3	12.6	34.6	11.2	42.3
花岗斑岩	TL		400				50.83		

岩性	项目/样号	Hf	Th/U	Nb/Ta	Zr/Hf				
花岗斑岩	D728 – 5	4.63	1.06	2.75	9.14				

注：（TL：据湖南省地勘局湘南地质勘察院，2008），D728 – 3，本书

表6-6 土岭花岗斑岩锆石 U-Pb 同位素组成及年龄

点号	组成/(μg·g⁻¹)				同位素比值[$n(A)/n(B)$]			同位素年龄/Ma		
	Pb	Th	U	Th/U	$^{207}Pb/^{206}Pb \pm 1\sigma$	$^{207}Pb/^{235}U \pm 1\sigma$	$^{206}Pb/^{238}U \pm 1\sigma$	$^{207}Pb/^{206}Pb \pm 1\sigma$	$^{207}Pb/^{235}U \pm 1\sigma$	$^{206}Pb/^{238}U \pm 1\sigma$
D728-3-01	93.1	533.09	2239.92	0.24	0.05168±0.00129	0.26047±0.00625	0.03656±0.00025	271±59	235±5	231±2
D728-3-05	111.24	348	344.41	1.01	0.08223±0.00278	2.434±0.07826	0.21468±0.00227	1251±68	1253±23	1254±12
D728-3-06	497.98	2672.01	17505.28	0.15	0.05461±0.00082	0.17793±0.00300	0.02355±0.00026	396±19	166±3	150±2
D728-3-07	188.58	954.57	6757.47	0.14	0.04942±0.00081	0.17154±0.00285	0.02508±0.00023	168±22	161±2	160±1
D728-3-08	42.59	431.53	1423.04	0.3	0.05084±0.00197	0.17611±0.00648	0.02512±0.00031	234±92	165±6	160±2
D728-3-09	38.9	93.11	145.14	0.64	0.07368±0.00135	2.13833±0.04491	0.20967±0.00233	1033±25	1161±15	1227±12
D728-3-10	10.61	136.33	364.47	0.37	0.05316±0.00196	0.18262±0.00664	0.02497±0.00026	336±63	170±6	159±2
D728-3-12	111.09	788.09	3924.19	0.2	0.04927±0.00102	0.17266±0.00339	0.02542±0.00016	161±49	162±3	162±1
D728-3-14	104.54	1315.61	3742.53	0.35	0.05519±0.00108	0.20505±0.00739	0.02635±0.00048	420±49	189±6	168±3
D728-3-15	94.44	665.5	3510.98	0.19	0.05385±0.00093	0.1806±0.00295	0.02433±0.00013	365±40	169±3	154.9±0.8
D728-3-16	240.34	1552.95	8918.11	0.17	0.05395±0.00074	0.18372±0.00235	0.0247±0.00013	369±32	171±2	157.3±0.8

（2）锆石 U – Pb – Hf 同位素特征

锆石定年方法同前述章节，选择有韵律环带的岩浆锆石打点，锆石 CL 图像见图 6 – 14（a）。

锆石定年结果显示有 8 个点集中在 160 Ma 左右，3 个点的年龄明显偏离，分属印支期（01 点，231 Ma）和早晋宁期（05 点 1251 Ma 和 09 点 1033 Ma）。8 个点的谐和年龄为 154 Ma ± 13 Ma，如果剔除掉谐和度较差的 06 和 14 号点，剩余 6 个点的谐和年龄为 161.4 Ma ± 2.2 Ma［图 6 – 14（b）］。

从模式年龄可以看出，05 点、09 点打在锆石颗粒核部，是残留（岩浆）锆石，年龄为 1000 ~ 1250 Ma，是中、新元古代岩浆作用的产物，说明有古老地壳物质的再循环，其地壳存留年龄为 2816 Ma，显示为中太古代地壳物质，这也是湘南地区花岗岩中最老的模式年龄。花岗斑岩的年代为 161 Ma，$\varepsilon_{Hf}(t)$ 为 –28.31，平均地壳模式年龄为 2974 Ma（表 6 – 6），显示为古老地壳重熔形成。结合铜山岭岩体的模式年龄，可以认为在南岭西段存在更古老的基底地壳（或源区），时代为中、新太古代 2400 ~ 2800 Ma。

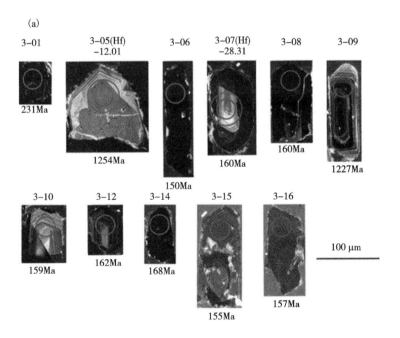

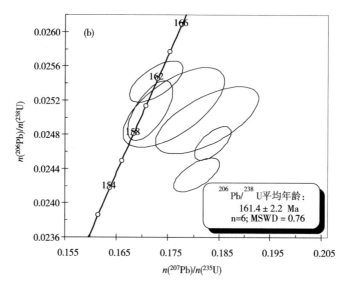

图6-14 土岭花岗斑岩的锆石 CL 图像(a)和 U - Pb 年龄谐和图(b)

注:(a)是岩体样品中锆石的 CL 图像,44 μm 圆表示铅同位素测试点,锆石上方数字代表 $\varepsilon_{Hf}(t)$ 值; 30 μm 圆表示 U - Pb 年龄分析点,图像下面数字为 $^{206}Pb/^{238}U$ 年龄;分析点号位于锆石上方;线比例尺长度为 100 μm。

表6-6 土岭花岗斑岩锆石 Lu - Hf 同位素组成及参数

点号	$n(^{176}Hf)$ /$n(^{177}Hf)\pm 2\sigma$	$n(^{176}Yb)$/ $n(^{177}Hf)\pm 2\sigma$	$n(^{176}Lu)$ /$n(^{177}Hf)\pm 2\sigma$	T/Ma	$\varepsilon_{Hf}(0)$	$f_{Lu/Hf}$	$n(^{176}Hf)$ /$n(^{177}Hf_i)$	$\varepsilon_{Hf}(t)$	T_{DM1} /Ma	T_{CDM} /Ma
D728 - 3 - 05	0.281674 ±0.000016	0.027348 ±0.000049	0.001067 ±0.000002	1251	-38.83	-0.97	0.281649	-12.01	2215	2816
D728 - 3 - 07	0.281878 ±0.000021	0.041256 ±0.000552	0.001743 ±0.000023	160	-31.62	-0.95	0.281873	-28.31	1968	2974

6.2.3 岩浆源区及成岩构造背景

利用岩石化学数据计算了 C/MF 及 A/MF 值,投点落入变质泥质岩和变质砂质岩的过渡区[图6-15(a)],反映源区化学组成为变质泥质岩和砂质岩的混合组成。在 Y - Nb 图解中两个样品点均投入板内花岗岩区[图6-15(b)],与区域上燕山期超酸性花岗岩的结果一致。

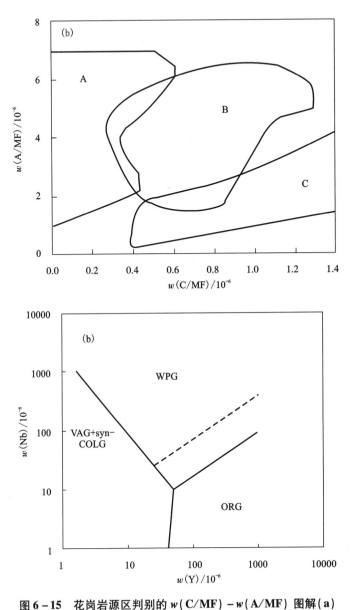

图 6 - 15 花岗岩源区判别的 $w(C/MF) - w(A/MF)$ 图解（a）

（底图据 Alther et al, 2000）；$w(Nb) - w(Y)$ 构造环境判别图（b）（据 Pearce et al., 1984）

（a）：A - 变质泥质部分熔融；B - 变质砂岩部分熔融；C - 基性岩的部分熔融；（b）：VAG—火山弧花岗岩；syn - COLG—同碰撞花岗岩；WPG—板内花岗岩；ORG—大洋脊花岗岩

6.2.4 讨论与小结

土岭花岗斑岩的锆石 U – Pb 年龄为 161 Ma，与铜山岭第 I 期岩体时代接近，与铜山岭花岗闪长岩在空间上形成 S 型花岗岩与 I 型花岗岩组合，类似于坪宝走廊的 I – A 型花岗岩组合。这恰与作者将要提出的它们处于三叉断裂的不同分支相吻合，说明这两个分支是同等级同时间发育的，反映两者相同的深部动力学机制。

7 湘南燕山期区域三叉断裂构造型式及成矿作用研究

　　湖南经历了地槽区、地台区和地洼区三个大地构造发展阶段；在大地构造区划上湘南地区为东南地洼区湘东地洼列。其构造演化史在早古生代为地槽期，加里东造山运动后进入地台发展阶段，一直延续到三叠纪中期，三叠纪的中晚期转入印支期，拉开了中生代活化构造演化的序幕，进入新的构造演化阶段—地洼区发展阶段。湘南地区地洼期从晚三叠世至侏罗纪末，晚三叠世至早侏罗世为初动期，中晚株罗世为激烈期，白垩纪至现代为余动期（陈国达，1986）。

　　在湘南成矿地质研究中，对区域成矿构造特征的研究是一个薄弱环节，缺乏明确的构造成因模式，相对于区域花岗岩成因及其成矿作用的研究明显滞后，使得湘南成矿地质研究不完整，阻碍了区域成矿规律的认识。最近作者在进行湘南矿床地质研究中提出了热柱三叉断裂的区域构造型式，是在目前对中国东部燕山期板块内部构造研究的大背景下，适应湘南找矿研究工作的需要，对湘南地壳燕山期构造型式新的认识。这种构造型式可能揭示了湘南区域构造基本性质，展现了湘南区域矿床的分布规律，并且可以反映深部地幔柱活动的构造特征。湘南是华南的组成部分之一，湘南区域构造型式是华南区域构造型式的缩影，新的构造型式将可能成为华南区域成矿地质研究的方向。

　　湘南以及邻近的桂粤地区处于南华洋盆的范围，在扬子板块与华夏板块的夹持之中。湘南主要分布古生代地层，早古生代地层与晚古生代地层之间为不整合接触。区域构造具有特征的穹隆和盆地的叠加褶皱型式，褶皱核部为早古生代地层，翼部为晚古生代地层。区域中花岗岩分布普遍，但成矿岩体的规模比较小。区域中矿床集中分布，主要有宝山、黄沙坪、香花岭、千里山、铜山岭、珊瑚等矿床。这些矿床主要分布在晚古生代地层中，矿床与花岗岩关系密切，主要矿床类型为矽卡岩型和脉型，具多成矿元素组合特征。宝山、黄沙坪和香花岭等矿床是本书重点研究的代表性矿床。

　　板内区域构造运动研究主要关注深部发生的构造运动情况，如果同时研究深部构造活动在岩石圈上部形成的构造型式，则不但能获取完整的构造面貌，或许也有利于确定深部构造机制。华南大范围分布的花岗岩是研究华南区域构造成因的重要因素，随着研究的持续，将华南花岗岩的成因完全归为东部大洋俯冲运动的结论不断受到质疑（周新民，2007；张旗等，2013b），而推测华南花岗岩的形成与地幔活动作用有关是新的思路。如果地幔构造运动造成华南大规模的花岗岩活动,也应该形成岩石圈上部对应的构造形式。实际上板块活动与地幔柱运动的叠加可能反映了华南完整的区域构造运动,因此识别出不同性质的构造型式是重要的前提,然后通过不同性质构造的合成来解释华南构造运动特点,建立区域构造模型。但华南岩石圈浅部构造型式的研究还是薄弱环节。华南的成矿与花岗岩关系密切,成矿构造与花岗岩构造具有成因关系,它们都是区域构造研究的一部分。

7.1 湘南区域热柱 – 三叉断裂系构造特征

提出湘南三叉断裂系构造的主要区域地质证据,是湘南矿床的线状分布特征,以及湘南地层表现的穹隆构造特征。根据热柱 – 三叉断裂系构造的成因类型,应该形成区域穹隆构造,并且形成与穹隆一致的三叉断裂系的中心组合形式,在三叉断裂构造系中发育的岩体和矿床将具有同时性和成因关系,岩体和矿床有可能表现出地幔活动的地球化学特征。

湘南矿床在区域上的线状分布形态是比较清楚的,宝山矿床、黄沙坪矿床和香花岭矿床就是呈近南北向的线状排列的。此外湘南西部的铜山岭矿床自江永开始,往东经江华、道县、蓝山县一线,分布一系列矿床和矿点,呈近东西向的线状排列。在湘南还有一条矿床线状分布带,从湘南经姑婆山到广西珊瑚锡矿,整体呈北东走向。因为湘南矿床的成矿构造都以断裂构造为主,因此矿床的线状排列可能指示区域成矿断裂带的方位,这是湘南矿床分布的普遍现象。从区域地质图来检查湘南矿床的分布可以发现,上述三条矿床线状分布带大致交汇到同一个中心点,呈现从中心点向外发射的断裂分叉形态,形成三叉断裂系控制的线状矿床分布型式(图 7 –1)。

在扬子板块与华夏板块之间的南华洋盆中广泛分布叠加褶皱,具有 I 型叠加褶皱形式,应该指示南华洋盆在闭合过程中地层发生的构造变形(张岳桥等,2009)。在湘南到湘中一带的南华洋盆中的叠加褶皱,表现了规则的分布形态,从北到南间隔展布 5 列穹隆构造,各列穹隆排列的走向为近东西向。但是从区域构造形态分析比较,最南部的穹隆构造列形态不规则,呈现一个近于等轴状的大型穹隆构造,其规模明显大于其他穹隆列的单个穹隆构造的规模。因此设想它们是属于两种穹隆构造,在穹隆构造的成因上可能是完全不同的。

南部大型穹隆构造分布在湘桂粤边界一带,称为湘南穹隆构造(图 7 –1),穹隆核部地层为早古生代,翼部地层为晚古生代。穹隆核部分布区域在宁远以南,江华以东,连州以西,贺州以北,中心位置在九嶷山与萌渚岭交汇处。穹隆核部地层以寒武系为主,中心出露震旦系,表明穹隆隆起幅度比较大。翼部晚古生代

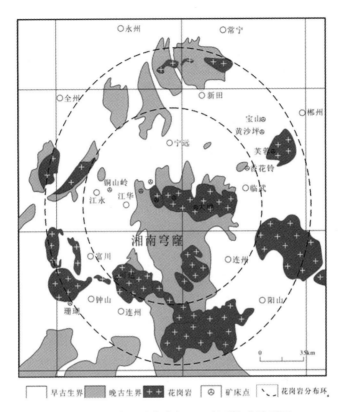

图 7-1　湘南区域穹隆与三叉断裂构造地质图

地层基本上是围绕核部地层分布的，只在南部没有完全封闭，应该是毗邻华夏古陆边缘。湘南穹隆构造与南华洋盆中的叠加褶皱性质的穹隆具有不同的成因，作为叠加褶皱的穹隆构造是形成于板块运动的水平力的作用，属于纵弯褶皱性质，而湘南穹隆构造则可能是形成于地幔柱上升的隆起力的作用，属于横弯褶皱性质。因此，湘南区域上两种穹隆构造的形态和分布并不协调，初步认为应该是叠加褶皱先形成，湘南热柱穹隆后形成，改造了所在区域的叠加褶皱的形态。

　　九嶷山隆起带为不同时代的花岗岩组成，岩浆侵入时代有加里东期和燕山期，雪花顶岩体为加里东期，砂子岭、金鸡岭和西山岩体均为燕山期。近年来在九嶷山西山岩体发现含橄榄石和辉石的黑色花岗岩，引起了学者们的高度重视，这是一种比较少见的岩石类型，对其成因争议较大。一般认为铁橄榄石花岗岩是最还原的 A 型花岗岩的端元。①Huang Hui-Qing 等（2011）研究认为九嶷山含铁橄榄石花岗岩，是在低氧逸度、低水蒸汽压（f_{H2O}）、高温（>960°C）条件下地壳麻粒相变沉积岩熔融形成，与软流圈上涌或玄武质熔体的底侵有关。Sr、Ba 对 SiO_2

的图解显示控制岩浆演化的因素是分离结晶而不是岩浆混合。②Guo Chunli 等（2016）则通过岩石年代学及 Sr – Nd – Hf – O 的研究，认为九嶷山复式岩体中西山含铁橄榄石和铁辉石的次火山岩具有混合成因，年代学结果有两组年龄156.6 Ma 和 151.5 Ma，铁橄榄石和铁辉石之间的氧同位素分馏（ΔOpx – Ol）反映存在非平衡结晶。岩石地球化学特征显示为 A 型花岗岩，源于两批次壳源岩浆的混合，由古老的火成岩原岩，在高温（683～893 °C），中等水含量（3%～5%），和低氧逸度（lgfo$_2$ = ε – 1.21）部分熔融形成。如此严苛的条件对 FBF 火成岩是常见的，但因其条件很难达到，致使其分布往往比较局限。其形成动力学背景为燕山早期（150～160 Ma）的伸展或裂谷环境。③西山岩浆 – 侵入杂岩为典型的 A 型花岗质岩石。主要有以下特征：Ⅰ含橄榄石、辉石等碱性暗色矿物，Ⅱ形成条件为高温、低压、中等水含量，ⅢGa/Al 值高（2.7～3.0），富硅碱、贫镁钙。（付建明，2003；Guo CL，2016）

　　湘南 A 型花岗岩有多处，骑田岭、千里山、黄沙坪、金鸡岭岩体都是，而西山 A 型花岗岩特殊的矿物组合要求有严苛的物理化学条件，可能反映其所处特殊的伸展位置，即是处于伸展环境中的中心位置，这与我们提出湘南穹隆的中心位于九嶷山 – 都庞岭一带相吻合，由地幔柱主动伸展引起的浅部三叉伸展断裂的三联点恰好位于九嶷山隆起（图 7 – 2）。

　　对分布在湘南三叉断裂中的主要矿床和成矿岩体的形成年龄资料的统计表明，它们的年龄集中在 170～150 Ma，差值很小，均为燕山早期，因此三叉断裂系中的成岩成矿是具有同时性关系的（表 7 – 1）。如果岩体和矿床是受三叉断裂控制的，则岩体和矿床的年龄也指示断裂的活动时间，说明三叉断裂是同时形成的构造系统。

表 7 – 1　湘南三叉断裂成岩成矿年龄表

序号	矿床	测试对象	测试方法	年龄/Ma	数据来源
1	黄沙坪	花岗岩	锆石 LA – ICP – MS	161.6 ± 1.1	姚军明，等，2005
2	黄沙坪	辉钼矿（6 个样）	Re – Os 法	154 ± 2.8	姚军明，等，2007
3	黄沙坪	矽卡岩中的辉钼矿（5 个样）	Re – Os 法	167 ± 2.1	马丽艳，等，2007
4	黄沙坪	石英斑岩	锆石 LA – ICP – MS	152 ± 3.0	雷泽恒，等，2010
5	黄沙坪	辉钼矿	Re – Os 法（3 个样）	158 ± 3.0	雷泽恒，等，2010
6	黄沙坪	辉钼矿（7 个样）	Re – Os 法	157.2 ± 2.6	齐钒宇，等，2012
7	黄沙坪	304 花斑岩	锆石 LA – ICP – MS	179.9 ± 1.3	全铁军，等，2012

续表 7-1

序号	矿床	测试对象	测试方法	年龄/Ma	数据来源
8	黄沙坪	花岗斑岩(301#岩体)	锆石 LA-ICP-MS	150.1±0.4	艾昊, 2013
9	黄沙坪	花斑岩(304#岩体)	锆石 LA-ICP-MS	150.2±0.4	艾昊, 2013
10	黄沙坪	石英斑岩(52#岩体)	锆石 LA-ICP-MS	155.3±0.7	艾昊, 2013
11	黄沙坪	英安斑岩	锆石 LA-ICP-MS	158.5±0.9	原垭斌, 等, 2014
12	黄沙坪	二长花岗斑岩	锆石 LA-ICP-MS	155.2±0.4	原垭斌, 等, 2014
13	黄沙坪	石英斑岩	锆石 LA-ICP-MS	160.8±1.0	原垭斌, 等, 2014
14	宝山	花岗闪长斑岩	锆石稀释法	173.3±1.9	王岳军, 等, 2003
15	宝山	花岗闪长斑岩	锆石 SHRIMP U-Pb	158±2.0	路远发, 等, 2006
16	宝山	花岗闪长斑岩	锆石 LA-ICP-MS	165.3±3.3	全铁军, 等, 2012
17	宝山	似斑状花岗闪长岩	锆石 LA-ICP-MS	180.5±2.0	全铁军, 等, 2012
18	宝山	花岗闪长斑岩	锆石 LA-ICP-MS	156~158	谢银财, 等, 2013
19	宝山	辉钼矿	Re Os 等时线	160±2.0	伍光英, 2005
20	宝山	黄铁矿	Rb Sr 等时线	174±7.0	姚军明, 等, 2006
21	宝山	英安质隐爆角砾岩	锆石 LA-ICP-MS	162.2±1.6	伍光英, 等, 2005
22	宝山	辉钼矿	Re Os 等时线	160±2	路远发, 2006
23	铜山岭	花岗闪长岩	锆石 LA-ICP-MS	I号岩体166,III号岩体148	全铁军, 等, 2013
24	铜山岭	花岗闪长斑岩	锆石 LA-ICP-MS	149±4	魏道芳, 2007
25	水口山	花岗闪长岩	锆石 SHRIMP U-Pb	163±2.0	马丽艳, 等, 2006
26	香花岭	黑云母花岗岩	锆石 LA-ICP-MS	150.4±0.9	来守华, 2014
27	香花岭	黑云母花岗岩	锆石 LA-ICP-MS	160.7±2.2	轩一撒, 等, 2014
28	香花岭	黑云母花岗岩	锆石 LA-ICP-MS	154~155	朱金初, 等, 2011
29	香花岭	锡石	锡石 LA-ICP-MS	157±6.0	Yuan, S D, 等, 2008
30	九嶷山金鸡岭	二长花岗岩	锆石 LA-ICP-MS	156	付建明, 等, 2004
31	大坳	辉钼矿	Re Os 等时线	151.3±2.4	付建明, 等, 2007
32	可达	黑云母花岗岩	锆石 LA-ICP-MS	146.8±2.3	李晓峰, 等, 2012
33	可达	辉钼矿	Re Os 等时线	,162.5±1.2	李晓峰, 等, 2012
34	珊瑚	花岗岩	锆石 LA-ICP-MS	162	毛景文, 等, 2008

续表 7 - 1

序号	矿床	测试对象	测试方法	年龄/Ma	数据来源
35	九嶷山西山	含橄榄石花岗岩	锆石 LA - ICP - MS	156.6 和 151.5	Guo, C L, 等, 2016
36	九嶷山砂子岭	花岗闪长岩	锆石 SHRIMP U - Pb	157	付建明, 等, 2007

　　湘南矿床分布于三叉断裂交汇中心, 与湘南穹隆构造的核部区基本上是吻合的, 说明三叉断裂系与热柱穹隆构造可能是具有内在成因联系的构造型式, 形成湘南热柱三叉断裂系构造(图 7 - 2)。湘南热柱三叉断裂系构造型式可以作为湘南燕山期区域成矿构造的基本构造型式, 也是表示湘南矿床分布规律的重要指导构造型式。湘南热柱三叉断裂系构造的展布范围, 大致以三叉断裂外端矿床为界, 北延至宝山及水口山矿床, 南延至珊瑚矿床, 西延至铜山岭矿床, 表示三叉断裂的发育程度是大致对称的。目前在构造系中发现的矿床大部分分布在湘南穹隆构造的翼部地层区中, 在核部地层区中成矿作用不发育。

　　湘南区域三叉断裂形态的圈连, 只是表示三叉断裂系的轮廓, 作为在实际调查区域内三叉断裂构造现象的趋势性表现。实际的湘南区域三叉断裂构造不会这么规则。目前主要是通过典型矿床控制中成矿的区域断层来初步了解三叉断裂的特征, 从中已经发现明显的不规则性和不均匀性。控制矿床的区域断层受到局部地层构造和花岗岩体的影响, 产状和形态都有较大的变化。此外据初步的野外调查, 发现三叉断裂虽然是稳定活动的断层, 但是活动强度并不大, 在矿区中可能是蚀变构造带, 而且是多期活动的断层, 形态变化也比较大。系统圈连湘南区域三叉断裂, 可采用遥感图像处理和解译方法, 针对湘南地表植被覆盖广, 以及断层中热液充填蚀变的特征, 选择合适的图像增强技术能够确定三叉断裂的形态。

　　湘南燕山期大规模花岗岩主要表现为环状构造形态, 呈现围绕湘南穹隆圈闭分布的特征。环状花岗岩发育不均匀, 总体上是南部花岗岩发育, 北部花岗岩规模变小, 在穹隆中心也分布花岗岩体(图 7 - 1)。燕山期环状花岗岩圈反映穹隆构造控制的花岗岩侵位活动, 应该是指示深部地幔柱隆起构造的中心。围绕湘南穹隆的环状花岗岩圈和三叉断裂线状成矿花岗岩带, 是两个花岗岩系列, 表现的是地幔柱隆起活动不同的构造型式, 以及对花岗岩的控制作用。目前的资料表明, 湘南大型矿床主要受三叉断裂控制, 但是在三叉断裂系统以外的穹隆构造区域中, 也有小型矿化点的分布, 也可能属于穹隆构造的成矿作用, 其成矿前景尚不清楚。

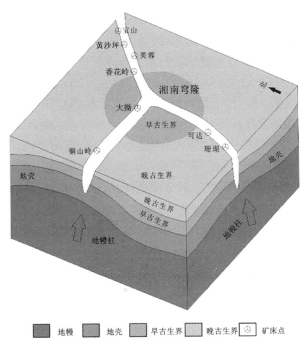

图 7-2　湘南穹隆与三叉断裂构造模型图

7.2　热柱三叉断裂系构造成因分析

区域三叉断裂组合是板块构造的经典构造型式之一，在大陆裂谷的离散运动中，首先形成三叉断裂系构造，是威尔逊旋回早期阶段的构造特征，在东非裂谷，在大西洋早期的裂谷构造上，都得到充分证明。从构造力学上分析是因为这种断裂结构耗费较少的能量（K. Burke 等，1973；J. F. Dewey 等，1974）。此外三叉断裂的深部构造成因，是地幔柱构造的上升运动，撞击岩石圈底部，造成岩石圈的隆起，在隆起发展到一定程度时在隆起顶部形成三叉断裂（A. M. C. Sengor, K, 1978；B. H. Baker 等，1981；A. Geyer 等，2010）。所以三叉断裂的形成是隆起构造变形的结果，而隆起构造是地幔柱上升运动的动力作用的结果。在被动大陆边缘和大陆内部也发育完整的三叉断裂构造，在地表表现为裂谷断裂系，岩浆岩沿断裂带活动（J. C. Carracedo，1994；T. R. Walter 等，2005），在深部是地幔活动形成的地壳三叉断裂构造型式（A. Geyer 等，2010；A. I. Kiselev 等，2012）。

研究表明地幔柱有多种形成方式，除产生在核幔边界的全球巨型地幔柱活动外（马宗晋等，2003），也可以形成与俯冲带直接对应的小型地幔柱构造，它产生于下地幔内部, 或者在上、下地幔边界处(图7-3)(L. H. Kellogg 等, 1999; T. W. Becker 等, 1999; Paul J. Tackley, 2000; 傅容珊等, 2005)。如果华南燕山期发生地幔柱活动, 应该是与俯冲构造对应的小型地幔柱上升运动, 或者是与之相当的地幔活动。能在地壳中形成放射状断裂系意味着符合一定的构造条件, 说明在湘南发生了深部地幔对流运动, 具有适合地幔运动的流变学性质(Paul J. Tackley, 2000; G. F. Davies 等, 1992)。因此即使现在还不能确定华南燕山期深部地幔构造的性质, 至少表明存在深部低黏度的地幔上升流运动, 由此形成地壳中的三叉断裂构造型式。三叉断裂作为地幔上升流运动早期的构造型式, 与湘南三叉断裂形成时间为燕山早期是吻合的对应关系。湘南三叉断裂型式指示了深部地幔上升流的位置, 实际上华南还有赣南和赣东北等地的三叉断裂构造系, 它们组成的线状延伸可能反映了深部地幔活动的整体形态, 成为判别地幔活动性质的新标志。

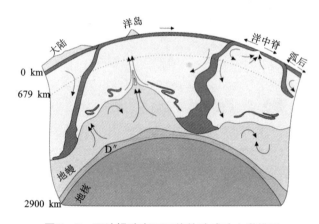

图7-3 下地幔致密层可能的地球动力学模型

致密层顶部深度变化于约1600千米至核幔边界, 顶部被下沉板片改造变形。致密层内部循环
由内部热和穿过核幔边界的热流驱动。界面上发育有热边界层, 地幔柱从局部高热点隆起,
携带循环的板片及一些初生物质(据 Kellogg 等, 1999)。

在南岭主要通过花岗岩和火山岩的研究表明深部是存在地幔活动的, 发生壳幔作用(徐夕生等, 1999; 王德滋, 2003)、俯冲带的软流圈活动(周新民, 2003)、地幔底侵作用(徐夕生等, 1999; 徐鸣洁等, 2001), 地幔柱活动、发育具有洋岛岩浆岩(OIB)性质岩系(李献华等, 1999; 陈志刚等, 2003; 王岳军等, 2004; 贾大成等, 2004; 谢昕等, 2005)。这些观点都表明华南燕山期发生地幔活动, 是花岗岩形成的主要原因, 是支持华南形成三叉断裂型式的深部构造基础。

湘南形成三叉断裂, 但是并没有发育成为裂谷带, 三叉断裂夹角呈不规则变化, 可能是因为华南地区处于板块汇聚运动中的原因。大陆裂谷的形成不仅是发生地幔柱活动, 也具有形成板块离散型活动边界的条件。而华南处在东部大洋的俯冲运动环境，发生板块挤压构造运动，与地幔活动的伸展构造叠加，形成湘南特殊的热柱三叉断裂系构造型式。关于华南燕山期伸展构造现象是非常明显的（孙涛等，2002），以往多作为弧后伸展作用看待，实际上可能主要源于地幔柱运动的结果。

7.3 区域成矿规律的认识

湘南热柱三叉断裂构造型式的发现，为湘南区域成矿规律提供了重要的新认识，对指导区域找矿方向有直接的效果，因为三叉断裂不仅是区域构造型式，而且是主要区域成矿构造系统。热柱三叉断裂表示了湘南基本区域成矿构造单元形态，是对华南板内成矿区带次级成矿构造单元的划分，在华南大地构造与矿床构造之间建立了中间构造型式，形成华南区域成矿构造的完整系统。三叉断裂构造的特殊性表明区域成矿断裂具有不同的走向，它们是属于同一个构造系统的。三叉断裂构造系统的形态决定了矿床分布的空间范围，矿床沿三叉断裂产出，清楚地指示了区域矿床分布的规律性。

湘南热柱三叉断裂型式说明区域成矿断裂构造的性质，应该是正断层伸展构造带，类似于大陆裂谷构造组合特征。推测断裂带的横剖面可能表现为对称的相向内倾正断层的组合，矿床在断裂带两侧的正断层中产出，形成具有一定宽度的断裂组合的成矿带。在湘南三叉断裂北支断裂带中，沿断裂带矿床的分布显示出较大的宽度（图7-4），这些矿床都是受同一条分支断裂带控制，指示了每个矿床的区域构造位置和可能的发展方向。湘南的矿床大部分具有断裂成矿的构造特征，但是实际上在矿床内部并没有显示连续清晰的断裂构造形态，导致无法判断成矿断裂的整体产状和组合关系，对于找矿方向的认识一直存在困惑。解决这个问题的钥匙首先应该从确定区域成矿断裂型式入手，三叉断裂型式的提出有可能填补长期以来湘南区域构造型式研究的不足。在三叉断裂区域构造型式的指导下，可以把矿床构造的研究纳入明确的构造成因类型中，通过构造分析的方法掌握矿床构造的形态特征和力学关系，为认识矿床构造控矿规律开辟重要思路。

湘南区域构造型式的建立也为区域花岗岩研究提供了新的发展思路，华南花岗岩的研究成果丰富，但是争议也多。原因之一是花岗岩形成地质因素复杂，局限于花岗岩岩石学研究未必能够完全区分这些复杂因素的影响。三叉断裂也是控制花岗岩侵位的构造型式，特别是控制成矿花岗岩的侵位。三叉断裂的伸展构造性质说明花岗岩的非造山环境的特点，二者是吻合的，但这只是华南花岗岩中一种构造环境，并不能随意套用。热柱三叉断裂表示的成矿花岗岩的成因环境，无论是对花岗岩还是花岗岩成矿，都是与热柱构造密切相关的，说明了花岗岩和矿床可能的近源物质特征，是直接来源于深部热柱的活动，这成为分析花岗岩与矿

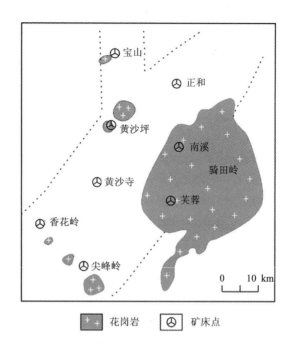

图 7 - 4　湘南三叉断裂北支成矿带简图

床成因的指导思路。此外湘南区域花岗岩的侵位构造特征、成矿花岗岩的侵位方式与岩体形态的关系，都可能得到解释。

　　湘南三叉断裂系构造指示了区域上属于同一个系统中的矿床，因为三叉断裂具有从系统中心到边缘的变化关系，这些矿床表现出相应的变化趋势。湘南矿床具有多元素成矿的特征，矿床成矿元素的变化可能与系统中心到边缘的变化有关，这种关系同样出现在花岗岩成分的变化上。根据新的区域构造型式，可以结合矿床各种地质条件，如矿床类型、岩浆岩和矿床中的地幔成分、矿床分带形态、矿体控矿构造性质、矿床范围和规模等，寻求认识三叉断裂扩展深度和长度控制的三维矿床特征，探讨判断矿床发育深度和规模的标志性因素。在华南大区域成矿划分的基础上，三叉断裂系表现的是小区域成矿变化特征，其成因解释明确，达到细分研究的程度，是湘南成矿规律研究的深化。

　　在湘南矿床中成矿岩体规模变化明显是早已揭露的现象，但是过去并没有说明成矿岩体规模变化的原因，也不知道这种变化的规律是什么。根据三叉断裂系成岩成矿构造模型，可以理想的解决这个问题。在湘南三叉断裂北支的矿床中，成矿岩体规模表现了清晰的变化规律，即靠近三叉断裂中心岩体规模大，往边缘岩体规模减小。如香花岭矿床的癞子岭成矿岩体为岩基，黄沙坪矿床301#成矿岩体为岩株，宝山矿床成矿岩体为岩枝，水口山矿床还没有确定成矿岩体，可能在矿床范围内没有出现成矿岩体（表7-2）。据此判断三叉断裂系中心构造活动较边缘增强，导致成矿岩体规模增大，并且也影响到矿床特征的相应变化。

湘南三叉断裂系北支断裂带中，各矿床成矿元素组合具有明显的变化规律（表7-2），即从靠近三叉断裂中心为高温矿物组合，往边缘变成低温矿物组合。香花岭矿床为锡铅锌成矿元素，黄沙坪矿床为钼钨铅锌成矿元素，宝山矿床为铜铅锌成矿元素，水口山矿床为铅锌金成矿元素。成矿元素的这种变化，是沿分支断裂带从三叉断裂中心往边缘顺序发生的，总体上表现成矿温度分带的变化规律。这说明三叉断裂中心构造活动强烈，使得矿床形成温度偏高，还可能与地壳隆起幅度差别有关，三叉断裂系中心隆起幅度大，壳源元素比较活跃，边缘隆起幅度小，地幔元素活跃。预计湘南三叉断裂系另外两支断裂带矿床也有这种变化规律，但因矿床分布少，尚不能显示这种规律性特征。

表7-2 三叉断裂北支矿床特征变化规律表

	香花岭	黄沙坪	宝山	水口山
成矿岩体规模	岩基	岩株	岩枝	岩枝
成矿元素组合	锡铅锌	钨锡铅锌	铜铅锌	铅锌金铜
矿床类型	矽卡岩为主	矽卡岩，脉状	脉状，矽卡岩	脉状为主

湘南各矿床的成矿类型变化特征也很明显，以三叉断裂系北支分布的矿床为例，整体表现出靠近三叉断裂中心，矿床以矽卡岩类型为主，往边缘变成以脉状矿床为主。香花岭矿床以围绕岩体的面状矽卡岩和蚀变岩型成矿类型为主，脉状矿类型为次，黄沙坪矿床围绕岩体接触带的矽卡岩成矿类型，与岩体近外侧的脉状矿床类型同等发育，宝山矿床则以脉状成矿类型为主，矽卡岩成矿类型为次，水口山矿床完全为脉状成矿类型。矿床类型的变化与成矿岩体规模的变化是一致的，成矿岩体规模较大时，矽卡岩型矿床发育，成矿岩体规模较小时，脉状矿类型更为发育。显然，北支矿床类型的变化表现出沿北支断裂带，从三叉断裂系中心到边缘变化的规律性特征，也是受断裂带构造强度变化决定的（表7-2）。

湘南矿床地质资料表明，各矿床区域成矿断裂与所在三叉断裂分支断裂带的走向具有一致的关系。如北支断裂带中矿床的区域成矿断裂为北东走向，而西支断裂带中矿床的区域成矿断裂为东西走向。在北支断裂带中，香花岭矿床主要成矿断裂F_1为北东走向（图7-5），黄沙坪矿床主要成矿断裂F_3为近南北走向（见图3-12），而矿体的走向以北东向为主。宝山矿床成矿断层不明显，如果从矿床分带情况看，应该是近东西走向构造带（图3-3）。由于黄沙坪和宝山矿床处在区域弧形断裂带中，同时宝山矿床可能处在北支地堑系的次带中，都可能影响矿床成矿断裂的产状。铜山岭矿床的主要导矿断层为近东西走向,与所处西支地垒系断裂带走向一致。由于印支期钦-杭大断裂作为基底构造,对燕山期的三叉断裂构造会有明显影响。钦-杭大断裂为北东走向,与三叉断裂北支的走向相近,有加强成矿断裂的作用,所以北支中控制矿床的区域断裂比较稳定。而西支的铜山岭矿床,三叉断裂的走向是东西向,与早期北东向断裂大角度相交,形成网格状断层形态(图7-6)。

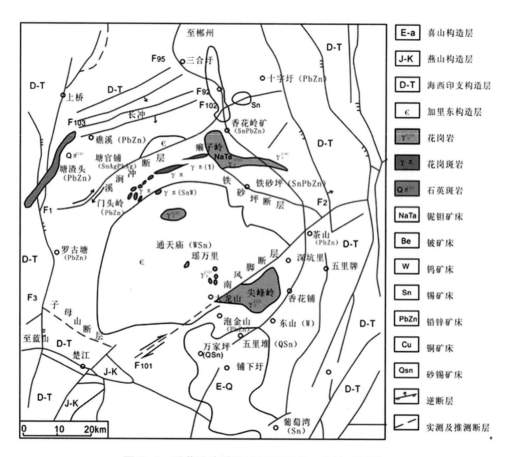

图7-5 香花岭地质图(据湖南有色一总队,2013)

7.4 讨论与小结

(1)发现湘南燕山期特征明显的形态简洁的三叉断裂区域构造型式,提高了华南区域构造型式的研究程度,提供了华南区域构造研究新的思路。

（2）说明了湘南燕山期穹隆构造与三叉断裂吻合的位置和关系，具有中心式三叉断裂构造性质，是地壳隆起伸展构造的成因，明确了湘南区域断裂带组合形式和构造类型。

（3）为华南板块内部构造的研究提供了新的证据，虽然还不能决定深部地幔运动的构造性质，但为反映地幔深部构造运动型式增添了新的信息。

（4）三叉断裂是湘南燕山期成岩成矿的构造型式，资料证明在系统内具有相近的成岩成矿年龄，对研究湘南成矿花岗岩构造和对应矿床构造的成因和分布规律奠定了基础。

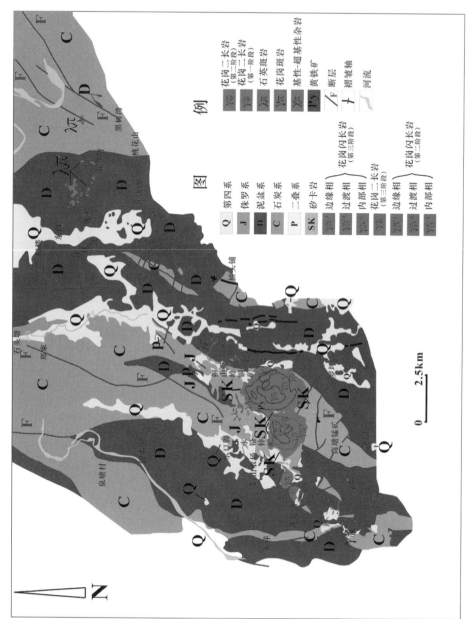

图7-6 铜山岭矿田地质图(据湖南有色一总队, 2013)

8 基于隐伏地幔柱构造的成岩成矿模型探讨

在发现湘南区域三叉断裂构造型式的基础上，需要进行花岗岩岩石学研究提供相应的深部地幔柱活动的信息，作为支撑三叉断裂深部构造活动的证据。从岩石学和构造两方面共同组成湘南地幔柱活动的完整模型，同时也为湘南花岗岩成因研究提供新的方向。

8.1 壳-幔作用与成岩成矿

壳幔作用是导致花岗岩形成（特别是 I 型和 A 型花岗岩）和花岗岩成分多样性的直接原因，坪宝地区在短距离内出现这两类花岗岩，其中宝山花岗闪长斑岩为 I 型花岗岩，黄沙坪花岗斑岩、花斑岩为 A 型花岗岩。宝山硫同位素来源单一，总硫同位素组成 $\delta\Sigma^{34}S$ 为 1.78‰，显示可能为地幔来源。宝山花岗闪长斑岩（165 Ma）的 $\varepsilon_{Hf}(t)$ 值为 −5.87～−9.42；铜山岭 I 号岩体（166 Ma）的 $\varepsilon_{Hf}(t)$ 值集中在 −15～−25，均有较宽的变化范围，反映其源区是幔源和壳源两种不同性质岩浆混合作用的结果。宝山岩体和铜山岭花岗闪长岩中均见有暗色包体，与两者邻近的骑田岭、砂子岭、花山、姑婆山花岗岩中也存在含大量镁铁质微粒的包体，表明研究区区域范围内的燕山期花岗岩浆均可能是壳-幔混合作用的结果。

有研究认为宝山花岗闪长斑岩和暗色包体均是由俯冲沉积物熔体交代过的富集岩石圈地幔熔融形成的基性岩浆底侵至地壳，同时引起下地壳部分熔融形成的长英质岩浆，两者发生混合形成。并且通过地球化学模拟得出花岗闪长质岩浆由 20%～30% 的富集地幔物质和 70%～80% 的地壳物质组成，而暗色包体则有更多地幔组分的贡献（谢银财，2013）。壳-幔作用在南岭地区是普遍现象，也有人通过黄铁矿中流体包裹体的 He、Ar 同位素组成研究，认为南岭中段成矿流体可能与地幔热点的活动有关，成矿流体为地幔流体、地壳和大气水的混合产物，并以地幔流体为主（魏道芳，2008）。

对宝山煌斑岩的研究显示煌斑岩浆来源于富集地幔。煌斑岩的 Zr/Ba 比值多数小于 0.2，反映来源于岩石圈地幔源区，部分比值大于 0.2，说明存在软流圈组分，是岩石圈与软流圈相互作用的表现，反映坪宝地区深部地幔岩浆活动的存在，并且幔源岩浆既提供热源，也提供成岩成矿物质。所以宝山矿区花岗闪长斑岩及其包体和煌斑岩的岩石地球化学特征共同指示了燕山期深部幔源岩浆的活动证据,表明富集岩石圈地幔在区域伸展的背景下上隆减压熔融。

本书中岩体锆石 Hf 同位素特征显示,宝山花岗闪长斑岩源区为古老地壳,模式年龄 1709 ~ 1951 Ma,属中 – 古元古代基底。黄沙坪花斑岩熔融源区也为古老地壳,模式年龄 2347 Ma,为古元古代早期基底。铜山岭花岗闪长岩源区也为古老地壳,模式年龄 2426 Ma 和 1857 Ma,为古元古代早期和晚期基底。

从基底时代说明花岗岩源区是下地壳,在燕山期通过底侵玄武岩浆的加热熔融形成成矿花岗岩。宝山和铜山岭花岗闪长岩同为 I 型花岗岩,显示熔融源区组成为基性岩浆岩。而黄沙坪花岗岩反映的熔融源区组成为杂砂岩,这表明基底组成的差异。

8.2 成矿花岗岩的构造环境

对湘南成矿花岗岩的研究发现存在 S – I 型同位组合关系,并且与花岗岩构造环境性质相对应。湘南两处主要矿床组合是坪宝矿区和铜魏矿区,分别处在湘南三叉断裂系的北支和西支中,都是相距很近的矿床组合,黄沙坪和宝山之间相距 8 km,铜山岭和魏家之间相距 15 km,是一种同位矿床组合。在坪宝矿区组合中,黄沙坪成矿花岗岩为 A 型(S 型),构造环境为板内伸展性质,宝山成矿花岗岩为 I 型,构造环境为俯冲碰撞挤压性质。在铜魏矿区组合中,铜山岭成矿花岗岩为 I 型,构造环境为岛弧碰撞挤压性质,魏家成矿花岗岩为 S 型,构造环境为板内伸展性质(表 8 – 1)。坪宝矿区和铜魏矿区具有基本相同的成矿花岗岩类型和构造环境组合关系,这是一种新的花岗岩成因模型。分析表明,这可能反映了两者是处在燕山期板块俯冲碰撞和隐伏地幔柱隆起相叠加的独特区域构造环境下,形成的标志性花岗岩组合关系。

表 8 – 1　湘南坪宝及铜魏矿区成矿花岗岩构造环境对比表

矿床	成矿岩体	成因类型	判别图解	构造环境
宝山	花岗闪长斑岩	I 型	Rb – (Y + Nb) 和 Nb – Y	火山弧,同碰撞
黄沙坪	花岗斑岩和花斑岩	A 型(S 型)	Nb – Y 和 Yb – Ta	板内
铜山岭	花岗闪长岩(I 号)	I 型	Ta – Yb	火山弧,同碰撞
魏家(土岭)	花岗斑岩	S 型	Nb – Y	板内

湘南同位成矿花岗岩组合关系中,花岗岩类型的组合可能主要反映源区深度

的差异，S 型花岗岩形成深度较浅，而 I 型花岗岩形成深度较大（曾华霖，1995；滕吉文，2002；万天丰，2004）。已经确定成矿花岗岩是受三叉断裂系控制，作为地幔柱造成的地壳隆起成因的三叉断裂，是从地壳浅部往深部发展的，使得断裂通过花岗岩源区的深度具有时间差。因此断裂处在源区上部时会形成 S 型花岗岩，而断裂延伸到源区下部时形成 I 型花岗岩。它们受同一处断裂活动的作用，所以岩体互相靠近，成为同位关系（图 8 – 1）。

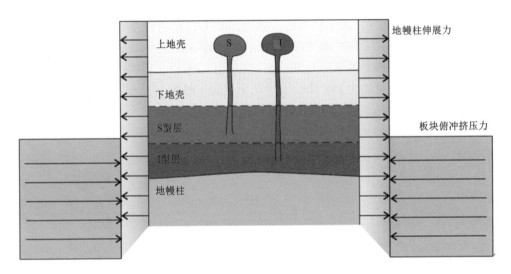

图 8 – 1　成矿花岗岩同位双组合形式图

　　湘南及华南在燕山期受到东部大洋板块的俯冲碰撞，展现一种单纯的大洋岩石圈俯冲造山构造。研究表明，岩石圈地幔俯冲造成大陆深部的挤压应力最大，往大陆浅部是逐渐减小（Ellis，1996；傅文敏，1997）。同时由地幔柱隆起在大陆地壳中的伸展力，在深度上的差异不大。因此叠加合成的结果，是在湘南地壳深部挤压力较大，反映板块俯冲碰撞的作用更大，而往地壳上部挤压力减小，反映地幔柱伸展的作用更多。最终结果就是，形成于浅部的 S 型花岗岩表现为板内地幔柱隆起的构造环境，以伸展作用为主，而形成于深部的 I 型花岗岩表现为板块俯冲碰撞的构造环境，以挤压作用为主。

　　上述分析表明湘南成矿花岗岩类型与构造环境之间具有密切的成因关系，其中三叉断裂系构造条件是一个重要的因素，形成独特的花岗岩同位双组合形式，是花岗岩源区层位与三叉断裂系活动相结合形成的，S – I 型同位组合是分析湘南两类花岗岩成因和分布关系而获得的两类花岗岩共同成矿关系的新模型，是在三叉断裂构造系统中形成的成岩成矿模型。而湘南成矿花岗岩的构造环境，在同位矿床组合中表现出差异，主要是大洋板块俯冲的不均匀力学特征，使得在与地幔柱隆起伸展动力的叠加中，由不同深度构造作用变化所产生的。同位花岗岩双组合也成为三叉断裂系新的证据，因为同样的成矿花岗岩同位双组合分别出现在三叉断裂两支中，说明它们具有共同的构造性质和成矿环境。

8.3　花岗岩年代学研究指示燕山期三叉断裂活动特征

湘南地区燕山期花岗岩的成岩年龄集中在 140~180 Ma(表7-1)，显示用同一方法(锆石 U-Pb 法)测年结果的一致性。本书自测数据表明宝山矿区花岗闪长斑岩的年龄有两期：180 Ma 和 165 Ma；黄沙坪 304# 岩体花斑岩的年龄为 179 Ma，301# 岩体花岗斑岩的年龄为 161 Ma(姚军明，2005)。而铜山岭花岗闪长岩年龄 I 期为 166 Ma、III 期为 148 Ma，土岭花岗斑岩年龄为 161 Ma，这些年龄数据均在上述范围内。利用表7-1的数据作出成岩成矿年龄分布见图8-2，图8-3，清楚地反映了花岗岩年龄区间的分布情况。

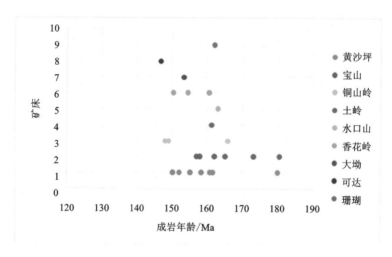

图8-2　湘南成矿岩体年龄分布图

从年龄分布图看出，成矿岩体年龄分布范围表明湘南三叉断裂中成矿岩体活动时间为 140~180 Ma，成矿活动延续约 40 Ma，而成矿岩体活动年龄峰值 150~170 Ma，跨度约 20 Ma。湘南地幔柱上隆形成花岗岩的整体时间跨度显然要更大，而主要沿三叉断裂的成矿岩体活动时间只是其中较短的阶段。对照矿床成矿年龄也是在 150~170 Ma，即成矿时间是与成矿岩体活动年龄峰值相对应的。由此可知在湘南地幔柱构造中，成矿活动并不是平均分布在整个地幔柱活动期间，而是相对集中在较短的时间段，指示了湘南最重要的成矿时期。因此，在湘南漫长的的花岗岩成矿活动中，大规模成矿活动是在三叉断裂活动时期才发育的，三叉断裂系是主要成矿构造系统。地幔柱构造是湘南成矿的背景条件，当地幔柱隆起到一定程度，造成三叉断裂时，才提供了最有利的成矿条件。这一特点揭示了湘南成矿构造的结构关系和演化过程，以及集中爆发式成矿的原因。

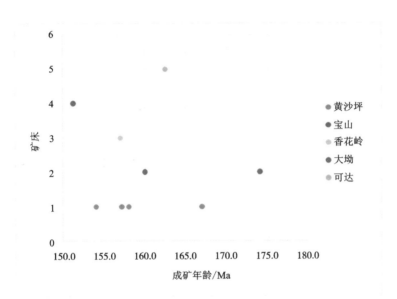

图8-3　湘南矿床成矿年龄分布图

　　分析成矿岩体年龄分布图，发现靠近三叉断裂中心的矿床成矿岩体（如香花岭、可达、大坳），年龄反而比相对边缘的成矿岩体（如黄沙坪、宝山、铜山岭、土岭）偏小。这可能指示了三叉断裂扩展的路径，是从边缘向中心发展的，这是三叉断裂扩展的方式之一（Geyer等，2010）。在三叉断裂系中，先在各分支中形成边缘热点的成岩成矿，然后向中心扩展，形成中心热点的成岩成矿，这一特点反映了湘南三叉断裂系的成岩成矿方向。另一方面，三叉断裂分支向中心的扩展，会在中心造成较大幅度的断裂扩展，因此在中心区域的成矿岩体规模和矿床规模都会增大。而在各分支断裂中因为是独立的断裂活动，成岩成矿规模相对较小。分析北支断裂的情况，靠近中心区域的香花岭矿床的成矿岩体和矿床规模，就明显大于边缘区域的黄沙坪和宝山矿床的成矿岩体和矿床规模。从年代学指示的三叉断裂演化特点，揭示了湘南矿床成矿构造的变化，这是认识矿床成矿条件的重要因素，对研究湘南成岩成矿特征和规律提供了新的思路。

　　此外年代学资料还表现出湘南三叉断裂北支成矿岩体比较西支成矿岩体的年龄偏大，说明三叉断裂各分支的扩展也是不均匀的。分析表明这可能与基底构造的影响有关,北支断裂处在钦 – 杭断裂带中,并与钦 – 杭断裂带走向平行,有利于北支断裂扩展,而三叉断裂西支与钦 – 杭断裂带垂直,并且往扬子地台中扩展,因而扩展阻力增大,扩展速度降低。

8.4 花岗岩形成与隐伏地幔柱关系

华南大规模的中生代花岗岩的形成是否与地幔柱底侵作用具有成因关系,美国黄石公园岩浆系统的研究为我们提供了借鉴。参照南岭地区深部地球物理探测结果显示软流圈具有平卧的特点(刑集善,2009),笔者认为这可能正是隐伏地幔柱活动的表现。

8.4.1 黄石地幔柱的岩石特征及构造背景

黄石地幔柱的表现是黄石热点,热点喷出的火山岩广布于俄勒冈州,内华达州,爱达荷州和怀俄明州。目前的热点在黄石火山口下。早的一次火山喷发大约在 1600 万年前,位置是现在的俄勒冈州和内华达州的边界附近。北美板块每年都会越过热点(地幔柱)的顶端向西移动,火山遗迹在 Snake River 平原呈现直线分布,并且直指公园中心,最近一次是在 60 万年以前,它喷发后形成了黄石火山口。在黄石热点及附近,火山喷发出的岩浆的含硅量有时很高(75%,流纹岩),有时很低(52% ~53%,玄武岩),形成了一种很特别的双峰式玄武岩 – 流纹岩火山系统(a bimodal basalt – rhyolite volcanic system)。地幔热柱熔化岩石圈下层所产生的熔岩流就可以侵入含硅量 66% ~70% 的上层地壳,将其部分熔化,形成了含硅量达到 75% 以上的流纹岩的岩浆。同时,下层的熔岩流甚至可以直接喷出地表,在蛇河平原和哥伦比亚河平原形成大规模的玄武岩。哥伦比亚河玄武岩组是通过黄石地幔柱形成的,与蛇河平原玄武岩具有相同的地幔来源。黄石公园通过现在的地面 GPS 测量,发现每年都遭受隆起抬升,其中从开始隆起到现在,火山喷口上方的地面最高隆起了 10 英寸,被认为是 4 到 6 英里(7 ~10 km)的一个不断膨胀的岩浆房导致的地面隆起(Robert B. Smith,2009)。早期火山向东北喷发的流纹岩,沿着 YSRP(Yellowstone – Snake River Plain)形成的火山遗迹宽约 80 km,有着明显的地面凹陷,构成东蛇河平原。黄石热点下的地壳结构表现为 YSRP 岩基为 A 型花岗岩,上地壳为花岗岩,下地壳为镁铁质片麻岩。

黄石热点形成的大地构造背景可能与新近纪(晚第三纪)法拉龙板块(Farallon slab)向北美板块俯冲有关,前者俯冲到北美洲和南美洲的下方,法拉龙和太平洋板块之间有一个大洋中脊式的伸展区,虽然法拉龙板块已经不存在了,但曾经横在法拉龙板块和太平洋板块之间的拉伸区域并没有消失,而是随着法拉龙板块沉到了美洲大陆的下面。在它的作用下(俯冲原洋脊仍处于扩张状态),地壳被拉伸,形成了美国西部的盆岭省(Basin and Range Province)。残余的板块又被称之为胡安德富卡板块(Juan de Fuca plate),胡安德富卡板块的俯冲角度很小,几乎是贴在了北美板块的下方。胡安德富卡板块长期浸泡在太平洋底下,岩石中含水,温度也较低。它贴在了北美板块的下方以后,逐渐和北美板块岩石圈的下层形成了一种平衡关系,隔开了温度较高的地幔,但是在 1600 万年前,由于不堪承受重力的拽拉,贴在北美板块下方的胡安德富卡板块发生断裂,沉入地幔中(拆沉作用?)。高温的地幔在短时间内填补了胡安德富卡板块曾经占据的位置,剧烈的温差导致了在地幔上层靠近岩石圈的地方(约 130 km 深)发生了剧烈的局部热循环,一个形成于地幔浅层的地幔热柱就出现了(Kenneth L. Pierce ,2009)

学术界推测美国黄石公园超级火山活动与地幔柱活动有关,但对地幔热柱如何连接浅部地壳下岩浆库还不了解。最近通过对黄石公园地下岩浆系统完整的层析成像研究,观察到地幔柱从地幔底部到上地幔的连续分布,首次证实深部地幔柱与火山热点的关系(Scott,Romanowicz,2015;Hsin – Hua Huang,Lin Fan – Chi,2015)。深层岩浆库的成分是基性玄武质岩浆,是由地幔柱上升带到约 60 km 的岩石圈下部,相当于岩浆底侵(underplating)的部位,这个深部岩浆库不断补充热能和岩浆到浅层岩浆库,从而维持酸性岩浆的上升侵入(或喷发)。这项研究绘制了从地幔柱到地壳的岩浆系统的完整视图(图 8 – 4)。

8.4.2 湘南隐伏地幔柱表现及对花岗岩成岩成矿的制约

国内也有人把华南与美国西部进行对比研究,但不能确定深部是否存在地幔柱(舒良树,2006)。而黄石公园最新研究成果已经证明在大陆内部可以存在地幔柱的活动,加热地壳形成大规模的酸性岩浆活动,从而为湘南地幔柱研究提供了对比研究的重要实例。湘南与黄石公园所处构造环境相似,都是处在大洋板块俯冲碰撞带中的大陆内部,且都是形成隐伏地幔柱,因此由地幔柱加热地壳形成酸性岩浆活动的成因是可以对比的。不同的是黄石公园发生流纹岩火山喷发,地幔柱相对大陆板块发生移动,湘南则是形成花岗岩侵位,地幔柱与大陆板块是固定的位置。

华南地区大面积花岗岩的产出特征十分类似于黄石公园地表大面积流纹岩的产出特征,都是壳 – 源物质受热熔融的产物。可以认为湘南地区存在深部隐伏地幔柱,地幔柱上升至壳幔界面附近的平流效应导致大面积下地壳加热熔融形成花岗岩浆。华南许多花岗岩体中暗色包体的存在已经表明面状底侵作用(平流效应所致)的存在。例如宝山花岗闪长岩中暗色包体及煌斑岩的地球化学特征均显示了富集岩石圈地幔源区特征,应是地幔柱上升过程中对岩石圈地幔的加热熔融所致,地幔柱上升至壳 – 幔界面处,对上覆下地壳的持续加热导致古老下地壳的部分熔融形成酸性岩浆房,然后酸性岩浆上升侵入到浅部地壳中形成成矿花岗岩(图 8 –5)。

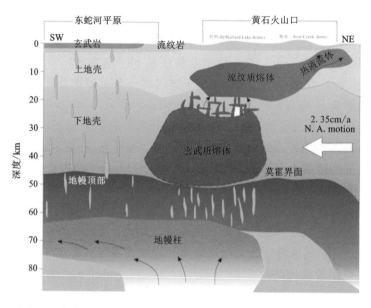

图 8 - 4　地震层析成像反演的黄石地幔柱形态及双层岩浆房(Huang Hsin - Hua, 2015)

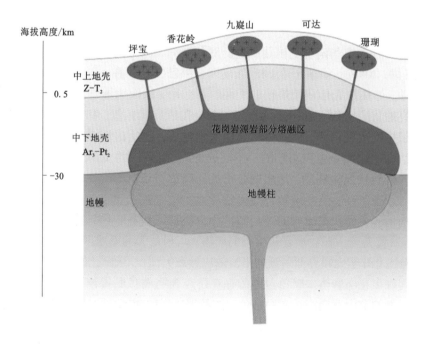

图 8 - 5　湘南 - 桂北地区燕山期花岗岩构造成因示意图

8.5 湘南燕山期区域构造模型新认识

燕山期中国东部地区处于地壳演化的第三构造单元即地洼区，地貌上表现为构造－地貌起伏反差很大的盆－岭相间的格局，发育有地壳的拱曲、地层的褶皱、断裂以及环形构造，伴随造山运动还有强烈的岩浆活动的侵入与喷出，带来许多矿产，如有色金属、稀有金属、贵金属（金、银等）、放射性元素（铀、钍等）。中国大陆内部的华南钨、锡成矿带，已被普遍公认为是由陆内活化造山区构造控制形成的典型矿床（陈国达，2003），也被板块构造成矿分析作为俯冲相关的矿床实例。华南在志留纪和早、中三叠世发生了2次影响全区的陆内褶皱和过铝花岗质岩浆活动，反映了全球板块背景下的陆内构造作用（舒良树，2012）。因此中生代华南特别是湘南地区处于板内构造环境是毋庸置疑的，其域内发生的构造－岩浆－成矿事件显然有其深刻的板内构造环境烙印。

为了对地洼区从相对稳定的地台区重新活化这一现象进行动力学解释，陈国达（1991）提出了地幔蠕动热能聚散交替假说，阐释了地台区重新活化的力源机制。例如中国东南地洼区从中生代开始地洼构造运动。其初动期表现为：地幔物质主要从NNE向SSW蠕动，蠕动的前锋与古特提斯洋壳板块下的地幔流相遇，产生南北向挤压，形成纬向构造体系，地幔起伏为近东西向，成波浪状。进入激烈期后，东南方西南太平洋壳体（板块）下的地幔物质加速自SE向NW蠕动，与雪峰地穹系壳下的地幔物质相遇，形成SE－NW向为主的压应力场，逐渐产生了一些NE向、NNE向构造。这一时期的挤压－拉张反复进行，局部地区上地幔上拱、下陷，又形成弧形幔隆和地洼盆地。进入余动期后地幔物质变为向东南方向扩散，本区主要处于拉张应力场中，形成一系列张性断裂、断陷洼地。现阶段因地壳上部热能散失较多，热能传递前锋退到壳下，使本地区上地壳厚化，下地壳薄化，上地幔密度降低，这也是热能聚散、准周期交替的表现。综合上述地洼形成的力源机制是地幔蠕动、热能聚散交替的双重作用（陈国达，1991），该假说强调地幔的水平流动，但并未解释地幔物质水平流动的动力背景（板块边界效应还是板内动力作用?）。华南陆下古老地壳遭受重熔形成大面积花岗岩的深层次原因仍不明确。

湘南燕山期花岗闪长质岩体中大都有暗色包体，反映燕山期地幔的异常表现应是地幔柱底侵于地壳底界，加热下地壳下部相当厚度的基底岩层，发生部分熔融形成酸性岩浆，岩浆向上侵位于上地壳形成花岗岩侵入体。下地壳的部分被熔融，因为源区成分差异，可能形成岩浆分层，下层为I型岩浆，上层为S型岩浆，当壳内伸展断层延伸到不同层位时，分别引导岩浆上升，形成S型和I型花岗岩。

湘南燕山早期处在地幔柱隆升和东部大洋俯冲碰撞叠加的构造背景下，地幔柱隆升在地壳中形成稳定的伸展力，板块俯冲则主要对地壳底部形成侧向挤压力。同时即便单纯考虑板块的远程效应，在总体聚敛型造山带中，应变分解也使得深部形成收缩性构造，同时在地壳上部为引张性构造（Broown，2001，2007）。所以在湘南陆内两种构造力的合成结果，使得下地壳岩浆源区不同层位发生差异应力，下部为挤压力，反映板块俯冲碰撞构造性质，上部为伸展力，反映地幔柱隆升构造性质，使得不同层位岩浆岩性质产生差异。当构造层位与物质成分层位相叠加，形成成矿花岗岩双组合形式。

地幔柱底侵于地壳底部过程中，少量地幔物质侵入地壳部分熔融区，形成包体，随岩浆上升侵位。在晚期，地幔物质较多进入地壳，直接上升形成基性岩脉。地幔柱隆升使地壳同步隆起变形，形成穹隆构造，在穹隆中心形成放射状三叉断裂系，共同成为湘南花岗岩侵位构造。分别形成环状花岗岩圈，及放射状成矿花岗岩带，指示了湘南燕山期花岗岩面状分布的成因。由于同时处在东部大洋板块俯冲挤压环境下，三叉断裂伸展受到限制，不能造成大陆分裂。

三叉断裂成为主要成矿构造，成矿岩体大多沿它们侵位并形成矿床，因此湘南燕山期大型矿床表现出沿三叉断裂分布的整体规律性形态，而在穹隆其他区矿化微弱。研究表明，沿三叉断裂分布的矿床表现出明显的分布规律，沿三叉断裂分支，从中心到边缘，矿床类型，成矿元素组合，成矿岩体规模连续变化，总体表现能量下降趋势。

根据成矿岩体年龄统计，湘南三叉断裂系中，年龄分布区段为 150 ~ 170 Ma，表现了地幔柱加热地壳的时间段为 15 ~ 20 Ma，指示了湘南成矿集中爆发的区域构造成因。

根据三叉断裂成矿构造的成因分析，发现沿三叉断裂分支构造产出的矿床分布的规律，是沿走向的等距性分布，以及垂直走向的横剖面的分布。三叉断裂是一种对称型裂陷正断层带，矿床在裂陷带两盘都会形成，宽度可达数公里至数十公里。三叉断裂支构造的不连续分布以及成矿岩体侵位的间隔，使得沿走向的成矿也是不连续的，但矿床的间隔分布会受一定等距性机制控制。

9　湘南区域成矿预测

9.1　坪宝区域成矿规律研究评述

坪宝走廊地区作为湘南及华南传统的大型矿集区，找矿成果丰富，成矿地质研究深入。前人已经在区域构造，矿床构造，成矿地层，成矿岩体，矿床地质条件等各方面，都有比较系统的研究。

在区域成矿构造方面，认为燕山期构造运动使得早期钦－杭断裂带复活，形成区域逆冲断层和褶皱叠加的构造作用，控制成矿岩体侵位和矿液活动成矿。通过华南岩石学和地球化学，以及年代学研究，认为在燕山早期，华南处在伸展构造运动中，是成岩成矿的基本区域构造背景。但这些观点只是限定了这一时期基本构造类型关系，而没有区域构造型式的空间分布概念。关于区内成矿岩体类型变化，矿床类型和成矿元素组合变化，成矿时间分期等方面，都由丰富的资料积累出现了相应的规律性认识。但是这些认识仍然限于表面化现象，缺乏对规律性成因的分析，以及各种规律性之间关系的说明。对坪宝主要矿床地质长期积累的详细资料，清楚地显示出成矿温度的空间分带特征。但如何根据成矿分带预测矿床的找矿方向，却没有合理的说明，主要是缺乏构造方向的概念。

因此在坪宝地区虽然积累了庞大的地质调查和科研资料，但在具体应用到找矿预测时，仍缺乏清晰的规律性指导，缺少深刻统一的原理分析。一直以来找矿工作主要还是依赖矿化信息的收集，作为找矿依据来布置勘探工程，地质科研模型对于找矿的实用价值不高。分析表明，在湘南地区缺少关于区域构造型式的认识，可能是开展找矿预测工作的主要障碍，区域构造型式是能够联系各种分散的地质资料，在较高层次上揭示成矿地质原理的框架。湘南区域三叉断裂构造型式的提出，发现了具有完整形态和明确成因的区域构造型式，能够清理长期积累的大量成矿地质资料，揭示出理想的区域成矿规律，是提高湘南区域成矿预测效率的有益尝试。

9.2　湘南三叉断裂成矿特征研究思路

湘南三叉断裂系构造作为区域成矿构造型式的提出，是面对湘南纷杂的成矿地质现象而清理总结出的成矿规律认识的新思路，发现了区域成岩成矿构造控岩控矿作用的新机制。

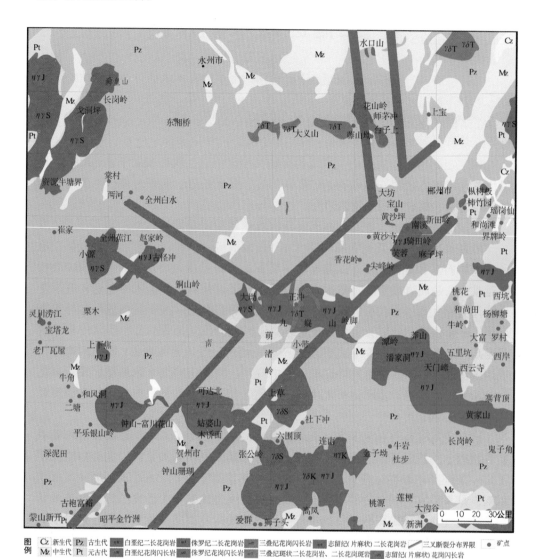

图 9-1　湘南三叉断裂成岩成矿分布图[据湖南有色地勘局(2001)编制]

　　汇集湘南地区已知燕山期内生金属矿床资料，以湘南穹隆构造为中心观察这些矿床的分布位置，可显示出沿三叉断裂构造带的分布形态(图 9-1)。由矿床分布显示的三叉断裂构造，三支断裂之间的夹角差别较大。其中北支和南支的夹角最大，接近平角；西支与北支，以及与南支之间夹角近于直角。三叉断裂各分支延伸长度决定了三叉断裂系成矿范围的面积，在分支断裂带上还有次级断裂带，进一步发散扩展成矿面积。断裂带的地堑系构造具有数十公里宽度，也是扩展成矿面积的重要因素。根据前几章分析，三叉断裂可能是地幔柱构造成因，说明是由统一构造型式控制矿床的分布，反映出湘南矿床具有共同力学性质产出的区域构造分布规律。这是一种新的成矿构造型式，是一种隐蔽的构造型式，却能够比较完整地包含所有矿床在内。据此重新排列了湘南矿床的分布形态，认识了湘南矿床分布规律的基本特征。

建立湘南三叉断裂构造成矿系统，识别出新的成矿构造单元是湘南成矿预测的关键。由于湘南矿床分布密集，以往是把邻近的矿床笼统地放在一起组成矿集区，并没有说明确定的成因联系，因而具有随意性。三叉断裂构造控制的成矿单元是在区域矿集区中划分出成矿小区，把密集分布的矿床按三叉断裂系进行具有成因关系的成矿单元的切割组合。这是具有明确成因意义的成矿构造分区，小区内矿床是具有共同构造单元成因联系的成矿系统。

在湘南三叉断裂系北支断裂带分布的矿床，具有垂直地堑系走向排列的规律，称为地堑系横剖面集中成矿规律。其中最为典型的是香花岭－尖峰岭矿田，垂直地堑系走向排列着香花岭、通天庙、瑶山里、尖峰岭等矿床，组成矿田。往北还有芙蓉－黄沙寺矿田，黄沙坪－南溪矿田等，矿田中的矿床都是垂直地堑系走向，分布在同一个横剖面上。因此，矿床沿地堑系走向呈现出等距性分布的成矿规律。地堑系横剖面集中成矿规律说明区域成矿构造是属于三叉断裂系构造性质，横剖面成矿是分布在地堑系断层两盘中。在香花岭矿田中癞子岭矿区和尖峰岭矿区的控矿断层，表现为相向倾斜的断层组合关系，矿床的产出具有地堑系对称断裂构造的成矿规律(图9-2)。

已有大量研究资料的证实，华南燕山期花岗岩成岩成矿具有面状分布和集中爆发的特点。然而对其成因论述却并不充分。湘南三叉断裂系成岩成矿构造所表现的矿床面状分布的几何型式，可能是说明华南成岩成矿特征的原因之一。而三叉断裂作为呈放射状扩展的构造型式，说明了成岩成矿集中爆发的方式，是以具有统一成因的区域构造基本单元进行的。因此湘南三叉断裂构造型式，可能是认识华南燕山期成岩成矿特点的代表性成因模式之一。

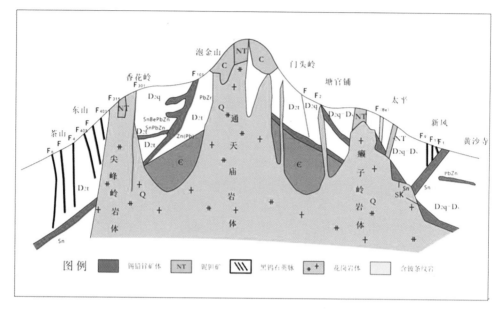

图 9-2 香花岭-尖峰岭矿田剖面图(据湖南有色一总队,2013)

9.3 坪宝区域成矿预测研究

根据湘南三叉断裂系成矿模型,找矿预测区被限制在三叉断裂构造范围内,清楚指示了湘南区域定位找矿方向,有效地缩小了找矿区域,为湘南区域找矿预测寻找到一条捷径。找矿预测工作是限制在北支坪宝带,南支珊瑚带,西支铜山岭带中,这三带是区域成矿的有利区段,是找矿的优势方向。湘南三叉断裂系区域成矿预测区分布如图 9-3 所示,预测区分为普查预测区和矿田预测区两类,普查预测区有三叉断裂系中心区域预测区,西支边缘区域预测区,南支边缘区域预测区;矿田预测区有香花岭-宝山矿田预测区,珊瑚-可达矿田预测区,铜山岭-魏家矿田预测区,大义山矿田预测区。

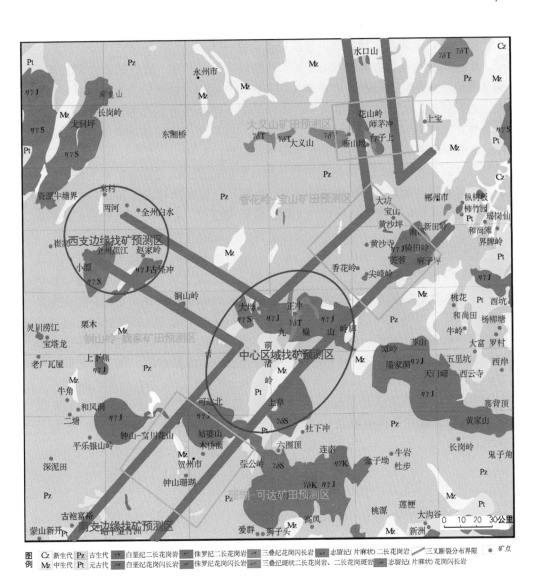

图 9-3　湘南三叉断裂系区域成矿预测图 [据湖南有色地勘局(2001)编制]

　　湘南矿床的产出具有等距性间隔分布的特征，其原理正是三叉断裂构造型式控矿的性质所决定，是矿床沿各分支地堑系走向发生等距性分布。该特征显示矿床等距性排列的方向，也就是成矿预测的方向。沿地堑系走向的成矿包括主带和次带，例如在北支地堑系中，香花岭和黄沙坪矿床处在主带上，宝山矿床及水口山矿床处在次带上。它们的地堑系走向方向不同，找矿预测方向也不同，按照地堑系走向确定各自找矿目标。沿地堑系横剖面方向成矿，可能是矿床集中分布的特征之一。湘南矿田组合可能不是沿断裂带走向分布，而是沿垂直方向分布，因此矿田中新矿床的找矿预测是沿横剖面方向进行的。

矿床本身的延长方向，可能受地堑系断层或断块控制，所以矿床内部找矿预测是沿地堑系走向进行的。而矿床之间的排列方向则可能是沿垂直地堑系的横剖面方向发展的，这是因为地堑系平行排列的多条正断层分别作为成矿断层，是不同地堑正断层的成矿作用的结果。因此掌握三叉断裂构造控制成矿的总体平面规律，是指导湘南进行成矿预测的总体模型和思想。

三叉断裂往边缘的延伸可能扩展外围找矿的范围，以北支地堑系为例，主带从黄沙坪矿床往北延伸，可能连接到水口山矿床。在黄沙坪矿床和水口山矿床之间，有大义山找矿预测区。根据三叉断裂成矿模型，大义山预测区是北支地堑系中等距性分布矿床之一，指明了大义山矿区的区域构造控矿特征。

目前湘南三叉断裂成矿系统中，以北支地堑系发现的矿床最多，南支和西支地堑系发现的矿床较少。在北支中成矿预测还有扩展空间，一方面是在地堑系横剖面方向的找矿空间；另一方面是在地堑系走向边缘带中的找矿空间，如在大义山矿区找矿。而南支和西支矿床的分布密度，明显低于北支，具有更加广阔的找矿空间。首先是已知矿田内矿床等距性分布规律所指示的找矿方向，以及矿田横剖面找矿方向；其次是地堑系边缘延伸带是普查找矿预测方向。在三叉断裂系交汇中心区已知矿床很少，仅有大坳矿床靠近中心区，可以作为普查找矿预测区。

不过三叉断裂系成矿系统只是地幔柱构造的表现之一，不代表所有成矿系统，并不拒绝在三叉断裂系以外区域的找矿，但是三叉断裂系分布区域一定是找矿的有利区域。

10 结 论

本书侧重研究了坪宝矿田及铜山岭矿田的岩浆岩岩石地球化学及年代学，并对岩石成因进行了探讨，对矿床地质地球化学特征进行了综合分析；结合湘南地区典型矿床的空间分布及特征，从区域成矿的角度提出了燕山期湘南三叉断裂系控矿的区域构造模型；总结了矿床关键控制因素和成矿规律，提出了基于地幔柱理论的成矿模式。通过本书的综合研究，主要认识总结为 11 个方面。

10.1 坪宝矿田及铜山岭矿田成矿花岗岩岩石类型

湘南宝山、黄沙坪、铜山岭均受湘南三叉断裂系控制，其中坪宝矿田位于湘南三叉断裂系的北支上，铜山岭位于西支上，宝山、铜山岭成矿岩体属花岗闪长岩类，为 I 型花岗岩或同熔型花岗岩，花岗岩源区为变基性岩，成矿元素为铜钼铅锌组合；黄沙坪成矿岩体为高度酸性的花岗斑岩或石英斑岩岩体，暗色矿物含量少，属过铝质 A 型（或 S 型）花岗岩，为（铁）钨钼铅锌成矿组合，魏家矿区土岭花岗斑岩为 S 型花岗岩，两类花岗岩的成分及成矿差异主要反映了源区的差异。

10.2 成矿岩体年代学研究

对坪宝地区花岗岩类的锆石 La – ICPMS 定年研究记录了燕山早期两个阶段的岩浆活动，宝山矿区燕山早期第一阶段具有似斑状结构的花岗闪长斑岩侵入，年龄为 180.5 Ma ± 2.0 Ma（$n = 15$，MSWD = 1.02），早期第二阶段为基质具有隐晶质结构的斑岩侵入，年龄为 165.3 Ma ± 3.3 Ma（$n = 17$，MSWD = 6）；黄沙坪矿区的花岗岩类型多样，与成矿有关的 301# 花岗斑岩为早期第二阶段产物，年龄 160 Ma 左右，304# 花斑岩体是 304# 矿带的成矿岩体，其年龄为 179.9 Ma ± 1.3 Ma（$n = 11$，MSWD = 1.9），所以本书认为坪宝地区的晚中生代的岩浆活动自 180 Ma 开始，160 Ma 是岩浆成岩成矿作用的峰期，时间跨度约 20 Ma，两个阶段对应于区域上的 J_1 – J_2 及 J_2 – J_3 时代。

10.3　花岗岩源区研究

宝山花岗闪长岩含暗色基性包体,基于成岩年龄(165 Ma)计算的花岗闪长斑岩 $\varepsilon_{Hf}(t)$ 值为 $-5.87 \sim -9.42$;铜山岭 I 号岩体(166 Ma)的 $\varepsilon_{Hf}(t)$ 值为 $-15 \sim -25$,均反映其源区有幔源和壳源两种不同性质岩浆,其成矿岩浆是二者混合作用的结果。锆石原位 Hf 同位素示踪结果显示宝山两个阶段的岩体的地壳平均模式年龄为 1709 ~ 1951 Ma,反映为古 – 中元古代地壳部分熔融形成。黄沙坪 304# 岩体的 Hf 同位素显示地壳模式年龄为 2220 ~ 2459 Ma,平均为 2347 Ma,反映源区物质为新太古代至古元古代地壳物质。铜山岭 I、III 号岩体的模式年龄分别为 2220 ~ 2647 Ma 和 1841 ~ 1898 Ma,土岭花岗斑岩的地壳模式年龄为 2974 Ma,反映南岭西段存在更古老的基底地壳,时代约在中 – 新太古代。

10.4　基性岩研究

宝山矿区基性煌斑岩的地质地球化学特征显示煌斑岩是沿着断裂构造空间冷侵位形成,产状陡倾,依据矿物组合定名为辉石云煌岩,岩石化学指示煌斑岩为一种富碱、高钾、中等含 Ti 的基性脉岩,为碱性系列钙碱性煌斑岩。岩石稀土配分图解显示富集轻稀土,轻重稀土分馏强烈,La_N/Yb_N 比值大,与世界上典型煌斑岩成分一致;微量元素表现为 Th 强烈富集并伴有 Ce 弱富集和 K、Sr 和 Ba 相对亏损的特征,具有钙碱性岛弧玄武岩分布模式。煌斑岩源区为富集地幔。煌斑岩中的锆石为岩浆锆石,U – Pb 定年结果为 156 Ma ± 2 Ma,锆石 Hf 同位素特征显示 $\varepsilon_{Hf}(t)$ 值为 $-6.99 \sim -11.17$,锆石年龄稍晚于燕山早期第二阶段花岗闪长斑岩。煌斑岩脉是燕山期地幔活动的直接表现。

10.5　花岗岩挤压构造环境

详细的岩体岩石地质地球化学特征研究显示花岗岩类均为富钾钙碱性系列花岗岩,反映源区为成熟的大陆地壳特征,稀土元素及大离子亲石元素的配分图解均显示两者存在明显差异,宝山、铜山岭花岗闪长岩类富集轻稀土,Rb、Th、U、K、La 富集,贫 Ba、Nb、Sr、P、Ti,$w(Sr)/w(Y)$ 为 4.57 ~ 9.59。Nb、Ta 亏损,与具岛弧特征的钾质岩石相似,P、Ti 亏损,可能受到了磷灰石、钛铁矿的分离结晶作用影响。Nb、Ta、Ti 负异常表明其源区或受到了俯冲组分的影响。Rb – (Y + Nb) 和 Nb – Y 构造环境判别图解显示宝山岩体为碰撞环境下的产物,反映为挤压环境。铜山岭花岗闪长岩在 Ta – Yb 图解中样品落入火山弧 – 同碰撞大地构造背景，反映为挤压环境。

10.6 花岗岩伸展构造环境

黄沙坪岩体在花岗岩成因 $K_2O - Na_2O$ 判别图解上，投入 A 型花岗岩区域，且花岗岩投入 A_1 亚类区，可能代表热点、地幔柱或非造山环境中的裂谷环境。稀土配分型式为海鸥式，铕亏损强烈，反映强烈的斜长石分离结晶作用，配分型式具有罕见的四分组效应，该效应是岩浆 – 流体间的反应所致；微量元素显示总体上大离子亲石元素 Rb、Th、U、Nb、Ta、Nd、Sm 富集，贫 Ba、Sr、P、Ti，w(Sr)/w(Y) 为 0.096 ~ 2.004，可能是后期流体使 Nb、Ta 富集，P、Ti 亏损可能是受到了磷灰石、钛铁矿的分离结晶作用影响。在 Nb – Y 和 Yb – Ta 构造环境判别图解中样品投点位置显示黄沙坪岩体为板内环境，与前述 A_1 亚类花岗岩所处非造山环境一致，反映为板内非造山环境中局部拉张环境。铜山岭矿田魏家矿区土岭花岗斑岩在 Y – Nb 图解中样品点均投入板内花岗岩区。

10.7 湘南成矿构造环境分析

从坪宝矿区和铜 – 魏矿区成矿花岗岩的构造环境研究资料中，发现存在规律性特征，即在相距很近的一对矿床中，它们的成矿花岗岩类型和构造性质都不相同，而两处矿床对的变化特征是相同的，形成独特的成矿花岗岩同位双组合形式。这是湘南地幔柱运动和板块俯冲运动两种区域构造叠加的结果，其中伸展 – 挤压构造环境组合是因地幔柱运动和板块俯冲运动不同的作用力方式叠加造成的应力场垂向分带所致变化，而 I – S(A) 型组合可能表现了花岗岩源区深度的分层。两种组合形成对应关系，指示湘南地壳垂向分带条件是不同成矿花岗岩形成的重要制约因素，导致花岗岩性质的同位变化。这是从岩石学资料表明湘南具有地幔柱构造和板块俯冲构造叠加环境的证据，与湘南宏观构造型式的成因模型相吻合。

10.8 坪宝矿田典型矿床地球化学研究

对宝山、黄沙坪矿石硫、铅同位素的研究显示两区成矿流体存在明显差异，宝山矿床的硫同位素组成塔式效应显著，硫化物矿石的 $\delta^{34}S$ 值绝大多数为正值，变化区间为 – 2.17‰ ~ 6.91‰，一般为 – 1.00‰ ~ 4.57‰，均值为 2.22‰，矿石总硫同位素组成 $\delta^{34}S\Sigma S$ 为 1.78‰，显示可能为地幔来源，；矿床矿石铅同位素的 μ 值为 9.46 ~ 9.79，均值为 9.67。上地壳铅的 μ 值大于 9.58，上地幔铅 μ 值小于

9.58，说明该矿床铅的来源为壳源铅；该矿床铅同位素的 Th/U 值相对均一（3.83 ～4.41），多数为 3.83 ～ 3.95，也反映出壳源铅的特征。依据铅的单阶段演化模式，宝山铅锌矿床的单阶段模式年龄集中分布于 133 ～ 175 Ma，平均年龄为 161 Ma，恰与花岗闪长斑岩侵入时代和成矿时代相一致。硫铅同位素组成特征反映宝山矿区的成岩成矿作用较为单一和稳定。黄沙坪矿区矿石硫化物硫同位素组成多数集中分布于 2.0‰ ～ 19‰，显示较宽的变化范围，塔式效应不显著，在 $\delta^{34}S$ 值为 10‰ 和 14‰ 出现两个明显的峰值，$\delta^{34}S$ 为较大的正值反映可能有地层建造硫的添加。该矿床矿石铅同位素的 μ 值为 9.37 ～ 10.21，均值为 9.63，说明该矿床铅的来源主体为壳源铅，部分为壳 - 幔混源铅，该矿床铅同位素的 Th/U 值相对均一（3.57 ～ 5.12），多数为 3.81 ～ 3.90，变化较大，平均值 3.86，也反映出壳 - 幔混源含铅的特征。依据铅的单阶段演化模式，黄沙坪铅锌矿床的单阶段模式年龄峰值为 165 Ma 和 230 Ma，平均年龄为 199 Ma，与硫同位素变化多样的特征相吻合，暗示成矿具有多期性。

10.9　湘南区域三叉断裂构造型式研究

通过对湘南矿床地质进行研究，提出区域三叉断裂系构造型式的创新认识，指示了深部隐伏地幔柱的位置。湘南三叉断裂系是具有放射状形态的区域断裂构造系，从共同的中心延伸出三条断裂带，分别是北支断裂带，控制宝山、黄沙坪、香花岭等矿床的分布；西支断裂带，控制铜山岭、大坳等矿床的分布；南支断裂带，控制珊瑚、可达等矿床的分布。提出三叉断裂构造系不仅揭示了湘南区域构造型式，也阐明了湘南成矿构造模型特征，使得湘南区域构造研究得到补充，为建立湘南完整的成矿地质模型打下了基础。三叉断裂系控制了占据华南燕山期成矿主体的矿床，是在华南进一步开展找矿研究的重要地区。湘南地区燕山期花岗岩的成岩年龄反映坪宝地区即三叉断裂的北支岩浆活动稍早，可能是三叉断裂开裂的初期反映，在湘南三叉断裂系统中具有代表性。总体上湘南矿床成矿花岗岩形成时间都属于燕山早期，成矿活动时间一致，是三叉断裂系统共同控矿的重要证据。坪宝和铜山岭矿区深部同源岩浆侵位有多次，时间有 15 ～ 20 Ma 的间隔，长时间的热效应对巨量金属进入流体系统并最终成矿是有利的。

10.10　湘南地幔柱与美国黄石公园地幔柱的对比

分析和归纳了坪宝地区关键控矿因素和成矿规律，提出了基于隐伏地幔柱理论的多元信息找矿模式。近年来的研究证明美国黄石公园存在一个超级规模的火山群，是一种不同于过去发现的所有火山类型的新类型。这是由地幔柱加热地壳熔融,形成的大规模的流纹岩火山喷发活动。它在基本原理上与湘南地幔柱形成花岗岩的模型是一致的,不同的是湘南为隐伏地幔柱,加热地壳形成岩浆侵入活动。华南在中生代燕山期应该是发生板块构造与地幔柱构造叠加的构造区域,是挤压构造和伸展构造相结合的特殊地区,区域三叉断裂构造系的发现,可能反映了华南成矿构造研究的新进展。

10.11　湘南区域成矿规律研究

湘南三叉断裂系构造控制湘南主要大型矿床的分布,构成了湘南区域成矿规律的成因模型。该模型不仅展现了区域矿床空间分布形态,而且揭示了区域矿床变化规律。在成矿岩体规模、矿床类型、成矿元素、成矿温度等方面都表现出清晰的规律性特征,符合三叉断裂系中心与边缘构造特征及演化差异,决定了矿床整体的变化规律。三叉断裂系成矿构造为湘南区域成矿预测提供了直观的模型依据,沿三叉断裂带进行预测找矿,根据在三叉断裂系走向上成矿的等距性和在横剖面上矿化的连续性划分矿田,建立了区域成矿预测的基本标志。

本书以湘南区域成矿研究为中心,开展了区域成矿岩体和区域成矿构造成因的研究,建立了适合表现区域成矿规律的地质模型。研究中虽涉及到较为深入的岩石学、地球化学、矿床学、大地构造背景等,但广泛的地质领域研究相对有限。虽然尽量采用前人丰富的研究成果,但限于能力不足,理解不深,存在问题在所难免,有待后续工作完善。

参考文献

[1] 艾昊. 湖南黄沙坪多金属矿床成矿斑岩锆石 U – Pb 年代学及 Hf 同位素制约 [J]. 矿床地质, 2013, 32(3): 545 – 563.

[2] 柏道远, 陈建超, 马铁球, 等. 湘东南骑田岭岩体 A 型花岗岩的地球化学特征及其构造环境[J]. 岩石矿物学杂志, 2005, 24(4): 255 – 272.

[3] 蔡学林, 魏显贵, 张朝文, 等. 阿尔泰 – 台湾剖面泉州 – 花石峡地质构造研究报告[R]. 成都地质学院地质学系, 1989: 77 – 82.

[4] 车勤建. 湘南锡多金属矿集区燕山期岩浆 – 流体 – 成矿过程研究[D]. 中国地质大学(北京), 2005.

[5] 陈国达, 陈家超, 魏柏林, 等. 中国大地构造简述[J]. 地质科学, 1975, (3): 205 – 219.

[6] 陈国达. 地台活化说及其找矿意义[M]. 北京: 地质出版社, 1960.

[7] 陈国达. 中国大地构造概要[M]. 北京: 地震出版社, 1977.

[8] 陈国达. 地洼说对湖南省大地构造的见解, 见湖南省志(第二卷). 地理志) (下册修订本)[M]. 长沙: 湖南人民出版社, 1986.

[9] 陈国达, 刘代志. 中国东南地洼区的深部构造及其演化[J], 大地构造与成矿学, 1991, 15(1): 1 – 6.

[10] 陈国达. 活化构造成矿学[M]. 长沙: 湖南教育出版社, 2003.

[11] 陈江峰, 江博明. Nd、Sr、Pb 同位素示踪和中国东南大陆地壳演化[C], 郑永飞主编: 化学地球动力学论文集, 北京: 科学出版社, 1999.

[12] 陈培荣, 周新民, 张文兰. 南岭东段燕山早期正长岩 – 花岗岩杂岩的成因意义和意义[J]. 中国科学(D 辑: 地球科学), 2004, 34(6): 493 – 503.

[13] 陈毓川, 王登红, 徐志刚, 等. 华南区域成矿和中生代岩浆成矿规律概要[J]. 大地构造与成矿学, 2014, 38(2): 219 – 229.

[14] 陈毓川. 华南与燕山期花岗岩有关的稀土、稀有、有色金属矿床成矿系列[J]. 矿床地质, 1983, (2): 15 – 24.

[15] 陈泽锋. 湘南宝山铅锌矿床的板内构造环境与矿床成因研究[D]. 中南大学, 2013.

[16] 陈志刚, 李献华, 李武显, 等. 赣南全南正长岩的 SHRIMP 锆石 U – Pb 年龄

及其对华南燕山早期构造背景的制约[J]. 地球化学, 2003, 32(3): 223 - 229.

[17] 邓晋福, 罗照华, 苏尚国, 等. 岩石成因、构造环境与成矿作用[M]. 北京: 地质出版社, 2004.

[18] 邓晋福, 滕吉文, 彭聪, 等著. 中国地球物理场特征及深部地质与成矿[M]. 北京: 地质出版社, 2008: 146 - 204.

[19] 邓晋福, 赵国春, 赵海玲, 等. 中国东部燕山期火成岩构造组合与造山 - 深部过程[J]. 地质论评, 2000, 46(1): 41 - 48.

[20] 邓晋福, 赵海玲, 莫宣学, 等. 中国大陆根 - 柱构造——大陆动力学的钥匙[M]. 北京: 地质出版社, 1996.

[21] 地矿部南岭花岗岩专题组. 南岭花岗岩地质及其成因和成矿作用[M]. 北京: 地质出版社, 1989.

[22] 地质矿产部《南岭项目》构造专题组著. 南岭区域构造特征及控岩控矿构造研究[M]. 北京: 地质出版社, 1988.

[23] 董树文, 吴锡浩, 吴珍汉, 等. 论东亚大陆的构造翘变——燕山运动的全球意义[J]. 地质论评, 2000, 46(1): 8 - 13.

[24] 范蔚茗, 王岳军, 郭锋, 等. 湘赣地区中生代镁铁质岩浆作用与岩石圈伸展[J]. 地学前缘, 2003, 10(3): 159 - 169.

[25] 费利东, 全铁军, 孔华, 等. 湖南省永兴县新生矿区隐伏岩体地质地球化学特征及其与成矿的关系[J]. 地质与勘探, 2012, 48(1): 110 - 118.

[26] 凤永刚, 刘树文, 吕勇军, 等. 冀北凤山晚古生代闪长岩 - 花岗质岩石的成因: 岩石地球化学、锆石 U - Pb 年代学及 Hf 同位素制约[J]. 北京大学学报(自然科学版), 2009, 45(1): 59 - 70.

[27] 付建明, 马昌前, 谢才富, 等. 湘南西山铝质 A 型花岗质火山 - 侵入杂岩的地球化学及其形成环境[J]. 地球科学与环境学报, 2004, 26(4), 15 - 23.

[28] 付建明, 李华芹, 屈文俊, 等. 湘南九嶷山大坳钨锡矿的 Re - Os 同位素定年研究[J]. 中国地质, 2007, 34(4): 651 - 656.

[29] 付建明, 马昌前, 谢才富, 等. 湖南九嶷山复式花岗岩体 SHRIMP 锆石定年及其地质意义[J]. 大地构造与成矿学, 2004, 28(4): 370 - 378.

[30] 付建明, 马昌前, 谢才富, 等. 湖南金鸡岭铝质 A 型花岗岩的厘定及构造环境分析[J]. 地球化学, 2005, 24(3): 215 - 226.

[31] 傅文敏译. 应力驱动的大陆碰撞作用: 综合齿状构造作用和地幔俯冲构造作用[J], 世界地质. 1997, 16(3), 7 - 12.

[32] 傅容珊, 黄建华. 地球动力学[M]. 北京: 高, 等教育出版社, 2001.

[33] 傅容珊, 冷伟, 常筱华. 地幔对流与深部物质运移研究的新进展[J]. 地球

物理学进展,2005,21(1):170-179.

[34] 高明,陈亮,孙勇. 论地幔柱构造与板块构造的矛盾性和相容性[J]. 西北大学学报(自然科学版),2000,30(6):514-518.

[35] 郭锋,范蔚茗,林舸,等. 湘南道县辉长岩包体的年代学研究及成因探讨[J]. 科学通报,1997,42(15):1661-1663.

[36] 郭锋,范蔚茗,林舸,等. 湖南省道县虎子岩片麻岩包体的岩石学特征和年代学研究[J]. 长春地质学院学报,1997,27(1):26-31.

[37] 郭春丽,陈毓川,黎传标,等. 赣南晚侏罗世九龙脑钨锡铅锌矿集区不同成矿类型花岗岩年龄、地球化学特征对比及其地质意义[J]. 地质学报,2011,85(7):1188-1205.

[38] 郭令智,施央申,马瑞士. 华南大陆构造格架与地壳演化[M],第26届国际地质大会国际交流学术论文集(一). 北京:地质出版社,1980:109-116.

[39] 郭令智,施央申,马瑞士. 西太平洋中、新生代活动大陆边缘和岛弧构造的形成及演化[J]. 地质学报,1983,57(1):11-20.

[40] 郭新生,陈江峰,张巽,等. 桂东南富钾岩浆杂岩的 Nd 同位素组成:华南中生代地幔物质上涌事件[J]. 岩石学报,2001,17(1):19-27.

[41] 葛文春,李献华,李正祥,等. 桂北新元古代两类强过铝花岗岩的地球化学研究[J]. 地球化学,2001. 30:24-34.

[42] 胡志坚,吴永芳. 水口山矿田矿床定位模式及找矿远景区评价[J]. 地质与勘探,2005,41(5):17-21.

[43] 湖南省地勘局湘南地质勘察院. 1/5 万蚣坝幅区域地质调查说明书,2008.

[44] 湖南省地质矿产局. 湖南省区域地质志[M]. 北京:地质出版社,1988:180-330.

[45] 湖南省有色地质勘查局. 湖南郴州地区宝山-黄沙坪-香花岭有色贵金属富集区评价报告[R]. 内部出版,2001.

[46] 湖南省有色地质勘查局一总队. 湖南省桂阳县宝山铅锌银矿接替资源勘查报告[R]. 2010.

[47] 湖南有色地质勘查局一总队. 湖南郴州长城岭-尖峰岭地区锡多金属远景调查报告[R]. 2013.

[48] 湖南有色地质勘查局一总队. 湖南省道县审章塘矿区钨铅锌多金属矿详查报告[R]. 2013.

[49] 湖南有色地质勘查局一总队. 湖南省荷花坪-香花岭锡多金属矿评价报告[R]. 2011.

[50] 湖南有色地质勘查局一总队. 湖南省江华县铜山岭矿区铜多金属矿老矿山边深部找矿报告[R]. 2013.

[51] 华仁民，毛景文. 试论中国东部中生代成矿大爆发[J]，矿床地质，1999，18(4)：300-308.

[52] 华仁民，陈培荣，张文兰，等. 华南中、新生代与花岗岩类有关的成矿系统[J]. 中国科学(D辑：地球科学)，2003，33(4)：335-343.

[53] 华仁民，陈培荣，张文兰，等. 论华南地区中生代3次大规模成矿作用[J]. 矿床地质，2005，24(2)：99-107.

[54] 黄革非. 湘南地区"黄沙坪式"铅锌矿床地质特征及找矿方向[J]. 湖南地质，1999，Z1：18-24.

[55] 黄汲清，任纪舜，姜春发，等. 中国大地构造基本轮廓[J]. 地质学报，1977，(2)：117-135.

[56] 黄智龙，朱成明，王联魁. 云南老王寨金矿区煌斑岩的化学成分与矿化关系初探[J]. 有色金属矿产与勘查，1996a，5(1)：22-27.

[57] 黄智龙，王联魁，朱成明. 云南老王寨金矿区煌斑岩的成因：稀土元素研究[J]. 高校地质学报，1996b，2(1)：100-111.

[58] 季海章，赵懿英，卢冰，陈殿照. 胶东地区煌斑岩与金矿关系初探[J]. 地质与勘探，1992(2)：15-18.

[59] 贾大成，胡瑞忠，李东阳，等. 湘东南地幔柱对大规模成矿的控矿作用[J]. 地质与勘探，2004，40(2)：31-35.

[60] 贾大成，胡瑞忠，卢焱，等. 湘东北蕉溪岭富钠煌斑岩地球化学特征[J]. 岩石学报，2002，18(4)，459-467.

[61] 蒋少涌，赵葵东，姜耀辉，等. 华南与花岗岩有关的一种新类型的锡成矿作用矿物化学、元素和同位素地球化学证据[J]. 岩石学报，2006，22(10)：2509-2516.

[62] 孔华，马芳，黄德志. 湘南地区深部岩石剖面的建立——来自深源岩石包体的证据[J]. 桂林工学院学报，2001，21(03)：195-200.

[63] 孔华，全铁军，奚小双，等. 湖南宝山矿区煌斑岩的地球化学特征及地质意义[J]. 中国有色金属学报，2013，23(9)：2671-2782.

[64] 来守华，湖南香花岭锡多金属矿床成矿作用研究[D]，中国地质大学(北京)，2014.

[65] 李昌年. 火成岩微量元素岩石学[M]. 武汉：中国地质大学出版社，1992：1179-1801.

[66] 李春昱. 中国板块构造的轮廓[J]. 中国地质科学院院报，1980，2(1)：11-20.

[67] 李东卓. 地幔柱形态源区及构造理论研究综述[J]. 中山大学研究生学刊(自然科学、医学版)，2011，32(3)：8-18.

[68] 李红阳,牛树银,王立峰,等. 幔柱构造理论[M]. 北京:地震出版社, 2002:1-236.

[69] 李红阳,侯增谦. 初论幔柱构造成矿体系[J]. 矿床地质,1998,17 (3):247-255.

[70] 李宏卫,陈国能,娄峰,等. 花岗岩复式岩体演化过程中的稀土元素演化 [J]. 矿床地质,2010,29(增刊):458-458.

[71] 李继亮,孙枢,许靖华,等. 南华夏造山带构造演化的新证据[J]. 地质科 学,1989,(3):217-225.

[72] 李建中,张怡军,蔡新华,等. 湖南省黄沙坪铅锌矿区找矿潜力分析[J]. 华 南地质与矿产,2005,(4):23-28.

[73] 李江海,穆剑. 我国境内格林威尔期造山带的存在及其对中元古代末期超大 陆再造的制约[J]. 地质科学,1999,34(3):259-272.

[74] 李凯明,汪洋,赵建华,等. 地幔柱、大火成岩省及大陆裂解-兼论中国东 部中、新生代地幔柱问题[J]. 地震学报,2003,25(3):314-323.

[75] 李荣清. 湘南坪宝多金属成矿带方解石的某些标型特征[J]. 矿物学报, 1993,13(1):72-78.

[76] 李三忠,张国伟,周立宏,等. 中、新生代超级汇聚背景下的陆内差异变形: 华北伸展裂解和华南挤压逆冲[J]. 地学前缘,2011,18(3):79-107.

[77] 李石锦. 湖南黄沙坪铅锌矿多金属矿床构造控矿特征与找矿浅析[J]. 大地 构造与成矿学,1997,21(4):339-346.

[78] 李双莲,张建华. 郴州宝山铅锌银矿地质特征及控矿因素初探[J]. 国土资 源导刊,2013,(1):94-96.

[79] 李四光. 地质力学概论 M]. 北京:科学出版社,1973.

[80] 李武显,周新民. 中国东南部晚中生代俯冲带探索[J]. 高校地质学报, 1999,5(2):164-169.

[81] 李献华,孙贤鉥. "煌斑岩"与金矿的实际观察与理论评述[J]. 地质论评, 1995,41(3):252-260.

[82] 李献华,王选策,李武显,等. 华南新元古代玄武质岩石成因与构造意义: 从造山运动到陆内裂谷[J]. 地球化学,2008,37(4):382-398.

[83] 李献华,周汉文,刘颖. 桂东南钾玄质侵入岩带及其岩石学和地球化学特征 [J]. 科学通报,1999,44(18):1992-1998.

[84] 李献华. 诸广山岩体内中基性岩脉的成因初探——Sr、Nd、O 同位素证据 [J]. 科学通报,1990,35(16):1247-1249.

[85] 李晓峰,冯佐海,肖荣,等. 桂东北钨锡稀有金属矿床的成矿类型、成矿时 代及其地质背景[J]. 地质学报,2012,86(11):1713-1725.

[86] 李晓敏. 湖南地区与 A 型花岗岩有关的锡矿床成矿作用研究 - 以芙蓉锡矿田为例[R]. 贵阳：中国科学院地球化学研究所, 2005.

[87] 李兆丽. 锡成矿与 A 型花岗岩关系的地球化学研究 - 以湖南芙蓉锡矿田为例[R]. 贵阳：中国科学院地球化学研究所, 2006.

[88] 李兆鼐, 权恒, 李之彤, 等. 中国东部中、新生代火成岩及其深部过程[M]. 北京：地质出版社, 2003.

[89] 李子颖, 李秀珍, 林锦荣. 试论华南中新生代地幔柱构造、铀成矿作用及其找矿方向[J]. 铀矿地质, 1999, 15(1): 9 - 17.

[90] 廖廷德. 论宝山西部铜钼铅锌银矿床地质特征及找矿预测[J]. 湖南有色金属, 2009, 25(3): 1 - 7.

[91] 林广春. 过铝花岗岩的成因类型与构造环境研究综述[J]. 华南地质与矿产, 2003, (1): 65 - 70.

[92] 林玮鹏, 丘志力, 李子云, 等. 湖南宁乡 V 号岩管煌斑岩的岩石地球化学特征[J]. 资源调查与环境, 2009, 30(3): 180 - 187.

[93] 雷泽恒, 陈富文, 陈郑辉, 等. 黄沙坪铅锌多金属矿成岩成矿年龄测定及地质意义[J]. 地球学报, 2010, 31(4): 532 - 540.

[94] 刘荣军, 唐赣勇. 宝山花岗岩与矽卡岩钨矿的关系分析[J]. 有色金属, 2011, 63(1): 17 - 22.

[95] 刘燊, 胡瑞忠, 赵军红, 等. 胶北晚中生代煌斑岩的岩石地球化学特征及其成因研究[J]. 岩石学报, 2005, 21(3): 947 - 958.

[96] 刘悟辉. 黄沙坪铅锌多金属矿床成矿机理及其预测研究[D]. 中南大学, 2007.

[97] 楼亚儿, 杜杨松. 花岗质岩石成因分类研究述评[J]. 地学前缘, 2003, 10(3): 269 - 275.

[98] 陆松年, 李怀坤, 陈志宏. 新元古时期中国古大陆与罗迪尼亚超大陆的关系[J]. 地学前缘, 2004, 11(2): 515 - 523.

[99] 路凤香, 舒小辛, 赵崇贺. 有关煌斑岩分类的建议[J]. 地质科技情报, 1991, 10(10)(增刊): 55 - 62.

[100] 路凤香, 吴其反. 中国东部典型地区下部岩石圈组成、结构和层圈相互作用[M]. 中国地质大学出版社, 2005.

[101] 路远发, 马丽艳, 屈文俊, 等. 湖南宝山铜钼多金属矿床的成岩成矿的 U - Pb 和 Re - Os 同位素定年研究[J]. 岩石学报, 2006, 22(10): 2483 - 2492.

[102] 路远发. GeoKit：一个用 VBA 构建的地球化学工具软件包[J]. 地球化学, 2004, 33(5): 459 - 464.

［103］马丽艳,路远发,梅玉萍,等. 湖南水口山矿区花岗闪长岩中的锆石 SHRIMPU‑Pb 定年及其地质意义[J]. 岩石学报, 2006, 22(10): 53‑60.

［104］马丽艳,路远发,屈文俊,等. 湖南黄沙坪铅锌多金属矿床的 Re‑Os 同位素,等时线年龄及其地质意义[J]. 矿床地质, 2007, 26(4): 426‑431.

［105］马丽艳,路远发,付建明,等. 湖南东坡矿田金船塘、红旗岭锡多金属矿床 Rb‑Sr, Sm‑Nd 同位素年代学研究[J]. 华南地质与矿产, 2010, 36(4): 23‑29.

［106］马宗晋,杜品仁,洪汉净. 地球构造与动力学[M]. 广州:广东科技出版社, 2003.

［107］毛景文,陈懋弘,袁顺达,等. 华南地区钦杭成矿带地质特征和矿床时空分布规律[J]. 地质学报, 2011, 85(5): 636‑658.

［108］毛景文,李红艳,裴荣富. 湖南千里山花岗岩体的 Nd‑Sr 同位素及岩石成因研究[J]. 矿床地质, 1995, 14(3): 235‑242.

［109］毛景文,李红艳,王登红,等. 华南地区中生代多金属矿床形成与地幔柱关系[J]. 矿物岩石地球化学通报, 1998, 17(2): 130‑133.

［110］毛景文,谢桂青,程彦博,等. 华南地区中生代主要金属矿床模型[J]. 地质论评, 2009, 55(3): 347‑354.

［111］毛景文,谢桂青,郭春丽,等. 华南地区中生代主要金属矿床时空分布规律和成矿环境[J]. 高校地质学报, 2008, 14(4): 510‑526.

［112］南京大学地质学系. 华南不同时代花岗岩类及其与成矿关系[M]. 北京:科学出版, 1981.

［113］牛树银,李红阳,孙爱群,等. 幔枝构造理论与找矿实践[M]. 北京:地震出版社, 2002.

［114］牛树银,孙爱群,马宝军,等. 华北东部地幔热柱的特征与演化[J]. 中国地质, 2010, 37(4): 931‑942.

［115］牛耀龄. 关于地幔柱大辩论[J]. 科学通报, 2005, 50(17): 1797‑1800.

［116］裴荣富,梅燕雄,毛景文,等著. 中国中生代成矿作用[M]. 北京:地质出版社, 2008.

［117］彭骥,邓诗凯,雷志源,等. 湘南地区构造控矿特征及成矿预测研究报告[R]. 湖南有色地质勘查局内部出版, 1983.

［118］彭建堂,胡瑞忠,袁顺达,等. 湘南中生代花岗质岩石成岩成矿的时限[J]. 地质论评, 2008, 54(5): 617‑625.

［119］彭省临著. 湘南地洼型铅锌矿形成机制[M]. 长沙:中南工业大学出版社, 1992.

［120］邱瑞照,邓晋福,蔡志勇,等. 湖南香花岭430花岗岩体 Nd 同位素特征及

岩石成因[J]. 岩石矿物学杂志, 2003, 22(1): 41 - 46.

[121] 齐钒宇, 张志, 祝新友, 等. 湖南黄沙坪钨钼多金属矿床矽卡岩地球化学特征及其地质意义[J]. 中国地质, 2012, 39(2): 338 - 348.

[122] 邱瑞照, 彭松柏, 杜绍华. 香花岭花岗岩型铌钽矿床的成因[J]. 湖南地质, 1997, 16(2): 92 - 97.

[123] 邱先前, 刘阳生. 湖南郴州 - 邵阳走滑型构造岩浆岩带及其控矿意义[J]. 华南地质与矿产, 2003(4): 56 - 59.

[124] 全铁军, 孔华, 费利东, 等. 宝山花岗闪长斑岩的岩石成因: 地球化学、锆石 U - Pb 年代学和 Hf 同位素制约[J]. 中国有色金属学报, 2012a, 22(3): 611 - 621.

[125] 全铁军, 孔华, 王高, 等. 黄沙坪矿区花岗岩岩石地球化学、U - Pb 年代学和 Hf 同位素制约[J]. 大地构造与成矿学, 2012b, 36(4): 597 - 606.

[126] 全铁军, 王高, 钟江临, 等. 湖南铜山岭矿区花岗闪长岩岩石成因: 岩石地球化学、U - Pb 年代学及 Hf 同位素制约[J]. 矿物岩石, 2013, 33(1): 43 - 52.

[127] 全铁军, 奚小双, 孔华, 等. 湘南燕山期区域三叉断裂构造型式及成矿作用, 中国有色金属学报[J]. 2013, 23(9): 2613 - 2620.

[128] 饶家荣, 王纪恒, 曹一中. 湖南省深部构造[J]. 国土资源导刊, 1993(A08): 1 - 101.

[129] 饶家荣, 肖海云, 刘耀荣, 等. 扬子、华夏古板块会聚带在湖南的位置[J]. 地球物理学报, 2012, 55(2): 484 - 502.

[130] 饶家荣. 湖南坪宝、香花岭铅锌多金属矿田地球物理地球化学找矿模式及隐伏矿床预测[R]. 研究报告, 1988.

[131] 饶家荣. 华南、扬子微板块古俯冲 - 碰撞构造模型[C]. 中国地球物理学会第九届学术年会论文集. 长沙, 1993.

[132] 任纪舜, 王作勋, 陈炳蔚, 等. 从全球看中国大地构造 - 中国及邻区大地构造图简要说明[M]. 北京: 地质出版社, 1999.

[133] 沈渭洲, 朱金初, 刘昌实, 等. 从 Nd 模式年龄谈华南地壳的形成时间[J]. 南京大学学报(地球科学), 1989, 3: 82 - 91.

[134] 史明魁, 熊成云, 贾德裕, 等著. 湘桂粤赣地区有色金属隐伏矿床综合预测[M]. 地质出版社, 1993.

[135] 舒良树, 王德滋, 北美西部与中国东南部盆岭构造对比研究[J], 高校地质学报, 2006, 12(1): 1 - 13.

[136] 舒良树, 华南构造演化的基本特征[J], 地质通报, 31(7), 1035 - 1053.

[137] 宋彪, 张玉海, 万渝生, 等. 锆石 SHRIMP 样品靶制作、年龄测定及有关现

象讨论[J]. 地质论评, 2002, 5(增刊): 26 – 30.

[138] 孙涛, 周新民, 陈培荣, 等. 南岭东段中生代强过铝花岗岩成因及其大地构造意义[J]. 中国科学(D辑), 2003, 33(12): 1209 – 1218.

[139] 孙涛, 周新民. 中国东南部晚中生代伸展应力体制的岩石学标志[J]. 南京大学学报(自然科学), 2002, 38(6): 737 – 746.

[140] 孙涛. 新编华南花岗岩分布图及其说明[J]. 地质通报, 2006, 25(3): 332 – 337.

[141] 孙卫东, 凌明星, 汪方跃, 等. 太平洋板块俯冲与中国东部中生代地质事件[J]. 矿物岩石地球化学通报, 2008, 27(3): 218 – 225.

[142] 谭克仁. 湖南铜山岭花岗闪长斑岩地球化学特征及其成矿作用[J]. 地构造与成矿学, 1983, 7(1): 66 – 80.

[143] 谭文敏. 湘南地区成矿规律及找矿预测[J]. 矿产与地质, 2010, 24(6): 533 – 537.

[144] 唐朝永. 湖南宝山多金属矿田构造控矿特征[J]. 矿产与地质, 2005, 19(1): 43 – 47.

[145] 唐勇, 张辉, 吕正航. 不同成因锆石阴极发光及微量元素特征: 以新疆阿尔泰地区花岗岩和伟晶岩为例[J]. 矿物岩石, 2012, 32(1): 8 – 15.

[146] 陶继华, 李武显, 李献华, 等. 赣南龙源坝地区燕山期高分异花岗岩年代学、地球化学及锆石 Hf – O 同位素研究[J]. 中国科学: 地球科学, 2013, 43(5): 760 – 788.

[147] 陶奎元. 环太平洋中国东南大陆火山带独特性探讨[C]. 中国东南沿海火山地质与矿产论文集(第1辑). 北京: 地质出版社, 1992: 1 – 13.

[148] 滕吉文, 曾融生, 闫雅芬. 东亚大陆及周边海域 Moho 界面深度分布和基本构造格局. 中国科学(D), 2002, 32(2): 89 – 100

[149] 滕智猷, 王华. 湖南省宁远县毛梨坳云煌岩的新发现[J]. 国土资源导刊, 2007, 4(4): 16 – 19.

[150] 童航寿. 地幔柱构造研究概述[J]. 铀矿地质, 2009, 25(4): 193 – 201.

[151] 童航寿. 华南地幔柱构造与成矿[J]. 铀矿地质, 2010, 26(2): 65 – 94.

[152] 童潜明. 湘南黄沙坪铅 – 锌矿床的成矿作用特征[J]. 地质论评, 1986, 32(6): 565 – 577

[153] 童潜明, 李荣清, 张建新. 郴临深大断裂带及其两侧的矿床成矿系列[J]. 华南地质与矿产, 2000, (3): 34 – 41.

[154] 童潜明, 伍仁和, 彭季来, 等著. 郴桂地区钨锡铅锌金银矿床成矿规律[M]. 地质出版, 1995.

[155] 万天丰. 中国大地构造学纲要[M]. 北京: 地质出版社, 2004: 1 – 387.

[156] 汪林峰, 江元成, 王立发, 等. 湖南黄沙坪矿区铜矿地质特征及找矿方向 [J]. 矿产勘查, 2011, 2(3): 226-231.

[157] 王昌烈, 罗仕徽, 胥有志, 等. 柿竹多金属矿床地质[M]. 地质出版社, 1987.

[158] 王德滋, 沈渭洲. 中国东南部花岗岩成因与地壳演化[J]. 地学前缘, 2003, 10(3): 209-220.

[159] 王德滋, 周金城. 大火成岩省研究新进展[J]. 高校地质学报, 2005, 11(1): 1-8.

[160] 王德滋, 周新民. 中国东南部晚中生代花岗质火山-侵入杂岩成因与地壳演化[M]. 北京: 科学出版社. 2002.

[161] 王德滋. 华南花岗岩研究的回顾与展望[J]. 高校地质学报, 2004, 10(3): 305-314.

[162] 王登红, 陈富文, 张永忠, 等. 南岭有色-贵金属找矿潜力及综合探测技术研究[M]. 北京: 地质出版社, 2010.

[163] 王剑. 华南新元古代裂谷盆地沉积演化-兼论与 Rodinia 解体的关系[M]. 北京: 地质出版社, 2000.

[164] 王艳丽, 祝新友, 王莉娟, 等. 湖南黄沙坪铅锌矿床流体特征初步研究 [J]. 矿床地质, 2010, (29)(增刊), 609-610.

[165] 王育民, 朱家鳌, 余琼华. 湖南铅锌矿地质[M]. 北京: 地质出版社, 1988.

[166] 王岳军, 范蔚茗, 郭锋, 等. 湘东南中生代花岗闪长岩锆石 U-Pb 法定年及其成因指示[J]. 中国科学(D 辑), 2001a, 31(9): 745-751.

[167] 王岳军, 范蔚茗, 郭锋, 等. 湘东南中生代花岗闪长质小岩体的岩石地球化学特征[J]. 岩石学报, 2001b, 17(1): 169-175.

[168] 王岳军, 廖超林, 范蔚茗, 等. 赣中地区早中生代 OIB 碱性玄武岩的厘定及构造意义[J]. 地球化学, 2004, 33(2): 110-117.

[169] 魏道芳, 鲍征宇, 付建明. 湖南铜山岭花岗岩体的地球化学特征及锆石 SHRIMP 定年[J]. 大地构造与成矿学, 2007, 31(4): 482-489.

[170] 魏道芳. 南岭中段中生代岩浆作用与锡成矿作用[D]. 中国地质大学(武汉), 2008.

[171] 吴福元, 李献华, 杨进辉, 等. 花岗岩成因研究的若干问题[J]. 岩石学报, 2007a, 23(6): 1217-1238.

[172] 吴福元, 李献华, 郑永飞, 高山. Lu-Hf 同位素体系及其岩石学应用[J]. 岩石学报, 2007b, 23(2): 185-220.

[173] 吴福元, 徐义刚, 高山. 华北岩石圈减薄与克拉通破坏研究的主要学术争

论[J]. 岩石学报, 2008, 24(6): 1145 – 1174.

[174] 吴根耀. 华南的格林威尔造山带及其坍塌: 在罗迪尼亚超大陆演化中的意义[J]. 大地构造与成矿学, 2000, 24(2): 112 – 123.

[175] 吴良士, 胡雄伟. 湖南锡矿山地区云斜煌斑岩及其花岗岩包体地意义[J]. 地质地球化学, 2000, 28(2): 51 – 55.

[176] 伍光英, 马铁球, 柏道远, 等. 湖南宝山花岗闪长质隐爆角砾岩的岩石学、地球化学特征及锆石 SHRIMP 定年[J]. 现代地质, 2005, 19(2): 198 – 204.

[177] 伍光英. 湘东南多金属矿集区燕山期花岗岩类及其大规模成矿作用[D]. 中国地质大学(北京), 2005.

[178] 息朝庄, 戴塔根, 刘悟辉. 湖南黄沙坪铅锌多金属矿床铅, 硫同位素地球化学特征[J]. 地球学报, 2009, 30(1): 88 – 94.

[179] 肖惠良, 陈乐柱, 鲍晓明, 等. 南岭东段钨锡多金属矿床地质特征、成矿模式及找矿方向[J]. 资源调查与环境, 2011, 32(2): 107 – 11.

[180] 肖龙. 地幔柱构造与地幔动力学 – 兼论其在中国大陆地质历史中的表现[J]. 矿物岩石地球化学通报, 2004(3): 239 – 245.

[181] 肖庆辉, 邓晋福, 马大铨, 等. 花岗岩研究思维与方法[M]. 北京: 地质出版社, 2002.

[182] 肖庆辉, 刘勇, 冯艳芳, 等. 中国东部中生代岩石圈演化与太平洋板块俯冲消减关系的讨论[J]. 中国地质, 2010, 37(4): 1092 – 1101.

[183] 谢窦克, 姜月华. 华南地壳演化过程及其构造格架[J]. 成都理工学院学报, 1998, 25(2): 153 – 161.

[184] 谢窦克, 马荣生, 张禹慎, 等. 华南大陆地壳生长过程与地幔柱构造[M]. 北京: 地质出版社, 1996: 7 – 11.

[185] 谢桂青, 胡瑞忠, 蒋国豪, 等. 锆石的成因和 U – Pb 同位素定年的某些进展[J]. 地质地球化学, 2002, 29(4): 64 – 70.

[186] 谢桂青, 胡瑞忠, 赵军红, 等. 中国东南部地幔柱及其与中生代大规模成矿关系初探[J]. 大地构造与成矿学, 2001a. 25(2): 179 – 186.

[187] 谢桂青, 毛景文, 胡瑞忠, 等. 中国东南部中—新生代地球动力学背景若干问题的探讨[J]. 地质论评, 2005, 51(6): 613 – 620.

[188] 谢桂青, 彭建堂, 胡瑞忠, 等. 湖南锡矿山锑矿矿区煌斑岩的地球化学特征[J]. 岩石学报, 2001b, 17(4): 29 – 36.

[189] 谢昕, 徐夕生, 邹海波, 等. 中国东南部晚中生代大规模岩浆作用序幕: J2 早期玄武岩[J]. 中国科学 D 辑, 2005, 35(7): 587 – 605.

[190] 谢银财, 陆建军, 马东升, 等. 湘南宝山铅锌多金属矿区花岗闪长斑岩及

其暗色包体成因：锆石 U – Pb 年代学、岩石地球化学和 Sr – Nd – Hf 同位素制约［J］. 岩石学报, 2013a, 29（12）: 4186 – 4213.

[191] 谢银财. 湘南宝山铅锌多金属矿区花岗闪长斑岩成因及成矿物质来源研究［D］. 南京大学, 2013b.

[192] 邢集善, 杨巍然, 邢作云, 等. 中国东部中生代软流圈上涌与构造-岩浆-矿集区, 地学前缘［J］. 2009, 16（4）: 225 – 238

[193] 徐鸣洁, 舒良树. 中国东南部晚中生代岩浆作用的深部条件制约［J］. 高校地质学报, 2001, 7（1）: 21 – 33.

[194] 徐夕生, 周新民, 王德滋. 壳幔作用与花岗岩成因 - 以中国东南沿海为例［J］. 高校地质学报［J］. 1999, 5（3）: 241 – 250.

[195] 徐夕生. 华南花岗岩 - 火山岩成因研究的几个问题［J］. 高校地质学报, 2008, 14（3）: 283 – 294.

[196] 徐义刚, 何斌, 黄小龙, 等. 地幔柱大辩论及如何验证地幔柱假说［J］. 地学前缘, 2007, 14（2）: 1 – 9.

[197] 徐义刚, 何斌, 罗震宇, 等. 我国大火成岩省和地幔柱研究进展与展望［J］. 矿物岩石地球化学通报, 2013, 32（1）: 25 – 39.

[198] 徐义刚. 地幔柱构造、大火成岩省及其地质效应［J］. 地学前缘, 2002, 9（4）: 341 – 352.

[199] 徐志刚. 华南晚寒武纪剪刀式开合构造及其动力学［J］. 地质学报, 1995, 69（4）: 285 – 295.

[200] 许以明, 龚述清, 江元成, 雷泽恒, 李玉生. 湖南黄沙坪铅锌矿深边部找矿前景分析［J］. 地质与勘探, 2007, 43（1）: 38 – 43.

[201] 轩一撒, 袁顺达, 原垭斌, 等. 湘南尖峰岭岩体锆石 U – Pb 年龄、地球化学特征及成因［J］, 矿床地质, 2014, 33（6）: 1379 – 1390.

[202] 薛怀民, 汪应庚, 马芳, 等. 高度演化的黄山 A 型花岗岩: 对扬子克拉通东南部中生代岩石圈减薄的约束［J］. 地质学报, 2009, 83（2）: 247 – 259.

[203] 杨冲, 申志军, 匡文龙, 等. 湘西南铜山岭地区钨多金属矿床地质特征及成矿机制探讨 - 以祥霖铺矿床为例［J］, 地质找矿论丛, 2012, 27（2）: 156 – 161

[204] 杨国高, 陈振强. 湖南宝山铜钼铅锌银多金属矿田围岩蚀变与矿化分带特征［J］. 矿产与地质, 1998, 12（2）: 96 – 100.

[205] 杨进辉, 吴福元, 柳小明, 等. 辽东半岛小黑山岩体成因及其地质意义: 锆石 U – Pb 年龄和铪同位素证据［J］. 矿物岩石地球化学通报, 2007, 26（1）: 29 – 43.

[206] 杨进辉, 吴福元, 柳小明, 等. 北京密云环斑花岗岩锆石 U – Pb 年龄和 Hf

同位素及其地质意义[J]. 岩石学报, 2005, 21(6): 1633 - 1644.

[207] 姚军明, 华仁民, 林锦富. 湘东南黄沙坪花岗岩 LA - ICPMS 锆石 U - Pb 定年及岩石地球化学特征[J]. 岩石学报, 2005, 21(3): 688 - 696.

[208] 姚军明, 华仁民, 林锦富. 湘南宝山矿床 REE、Pb - S 同位素地球化学及黄铁矿 Rb - Sr 同位素定年[J]. 地质学报, 2006, 80(7): 1045 - 1054.

[209] 姚军明, 华仁民, 屈文俊, 等. 湘南黄沙坪铅锌钨钼多金属矿床辉钼矿的 Re - Os 同位素定年及其意义[J]. 中国科学 D 辑: 地球科学, 2007, 37 (4): 471 - 477

[210] 殷鸿福, 吴顺宝, 杜远生, 等. 华南是特提斯多岛洋体系的一部分[J]. 地球科学, 1999, 24(1): 1 - 12.

[211] 印建平. 湖南宝山铅锌银多金属矿成矿构造机制分析[J]. 大地构造与成矿学, 1998, 22(S): 57 - 61.

[212] 喻亨祥, 刘家远. 水口山矿田花岗质潜火山杂岩的成因特征[J]. 大地构造与成矿学, 1997, 21(3): 32 - 40.

[213] 袁学诚. 再论岩石圈地幔蘑菇云构造及其深部成因[J]. 中国地质, 2007, 34(5): 737 - 758.

[214] 原垭斌, 袁顺达, 陈长江, 等. 黄沙坪矿区花岗岩类的锆石 U - Pb 年龄、Hf 同位素组成及其地质意义[J]. 岩石学报, 2014, 30(1): 64 - 78.

[215] 曾华霖. 华南地区重磁资料处理解释及其在华南地壳结构中的应用[C]. 地矿部岩石圈构造与动力学开放研究实验室 1994 年年报, 北京: 地震出版社, 1995.

[216] 翟淳. 论煌斑岩的成因模式[J]. 地质论评, 1981, 27(6): 527 - 532.

[217] 张菲菲, 王岳军, 范蔚茗, 等. 江南隆起带中段新元古代花岗岩锆石 U - Pb 年代学和 Hf 同位素组成研究[J]. 大地构造与成矿学, 2011, 35(2): 73 - 84.

[218] 张国伟, 郭安林, 王岳军, 等. 中国华南大陆构造与问题. 中国科学(地球科学), 2013, 43(10): 1553 ~ 1582

[219] 张龙升, 彭建堂, 张东亮, 等. 湘西大神山印支期花岗岩的岩石学和地球化学特征[J]. 大地构造与成矿学, 2012, 36(1): 137 - 148.

[220] 张旗, 金惟俊, 李承东, 等. 再论花岗岩按照 Sr - Yb 的分类标志[J]. 岩石学报, 2010a, 26(4): 985 - 1015.

[221] 张旗, 金惟俊, 李承东, 等. 三论花岗岩按照 Sr - Yb 的分类应用[J]. 岩石学报, 2010b, 26(12): 3431 - 3455.

[222] 张旗, 金惟俊, 王焰, 等. 花岗岩与金铜及钨锡成矿的关系[J]. 矿床地质, 2010c, 29(5): 729 - 759.

[223] 张旗,李承东,王焰,等.中国东部中生代高 Sr 低 Yb 和低 Sr 高 Yb 型花岗岩:对比及其地质意义[J].岩石学报,2005,21(6):1527-1537.

[224] 张旗,潘国强,李承东,等.21 世纪的花岗岩研究,路在何方? - 关于花岗岩研究的思考之六[J].岩石学报,2008a,24(10):2219-2236.

[225] 张旗,潘国强,李承东,等.花岗岩结晶分离作用问题 - 关于花岗岩研究的思考之二[J].岩石学报,2007a,23(6):1239-1251.

[226] 张旗,潘国强,李承东,等.花岗岩构造环境问题——关于花岗岩研究的思考之三[J].岩石学报,2007b,23(11):2683-2698.

[227] 张旗,钱青,王二七,等.燕山中晚期的中国东部高原:埃达克岩的启示[J].地质科学,2001,36(2):248-255.

[228] 张旗,冉白皋,李承东.A 型花岗岩的实质是什么[J].岩石矿物学杂志,2012,31(4):621-626.

[229] 张旗,王焰,李承东,等.花岗岩的 Sr - Yb 分类及其地质意义[J].岩石学报,2006,22(9):2249-2269.

[230] 张旗,王元龙,金惟俊,等.晚中生代的中国东部高原:证据、问题和启示[J].地质通报,2008b,27(9):1404-1430.

[231] 张旗.再论花岗岩的分类及其与金铜钨锡成矿的关系——答华仁民先生和王登红博士对"张旗,等(2010)花岗岩与金铜及钨锡成矿的关系"一文的质疑[J].矿床地质,2011,30(3):557-570.

[232] 张旗.中国东部中生代大规模岩浆活动与长英质大火成岩省问题[J].岩石矿物学杂志,2013a,32(4):557-564.

[233] 张旗.中国东部中生代岩浆活动与太平洋板块向西俯冲有关吗[J].岩石矿物学杂志,2013b,32(1):113-128.

[234] 张文佑.断块构造导论[M].北京:石油工业出版社,1984.

[235] 张湘炳.湖南铜山岭矿田构造 - 岩浆活动与成矿作用分析[就].大地构造与成矿学.1986.10(1):55-63

[236] 张岳桥,董树文,李建华,等.华南中生代大地构造研究新进展[J].地球学报,2012,33(3):257-279.

[237] 章荣清,陆建军,朱金初,等.湘南荷花坪花岗斑岩锆石 LA - MC - ICP - MSU - Pb 年龄、Hf 同位素制约及地质意义[J].高校地质学报,2010,16(4):436-447.

[238] 赵明德,张培鑫.浙江板块构造初探[J].地质学报,1983,57(4):369-377.

[239] 赵振华,包志伟,张伯友,等.柿竹园超大型钨多金属矿床形成的壳幔相互作用背景[J].中国科学(D 辑),2000,30(增刊):161-168.

[240] 赵振华, 包志伟, 张伯友. 湘南中生代玄武岩类地球化学特征[J]. 中国科学(增刊), 1998, S2: 7 – 14.

[241] 赵振华, 熊小林, 韩小东. 花岗岩稀土元素四分组效应形成机理探讨 – 以千里山和巴尔哲花岗岩为例[J]. 中国科学(D 辑), 1999, 29(4): 331 –338.

[242] 赵振华. 微量元素地球化学原理[M]. 北京: 科学出版社, 1997: 112 – 169.

[243] 郑佳浩, 郭春丽. 湘南王仙岭花岗岩体的锆石 U – Pb 年代学、地球化学、锆石 Hf 同位素特征及其地质意义[J]. 岩石学报, 2012, 28(1): 75 – 90.

[244] 郑永飞, 陈江峰. 稳定同位素地球化学[M]. 北京: 科学出版社, 2000.

[245] 中国科学院贵阳地化所. 华南花岗岩类的地球化学[M]. 北京: 科学出版社, 1979.

[246] 钟玉芳, 马昌前, 佘振兵. 锆石地球化学特征及地质应用研究综述[J]. 地质科技情报, 2006, 25(1): 27 – 34.

[247] 钟正春. 黄沙坪矿区岩浆岩及其控矿特征[J]. 矿产与地质, 1996, 10(6): 400 – 405.

[248] 周新民, 李武显, 徐夕生. 浙闽沿海中生代钙碱性岩浆作用[M]. 见王德滋, 周新民, 等著. 中国东南部晚中生代花岗质火山 – 侵入杂岩成因与地壳演化(第四章). 北京: 科学出版社, 2002.

[249] 周新民. 对华南花岗岩研究的若干思考[J]. 高校地质学报, 2003, 9(4): 556 –565.

[250] 周新民. 南岭地区晚中生代花岗岩成因与岩石圈动力学演化[M]. 北京: 科学出版, 2007.

[251] 朱炳泉. 地球科学中同位素体系理论与应用 – 兼论中国大陆壳幔演化[M]. 北京: 科学出版社, 1998.

[252] 朱桂田, 朱世戎. 煌斑岩与金矿成矿关系探讨[J]. 矿产与地质, 1996, 10(6): 368 – 376.

[253] 朱金初, 陈骏, 王汝成, 等. 南岭中西段燕山早期北东向含锡钨 A 型花岗岩带[J]. 高校地质学报, 2008, 14(4): 474 –484.

[254] 朱金初, 黄革非, 张佩华, 等. 湘南骑田岭岩体菜岭超单元花岗岩侵位年龄和物质来源研究[J]. 地质论评, 2003, 49(3): 245 –252.

[255] 朱金初, 李向东, 沈渭洲, 等. 花山复式花岗岩体成因的锶、钕和氧同位素研究[J]. 地质学报, 1989. 63(3): 325 –335.

[256] 朱金初, 王汝成, 陆建军, 等. 湘南癞子岭花岗岩体分异演化和成岩成矿[J]. 高校地质学报, 2011, 17(3): 381 –392.

[257] 祝新友, 王京彬, 张志, 等. 湖南黄沙坪铅锌矿 NNW 向构造的识别及其找

矿意义[J]. 地质与勘探, 2010, 46(4): 609 - 615.

[258] 祝新友, 王京彬, 王艳丽, 等. 湖南黄沙坪 W - Mo - Bi - Pb - Zn 多金属矿床硫铅同位素地球化学研究[J]. 岩石学报, 2012, 28(12): 3809 - 3822.

[259] 庄锦良, 刘钟伟, 谭必祥, 等. 湘南地区小岩体与成矿关系及隐伏矿床预测[J]. 湖南地质(增刊), 1988, 4(4): 69 - 71

[260] 庄锦良, 童潜明, 刘钟伟, 等著. 湘南地区铜铅锌锡隐伏矿床预测研究[M]. 北京: 地质出版社, 1993.

[261] 邹礼卿. 魏家钨矿只是开始[J]. 国土资源导刊. 2011, 8(9): 48 - 49.

[262] Alther R, Holl A, Hegner E, et al. High - potassium, calc - alkline I - type plutonism in the European Variscides: Northern Vosges (France) and northern Schwarzawald (Germany)[J]. Lithos, 2000, 50: 51 - 73

[263] Amelin Y, Lee D C, Halliday A N. Early - Middle Archaean Crustal Evolution Deduced from Lu - Hf and U - Pb Isotopic Studies of Single Zircon Grains[J]. Geochimica et Cosmochimica Acta, 2000, 64(24): 4205 - 4225.

[264] Andersen T. Correction of common lead in U - Pb analyses that do not report 204 Pb[J]. Chem. Geol, 2002, 192: 59 - 791.

[265] Anderson D L. 地球动力学中的简单尺度关系: 压力在地幔对流和地幔柱形成中的作用[J]. 科学通报, 2004, 49(20): 2025 - 2028.

[266] Baker B H, Morgan P. Continental rifting: progress and outlook[J]. EOS, 1981, 62: 585 - 586.

[267] Barbarin B A. review of the relationships between granitoid types, their origins and their enviroments[J]. Lithos, 1999, 46: 605 - 625.

[268] Bau M. Controls on the fractionation of isovalent trace elements in magmatic and aqueous systems: evidence from Y/Ho, Zr/Hf, and lanthanide tetrad effect [J]. Contrib. Mineral. Petrol, 1996, 123: 323 - 333.

[269] Becker T W, Kellogg J B, OConnell R J. Thermal constraints on the survival of primitive blobs in the lower mantle[J]. EPSL, 1999, 171: 351 - 365.

[270] Bennett V C, Nutman A P, McCulloch M T. Nd Isotopic Evidence for Transient, Highly Depleted Mantle Reservoirs in the Early History of the Earth [J]. Earth and Planetary Science Letters, 1993, 119(3): 299 - 317.

[271] Bergantz G W. Underplating and partial melting: implications for melt generation and extraction[J]. Science, 1989, 245: 1093 - 1095.

[272] Blichert - Toft J, Albarède F. The Lu - Hf Isotope Geochemistry of Chondrites and the Evolution of the Mantle - Crust System[J]. Earth and Planetary Science Letters, 1997, 148(1 - 2): 243 - 258.

[273] Bolhar R, Weaver S D, Whitehouse M J, et al. Sources and evolution of arc magmas inferred from coupled O and Hf isotope systematics of plutonic zircons from the Cretaceous Separation Point Suite (New Zealand) [J]. Earth Planet Sci. Lett, 2008, 268: 312 – 324.

[274] Boynton W V. Geochemistry of the rare earth elements: meteorite studies[J]. In: Henderson P., Eds., Rare earth element geochemistry. Amsterdam. Elsevier, 1984: 63 – 114.

[275] Brown M. Orogeny, migmatites and leucogranites: a review[J]. Proceedings of the Indian Academy of Science, 2001, 110, 313 – 336.

[276] Brown M. Crustal melting and melt extraction, ascent and emplacement in orogens: mechanisms and consequences[J]. Journal of the Geological Society, 2007, 164: 709 – 730.

[277] Buddignton A F. 1959. Granite emplacement with special reference to North American. Geo. Soc. Am, Bull., 70: 671 – 747.

[278] Burke K, Dewey J F. Plume – generated triple junctions: key indicators in applying plate tectonics to old rocks[J]. The Journal of Geology, 1973, 81 (4): 406 – 433.

[279] Carracedo J C. The Canary Islands: an example of structural control on the growthof large oceanic – island volcanoes [J]. Journal of Volcanology and Geothermal Research, 1994, 60: 225 – 241

[280] Castro A, Moreno – Ventas I, De I R J D. H – type (hybrid) granitoids: a proposed revision of the granite – type classification and nomenclature[J]. Earth Sci. Rev., 1991, 31: 237 – 253.

[281] Castro A. The source of granites: inferences from the Lewisian complex Scottish [J]. Journal of Geology, 2004, 40: 49 – 65.

[282] Chappell B W, White A J R. Two contrasting granite types [J]. Pacific Geology, 1974, 8: 173 – 174.

[283] Clemens J D, Holloway J R, White A J R. Origin if an A – type granite: Experimental constraints[J]. Am. Mineral, 1986, 71: 317 – 324.

[284] Coleman D S, Gray W, Glazner A F. Rethinking the emplacement and evolution of zoned plutons: Geochronologic evidence for incremental assembly of the Tuolumne Intrusive Suite, California[J]. Geology, 2004, 32: 433 – 436.

[285] Collins W J, Beams S D, White A J R, Chappell B W. Nature and origin of A type granites with particular reference to Southeastern Australian [J]. Contributions to Mineralogy and Petrology, 1982, 80(2): 189 – 200.

[286] Collins W J. Lachlan Fold Belt granitoids: products of three component mixing. Transactions of the Royal Society of Edinburgh[J]. Earth Sciences, 1996, 87: 171 – 181.

[287] Creaser R A, Price R C, Wormald R J. A – type granites revisited: Assessment of a residual source model[J]. Geology, 1991, 19: 163 – 166.

[288] Davies G F. 地幔柱存在的依据[J]. 科学通报, 2005, 50(17): 1801 – 1813.

[289] Davies G F, Richards M A. Mantle convection[J]. J. Geol, 1992, 100: 151 – 206.

[290] Defant M J, Drummond M S. Drivation of some modern arc magmas by melting of young subduction lithosphere[J]. Nature, 1990, 347: 662 – 665.

[291] Dewey J F, Burke K. Hot Spots and Continental Break – up: Implications for collisional Orogeny[J]. Geology, 1974, 2: 57 – 60.

[292] Doe B R, Zartman R E. Plumbotectonics[A]. the Phanerozoic. In: Barnes H L(ed). Geochemistry of hydrothermal ore deposits[C]. John Wiley & Sons. 1979. New York, United.

[293] Eby G N. Chemical subdivision of the A – type granitoids: petrogenetic and tectonic implications[J]. Geology, 1992, 20: 641 – 644.

[294] Eby G N. The A – type granitoids: a review of their occurrence and chemical characteristics and speculations on their petrogenesis[J]. Lithos, 1990, (26): 115 – 134.

[295] Ellis S. Forces driving continental collision: Reconciling indentation and mantle subduction tectonics[J], Geology, 1996, 24(8): 699 – 702.

[296] Fukao Y, Maruyama S, Obayashi M, et al. Geologic implication of the whole mantle P – wave tomography [J]. J. Geol. Soc. Japan, 1999, 100 (1): 4 – 23.

[297] Geyer A, Martí J. The distribution of basaltic volcanism on Tenerife, Canary Islands: Implications on the origin and dynamics of the rift systems [J]. Tectonophysics, 2010, 483(3 – 4): 310 – 326.

[298] Gilder S A, Gill J, Coe R S, et al. Isotopic and paleomagnetic constraints on the tectonic evolution of South China[J]. Jour. Geophys. Res. , 1996, 101: 16137 – 16154.

[299] Green T H. Significance of Nb /Ta as an indicator of geochemical process in the crust – mantle system[J]. ChemGeol, 1995, 120: 347 – 359.

[300] Griffin W L, Wang X, Jackson S E, et al. Zircon chemistry and magma mixing, SE China: In – situ analysis of Hf isotopes, TongluandPingtan igneous

complexes. Lithos, 2002. 61(3 - 4): 237 - 269.

[301] Guo Chunli, Zeng Lingsen, Li Qiuli, et al. Hybrid genesis of Jurassic fayalite - bearing felsic subvolcanic rocks in South China: Inspired by petrography, geochronology, andSr - Nd - O - Hf isotopes[J].. Lithos, 2016, 264, 175 - 188.

[302] Harris N B W, Pearce J A, Tindle A G. Geochemical characteristics of collision zone magmatism, Coward M P. Collision tectonics[J]. Geol Spec Publ, 1986, 19: 67 - 81.

[303] Hofmann AW. Chemical differentiation of the Earth: the relationship between mantle, continentalcrust, and oceanic crust[J]. Earth Planet. Sci. Lett., 1988, 90: 297 - 314.

[304] Hong Dawei, XieXilin, ZhangJisheng. Isotope geochemistry of granitoides in South China and their metallogeny[J]. Res. Geo. 1998, 48. 251 - 263.

[305] Hsin - Hua Huang, Fan - Chi Lin, BrandonSchmandt, Jamie Farrell, Robert B. S, Victor C. The Yellowstone magmatic system from the mantle plume to the upper crust[J]. Science. 2015, 348(6236): 773 - 776.

[306] Huang H Q, Li X H, Li W X, et al. Formation of high δ18O fayalite - bearing A - typegranite by high - temperature melting of granulitic metasedimentary rocks, southern China[J].. Geology, 2016, 39, 903 - 906.

[307] Jagoutz E, Palme H. The abundances of major, minor and trace elements in the earth's as derived from primitive ultramafic nodules Proc. Lunar andPlanet[J]. Geochim. Cosmochim. Acta, 1979, 10(supp): 2031 - 2050.

[308] Jahn B M, Wu F Y, CapdevilaR, Martineau F, Zhao Z H and Wang Y X. Highly evolved juvenile granites with tetrad REE patterns: theWoduhe and Baerzhe granites from the Great Xing'an Mountains in NE China[J]. Lithos, 2001, 59: 171 - 198.

[309] Kellogg L H, Hager B H, Hilst R D. Compositional stratification in the deep mantle[J]. Science, 1999, 283: 1881 - 1884.

[310] King P L, White A J R, Chappell B W. Characterization and origin of aluminous A - type granites from the Lachlan Fold Belt, south eastern Australia [J]. J. Petrol, 1997, 38(3): 371 - 391.

[311] Kiselev A I, Ernst R E, Yarmolyuk V V, et al. Radiating rifts and dyke swarms of the middle Paleozoic Yakutsk plume of eastern Siberian craton[J]. Journal of Asian Earth Sciences, 2012, 45: 1 - 16.

[312] Larson R L. Geological consequences of superplumes[J]. Geology, 1991, 19:

963 - 966.

[313] Li X H, Li Z X, Ge W C, et al. Neoprolerozoinc granitoids in South China: crustal melting above a mantle plume at ca. 825 Ma? [J]. PrecambrianResearch, 2003. 122(1): 45 - 83.

[314] Li Z X, Li X H, Christopher Mc A. South China in Rodinia: Part of the missing link between Australia – East Antarctica and Laurentia? [J]. Geology, 1995, 23: 407 - 410.

[315] Li Z X, Li X H, Zhou H W. Grenvilliancontinentalcollision in South China: new SHRIMP U – Pb zircon resultsand implications for the configuration of Rodinia[J]. Geology, 2002, 30: 163 - 166.

[316] Litvinovsky B A, Jahn B M, Zanvilevich A N, et al. Petrogenesis of syenite granie suite from the Bryansky Complex (Transbaikalia, Russia): implications for trh origin of A – type granitoid magamas[J], Chemial Geology. 2002. 189: 105 - 133.

[317] Litvinovsky B A, Steel I M, Wickham S M. Silicicmagma formation in overthickenedcrust: melting of charnockite and leucogranie at 15, 20 and 25 kbar[J]. Journal of Petrology, 2000, 41: 717 - 737.

[318] Liu Y S, Gao S, Hu Z C, et al. Continental and oceanic crust recycling – induced melt – peridotite interactions in the Trans – North China Orogen: U – Pb dating, Hf isotopes and trace elements in zircons of mantle xenoliths [J]. Journal of Petrology, 2010, 51(1 – 2): 537 - 571.

[319] Loiselle M C, Wones D R. Characteristics and origin of anoro – genic granites [J]. Geological Society of America Abstract Progressing, 1979, 11: 468.

[320] Ludwig K R. User's Manual for Isoplot 3. 00: A Geochronological Toolkit for Microsoft Excel Berkeley Geochronology Center[J]. Special publication, 2003, 4: 1 - 71.

[321] Martin H, Bonin B, Capdevila R, B. M. Janh, J. Lameyre, Y. Wang. The Kuiqi Peralkaline granitic complex (S E China): petrology and geochemistry [J]. Journal of Petrology, 1994, 35(4): 983 - 1015.

[322] Martin J. Streck, Mark L, Ferns, et al. Large, persistent rhyolitic magma reservoirs above Columbia River Basalt storage sites: The Dinner Creek Tuff Eruptive Center, eastern Oregon[J], Geosphere, 2015, 11(2): 226 - 235.

[323] Maruyama S, Seno T. Orogeny and relative plate tectonics: example of the Japanese island[J]. Tectonophysics, 1986, 127: 305 - 329.

[324] Maruyama S. Plume tectonics[J]. Journal of the geological society of Japan,

1994, 100(1): 22 – 49.

[325] McDonough W F, Sun S S. The composition of the Earth [J]. Chemical Geology. 1995, 120: 223 – 253.

[326] Meschede M. A method of discriminating between different types of mid – ocean ridge basalts and continental tholeiites with the Nb – Zr – Y diagram [J]. Chemical Geology, 1986, (56) : 207 – 218.

[327] Middlemost E A K. Magmas and Magmatic Rocks [J]. London: Longman, 1985: 1 – 266.

[328] Middlemost E A K. Naming materials in the magma/igneous rock system [J]. Earth – Sci. Rev, 1994, 37: 215 – 224.

[329] Miller C, SehusterR, KlotzliU, et al. Post – collisional potassic and ultrapotassic magmatism in SW Tibet: Geoehemical and Sr – Nd – Pb – O isotopic constraints for mantle source characteristics and petrogenesis [J]. Journal of Petrology, 1999, 40(9): 1399 – 1424.

[330] Moore G W, Mesozoic, Cenozoic. Paleogeographic development of the pacific region [C]. International Geological Society. Abstract. 28th International Geologicapavoni, 1997.

[331] Ohmoto H. Systematics of sulfur and carbon isotopes in hydrothermal ore deposits [J]. Economic Geology, 1972, 67(5): 551 – 578.

[332] PantinoDouce , A E. Generation metaaluminous A – type granites by lower – pressure melting of calc-alkaline granitoids [J]. Geology, 1997, 25 (8): 743 – 746.

[333] PatinoDouce A E, McCarthy T C. Melting of crustal rocks during continental collisions and subduction [A]. In: Hacker B R, Liou J G eds. When continents collide: geodynamic and geochemistry of ultrahigh – pressure rock [C]. Kluwer Academic Publishers, 1998. 27 – 55.

[334] PatinoDouce A E. What do experiments tell us about the relative contributions of crust and mantle to the origin of granitic magmas [A]. In: Castro, et al eds. Understandinggranite: Integrating, new and classical techniques [C]. Geological Society, London, Special Publications, 1999. 168: 55 – 75.

[335] Paul J , Tackley. Mantle convection and plate tectonics toward an integrated physical and chemical theory [J]. Science, 2000, 288: 2002 – 2007.

[336] Pearce J A , Norry M J. Petrogenetic Implications of Ti, Zr, Y and Nb Variations in Volcanic Rocks [J]. Contributions to Mineralogy and Petrology, 1979, 69: 33 – 47.

[337] Pearce J A, Harris N B W, Tindle A G. Trace element discrimination diagrams for the tectonic interpretation of granitic rocks[J]. Journal of Petrology, 1984, 25: 956 –983.

[338] Pierce K L, Morgan L A, Is the track of the Yellowstone hotspot driven by a deep mantle plume? – Review of volcanism, faulting, and uplift in light of new data[J]. Journal of Volcanology and Geothermal Research, 2009. 188(1 –3): p. 1 –25.

[339] Peccerillo R, Taylor S R. Geochemistry of Eocene calc – alkaline volcanic rocks from the Kastamonu area, Northern Turkey[J]. Contrib. Mineral Petrol, 1976, 58: 63 –81.

[340] Pinckney D M, Rafter T A. Fractionation of Sulfur Isotopes During Ore Deposition in the Upper Mississippi Valley Zinc – Lead District[J]. Economic Geology, 1972, 67(3): 315 –328.

[341] Qiu J S, Wang D Z, Brent I A McInnes, et al. Two subgroups of A – type granites in the coastal area of Zhejiang and FujianProvinces, SE China: age and geochemical constraints on their petrogenesis[J]. Transactions of the Royal Society of Edinburgh: Earth Sciences, 2004. 95: 227 –236.

[342] Rock N M S, Groves D I. Do lamprophyres carry gold as well as diamond[J]. Nature, 1988, 332: 253 –255.

[343] Rock N M S. Lamprophyres [M]. Glasgow and London: Blackie, 1990: 77 – 156.

[344] Rock N M S. lamprophyres[M]. U K Blackie, Glascow, 1991, 285.

[345] Rock N M S. The nature and origin of lamprophyres: An overview[J]. Geol. SOC. LondonSpec. Pub. 1987, 30: 191 –226.

[346] Rock N M S. Can lamprophyres resolve the genetic controversy over mesothermal gold deposits [J]. Geology, 1988b, 16: 538 –541.

[347] Scott W. French. BarbaraRomanowicz. Broadplumesrooted at the base of the earth's mantle beneath maijorhotspots[J]. Nature, 2015; 525(7567): 95.

[348] Sengor A M C, Burke K. Relative timing of rifting and volcanism on earth and its tectonic implications[J]. Geophys Res Lett, 1978, 5: 419 –421.

[349] Seton M, Müller R D. Reconstructing the junction between Panthalassa and Tethys since the Early Cretaceous [A]. PESAEastern Australasian Basins Symposium Ⅲ[C], Sydney, 14 –17 September, earthbyte. org, 2008: 263 – 266.

[350] Skjerlie K P, Johnston A D. Vapor – absent melting at 10kbar of a biotite and

amphibole – bearing tonalitic gnesis: Implications for the generation of A – type granites[J]. Geology, 1993b, 20: 263 – 266.

[351] Skjerlie K P, Johnston A D.. Fluid – absent melting behavior of an F – rich tonalitic gneiss at mid – crustal pressures: Implications for the generation of anorogenic granites[J]. J. Petrol. , 1993a, 34: 785 – 815.

[352] Smith R B. Geodynamics of the Yellowstone hotspot and mantle plume: Seismic and GPS imaging, kinematics, and mantle flow[J]. Journal of Volcanology and Geothermal Research, 2009. 188(1 – 3): p. 26 – 56.

[353] Sun S S, McDonough W F. Chemical and isotopic systematics of oceanic basalts: Implications for mantle composition and processes[M]. In: Saunders A D, Norry M J, eds. Magmatism in the Ocean Basins. Geological Society, London, Special Publications, 1989, 42: 313 – 345.

[354] Sylvester P J. Post – collisional strongly peraluminous granites [J]. Lithos, 1998, 45: 29 – 44.

[355] Taylor S R, Mclennan S M. Thecontinentalcrust: Its composition and evolution [M]. Blackwell, 1985.

[356] Vervoort J D, Patchett P J, Gehrels G E, et al. Constraints on Early Earth Differentiation from Hafnium and Neodymium Isotopes[J]. Nature, 1996, 379 (6566): 624 – 627.

[357] Walter T R, Troll V R, Cailleau B, et al. Rift zone reorganization through flank instability in ocean island volcanoes: an example from Tenerife, Canary Islands [J]. Bull Volcanol, 2005, 67: 281 – 291.

[358] Watson E B, Harrison T M. Zircon saturation revisited, Temperature and composition effect in acariety of crustal magma types. Earth Planer[J]. Sci. Lett. , 1983, 64: 295 – 304.

[359] Watson E B, Harrison T M. Zircon thermometer reveals minimum melting conditions on earliest Earth[J]. Science, 2005, 308: 841 – 844.

[360] Weaver B L. The origin of ocean island basalt end – member compositions: trace element and isotope constraints[J]. Earth Planet. Sel. Lett. 1991, 104 (2, 4): 381 – 397.

[361] Whalen J B, Currie K L, Chappell B W. A – type granites: geochemical characteristics, discriminations and petrogenesis [J]. Contributions to Mineralogy and Petrology, 1987, 95: 407 – 419.

[362] White A J R. Sources of granite magmas. Geological Society of America, Abstracts with Programs, 1979, 11, 539.

[363] Wilson J T. A possible origin of the Hawaiian Islands[J]. Can. J. Phys. , 1963, 41: 863 – 870.

[364] Wilson J T. Evidence from ocean islands suggesting movement in the Earth [J]. Phil. Trans. R. Soc. Lond. A, 1965, 265: 145 – 167.

[365] Winchester J A, Floyd P A. Geochemical discrimination of different magma series and their differentiation products using immobile elements[J]. Chemical Geology, 1977, 20(s): 325 – 343.

[366] Yuan H L, Gao S, Liu X M, et al. Accurate U – Pb age and trace element determinations of zirconby Laser Ablation – Inductively Coupled Plasma – Mass Spectrometry[J], Geostands Newsletter, 2004, 28: 353 – 370.

[367] Yuan S D, Peng J T, Li H M, et al. A precise U – Pb age on cassiterite from the Xianghualingtin – polymetallic deposit (Hunan, South China) [J]. Mineralium Deposita, 2008. 43: 375 – 382.

[368] Zartman R E, Doe B R. Plumbotectonics – the model[J]. Tectonophysics, 1981, 75: 135 – 162.

[369] Zhao K D, Jiang S Y, Yang S Y. Mineral chemistry, trace elements and Sr – Nd – Hf isotope geochemistry and petrogenesis of Calling and Furong granites and mafic enclaves from the Qitianling batholith in the Shi – Hang zone, South China[J]. Gondwana Research, 2012, 22 : 310 – 324.

[370] Zhou Xinmin, Li Wuxian. Origin of late Mesozoic igneous rock in SE China: implication for lithospheresubductionand underplating of mafic magmas [J]. Tectonophysics, 2000, 326(3, 4): 269 – 287.

图板　坪宝矿田典型矿床矿石结构图版

Ⅰ　宝山矿区矿石结构说明及图版

Ⅰ–1：黄铜矿交代闪锌矿，磁铁矿交代黄铜矿。样品号914–13，采于–70中段171至173线南东缘。

Ⅰ–2：闪锌矿中黄铜矿乳滴状出溶，闪锌矿交代胶状黄铁矿。样品号914–13。

Ⅰ–3：方铅矿交代闪锌矿和黄铁矿。样品号9.15–2，样品采于–70中段163线靠近测水组的梓门桥组白云岩中矿体。

Ⅰ–4：方铅矿交代黄铁矿和闪锌矿。样品号915–3，样品采于–70中段，163线。

Ⅰ–5：方铅矿和闪锌矿交代黄铁矿。样品号917–2，采于–70中段189与193之间的平巷。

Ⅰ–6：方铅矿交代闪锌矿。样品号917–7，采于–70中段，165线西沿445南采场。

Ⅰ–7：方铅矿交代黄铁矿，方铅矿交代毒砂。样品号917–8，样品采于–70中段165线西沿445南采场。

Ⅰ–8：自形毒砂与自形黄铁矿共生。样品号917–8，采样地点同上。

Ⅰ–9：碎粒黄铁矿。样品采于露采坑底北部。样品号920–4，采自露采坑

Ⅰ–10：方铅矿交代闪锌矿和黄铁矿。样品号6.29–10，采自–150中段150线南西沿150采场。

Ⅰ–11：闪锌矿黄铜矿乳滴状出溶，闪锌矿交代黄铁矿。样品号6.29–10，采样地点同上。

Ⅰ–12：方铅矿交代闪锌矿和黄铁矿。样品号15–3，采自–190中段151南穿，F1断层旁侧。

矿物组成：黄铁矿、闪锌矿、黄铜矿、方铅矿、毒砂、赤铁矿。

结构：他形粒状结构、他形柱状结构、自形粒状结构、交代网状结构、溶蚀结构、乳滴状结构、碎粒结构。

　　矿物生成顺序：胶状黄铁矿 – 他形粒状黄铁矿 – 闪锌矿 – 黄铜矿 – 方铅矿 –
毒砂和自形粒状黄铁矿 – 赤铁矿。

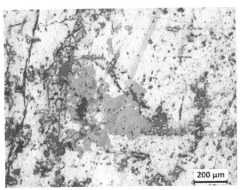

图版 I -1.黄铜矿交代闪锌矿，赤铁矿交代黄铜矿

图版 I -2.闪锌矿中黄铜矿乳滴状出溶，闪锌矿交代
胶状黄铁矿.(野外编号：914-13)(野外编号：914-13)

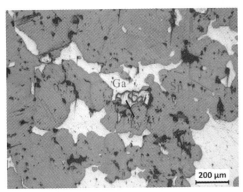

图版 I -3.方铅矿交代闪锌矿和黄铁矿.
(野外编号：9.15-2)

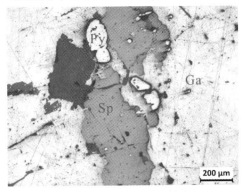

图版 I -4.方铅矿交代黄铁矿和闪锌矿.
(野外编号：915-3)

图版 I -5.方铅矿和闪锌矿交代黄铁矿.
(野外编号：917-2)

图版 I -6.方铅矿交代闪锌矿 (2).(野外编号：917-7)

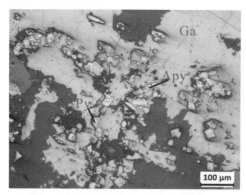

图版 I-7.方铅矿交代黄铁矿，方铅矿交代毒砂.(野外编号：917-8）

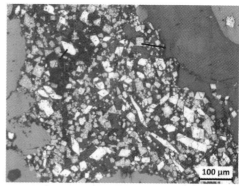

图版 I-8.自形粒状毒砂与自形粒状黄铁矿共生.(野外编号：917-8）

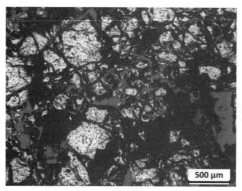

图版 I-9.碎粒黄铁矿.(野外编号：920-4）

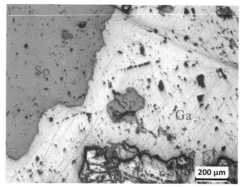

图版 I-10.方铅矿交代闪锌矿和黄铁矿.(野外编号：6.29-10）

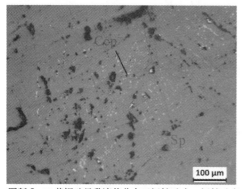

图版 I-11.黄铜矿呈乳滴状分布于闪锌矿中，闪锌矿交代黄铁矿.(野外编号：6.29-10）

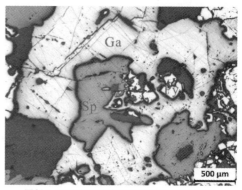

图版 I-12.方铅矿交代闪锌矿和黄铁矿.(野外编号：15-3）

II　黄沙坪矿区矿石结构说明及图版

II－1：方铅矿交代闪锌矿和黄铁矿，使其边缘呈港湾状。样品号 9.23－3，采自 165 中段北石门－51 号岩体附近。

II－2：闪锌矿交代黄铁矿，后者边缘呈孤岛状。样品号 9.23－3，采自 165 中段北石门－51 号岩体附近。

II－3：闪锌矿交代胶状黄铁矿。样品号 25－13，采自 56 中段石门 11 至石门 15 之间的 WI 矿带。

II－4：半自形粒状毒砂，脉石矿物交代毒砂构成骸晶结构。样品号 25－13，采自 56 中段石门 11 至石门 15 之间的 WI 矿带。

II－5：黄铜矿交代闪锌矿和黄铁矿，闪锌矿交代黄铁矿。样品号 7.4－8，采自 －96 中段 5 线。

II－6：方铅矿交代黄铜矿和磁黄铁矿，黄铜矿交代黄铁矿。样品号 7－5－10，采自 －96 中段 18 线 613 采场。

矿物组成：黄铁矿、闪锌矿、黄铜矿、磁黄铁矿、方铅矿、毒砂。

结构：他形粒状结构、半自形粒状结构、溶蚀结构、骸晶结构。

矿物生成顺序：胶状黄铁矿－他形粒状黄铁矿－闪锌矿、黄铜矿、方铅矿、自形粒状黄铁矿和自形粒状毒砂。

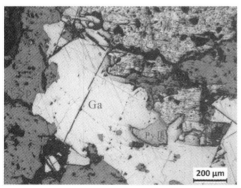

图版 II-1.方铅矿交代闪锌矿和黄铁矿，使其边缘边缘呈港湾状.(野外编号：9.23-3）

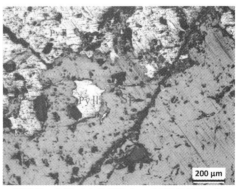

图版 II-2.闪锌矿交代黄铁矿，后者边缘呈孤岛状.(野外编号：9.23-3）

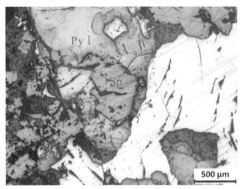

图版Ⅱ-3.闪锌矿交代胶状黄铁矿.(野外编号：25-13)

图版Ⅱ-4.半自形粒状毒砂，脉石矿物交代毒砂构成骸晶结构.(野外编号：25-13)

图版Ⅱ-5.黄铜矿交代闪锌矿和黄铁矿，闪锌矿交代黄铁矿.(野外编号：7.4-8)

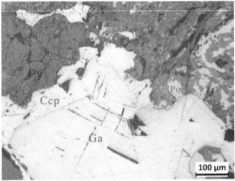

图版Ⅱ-6.方铅矿交代黄铜矿和磁黄铁矿，黄铜矿交代黄铁矿.(野外编号：7-5-10)

图书在版编目（CIP）数据

湘南燕山期区域成矿构造型式及成矿花岗岩成因研究／
孔华等著. --长沙：中南大学出版社，2019.3
ISBN 978 - 7 - 5487 - 3510 - 6

Ⅰ.①湘… Ⅱ.①孔… Ⅲ.①成矿区－成矿规律－研
究－湖南 Ⅳ.①P617.264

中国版本图书馆 CIP 数据核字（2019）第 039053 号

湘南燕山期区域成矿构造型式及成矿花岗岩成因研究
XIANGNAN YANSHANQI QUYU CHENGKUANG GOUZAO XINGSHI JI CHENGKUANG HUAGANGYAN CHENGYIN YANJIU

孔 华 奚小双 全铁军 吴堑虹 李 欢 著

□责任编辑	刘石年	
□责任印制	易红卫	
□出版发行	中南大学出版社	
	社址：长沙市麓山南路	邮编：410083
	发行科电话：0731 - 88876770	传真：0731 - 88710482
□印　　装	长沙鸿和印务有限公司	

□开　　本	710×1000　1/16 □印张 15.5 □字数 305 千字 □插页 2
□版　　次	2019 年 3 月第 1 版 □2019 年 3 月第 1 次印刷
□书　　号	ISBN 978 - 7 - 5487 - 3510 - 6
□定　　价	100.00 元

图书出现印装问题，请与经销商调换